U0310382

高等学校物联网专业系列教材

物联网识别技术

丁明跃　主　编

张旭明　尉迟明　侯文广　王龙会　副主编

中国铁道出版社
CHINA RAILWAY PUBLISHING HOUSE

内 容 简 介

物联网智能技术是物联网相关专业中必须掌握的技术之一，本书主要为人们了解和掌握在物联网中所涉及的主要识别技术提供参考。

本书的内容主要从纸质标签、条形码、自动分拣系统以及数据库等传统识别技术，无线识别技术、全球定位系统、自动识别系统、图像配准与融合技术、生物识别技术、嵌入式系统等新兴识别技术多角度阐述，重点对可用于物联网中物品识别与定位的各项相关技术进行了介绍。

本书重点突出，内容详略得当，既可作为高等学校物联网相关专业本科生的教材，也可作为从事物联网研究与应用的专业人员的参考资料。

图书在版编目（CIP）数据

物联网识别技术 / 丁明跃主编. — 北京：中国铁
道出版社，2012.7
高等学校物联网专业系列教材
ISBN 978-7-113-13370-2

Ⅰ. ①物… Ⅱ. ①丁… Ⅲ. ①互联网络－应用－高等
学校－教材②智能技术－应用－高等学校－教材 Ⅳ.
①TP393.4②TP18

中国版本图书馆 CIP 数据核字（2012）第 029176 号

书　　名：物联网识别技术
作　　者：丁明跃　主编

策　　划：刘宪兰　　　　　　　　　读者热线：400-668-0820
责任编辑：鲍　闻
编辑助理：巨　凤　尚世博
封面设计：一克米工作室
责任印制：李　佳

出版发行：中国铁道出版社（100054，北京市西城区右安门西街 8 号）
网　　址：http://www.51eds.com
印　　刷：北京新魏印刷厂
版　　次：2012 年 7 月第 1 版　　　2012 年 7 月第 1 次印刷
开　　本：787mm×1092mm　1/16　印张：13.75　字数：328 千
印　　数：1～3 000 册
书　　号：ISBN 978-7-113-13370-2
定　　价：30.00 元

总　　序

　　物联网是继计算机、互联网和移动通信之后的又一次信息产业的革命性发展。目前物联网已被正式列为国家重点发展的战略性新兴产业之一。其涉及面广，从感知层、网络层，到应用层均有核心技术及产品支撑，以及众多技术、产品、系统、网络及应用间的融合和协同工作；物联网产业链长、应用面极广，可谓无处不在。

　　近年来，中国的互联网产业发展迅速，网民数量全球第一，这为物联网产业的发展已具备基础。当前，物联网行业的应用需求领域非常广泛，潜在市场规模巨大。物联网产业在发展的同时还将带动传感器、微电子、新一代通信、模式识别、视频处理、地理空间信息等一系列技术产业的同步发展，带来巨大的产业集群效应。因此，物联网产业是当前最具发展潜力的产业之一，是国家经济发展的又一新增长点，它将有力带动传统产业转型升级，引领战略性新兴产业发展，实现经济结构的战略性调整，引发社会生产和经济发展方式的深度变革，具有巨大的战略增长潜能，目前已经成为世界各国构建社会经济发展新模式和重塑国家长期竞争力的先导性技术。

　　物联网技术的发展和应用，不但缩短了地理空间的距离，也将国家与国家、民族与民族更紧密地联系起来，将人类与社会环境更紧密地联系起来，使人们更具全球意识，更具开阔眼界，更具环境感知能力。同时，带动了一些新行业的诞生和提高社会的就业率，使劳动就业结构向知识化、高技术化发展，进而提高社会的生产效益。显然，加快物联网的发展已经成为很多国家乃至中国的一项重要战略，这对中国培养高素质的创新型物联网人才提出了迫切的要求。

　　2010 年 5 月，国家教育部已经批准了 42 余所本科院校开设物联网工程专业，在校学生人数已经达到万人以上。按照教育部关于物联网工程专业的培养方案，确定了培养目标和培养要求。其培养目标为：能够系统地掌握物联网的相关理论、方法和技能，具备通信技术、网络技术、传感技术等信息领域宽广的专业知识的高级工程技术人才；其培养要求为：学生要具有较好的数学和物理基础，掌握物联网的相关理论和应用设计方法，具有较强的计算机技术和电子信息技术的能力，掌握文献检索、资料查询的基本方法，能顺利地阅读本专业的外文资料，具有听、说、读、写的能力。

　　物联网工程专业是以工学多种技术融合形成的综合性、复合型学科，它培养的是适应现代社会需要的复合型技术人才，但是我国物联网的建设和发展任务绝不仅仅是物联网工程技术所能解决的，物联网产业发展更多的需要是规划、组织、决策、管理、集成和实施的人才，因此物联网学科建设必须要得到经济学、管理学和法学等学科的合力支撑，因此我们也期待着诸如物联网管理之类的专业面世。物联网工程专业的主干学科与课程包括：信息与通信工程、电子科学技术、计算机科学与技术、物联网概论、电路分析基础、信号与系统、模拟电子技术、数字电路与逻辑设计、微机原理与接口技术、工程电磁场、通信原理、计算机网络、现代通信网、传感器原理、嵌入式系统设计、无线通信原理、无线传感器网络、近距无线传输技术、二维条码技术、数据采集与处理、物联网安全技术、物联网组网技术等。

物联网专业教育和相应技术内容最直接地体现在相应教材上，科学性、前瞻性、实用性、综合性、开放性应该是物联网专业教材的五大特点。为此，我们与相关高校物联网专业教学单位的专家、学者联合组织了本系列教材"高等学校物联网专业系列教材"，以为急需物联网相关知识的学生提供一整套体系完整、层次清晰、技术先进、数据充分、通俗易懂的物联网教学用书，出版一批符合国家物联网发展方向和有利于提高国民信息技术应用能力，造就信息化人才队伍的创新教材。

本系列教材在内容编排上努力将理论与实际相结合，尽可能反映物联网的最新发展，以及国际上对物联网的最新释义；在内容表达上力求由浅入深、通俗易懂；在知识体系上参照教育部物联网教学指导机构最新知识体系，按主干课程设置，其对应教材主要包括物联网概论、物联网经济学、物联网产业、物联网管理、物联网通信技术、物联网组网技术、物联网传感技术、物联网识别技术、物联网智能技术、物联网实验、物联网安全、物联网应用、物联网标准、物联网法学等相应分册。

本系列教材突出了"理论联系实际、基础推动创新、现在放眼未来、科学结合人文"的特色，对基本概念、基本知识、基本理论给予准确的表述，树立严谨求是的学术作风，注意与国内外的对应及对相关概念、术语的正确理解和表达；从实践到理论，再从理论到实践，把抽象的理论与生动的实践有机地结合起来，使读者在理论与实践的交融中对物联网有全面和深入的理解和掌握；对物联网的理论、研究、技术、实践等多方面的发展状况给出发展前沿和趋势介绍，拓展读者的视野；在内容逻辑和形式体例上力求科学、合理，严密和完整，使之系统化和实用化。

自物联网专业系列教材编写工作启动以来，在该领域众多领导、专家、学者的关心和支持下，在中国铁道出版社的帮助下，在本系列教材各位主编、副主编和全体参编人员的参与和辛勤劳动下，在各位高校教师和研究生的帮助下，即将陆续面世了。在此，我们向他们表示衷心的感谢并表示深切的敬意！

虽然我们对本系列教材的组织和编写竭尽全力，但鉴于时间、知识和能力的局限，书中肯定会存在各种问题，离国家物联网教育的要求和我们的目标仍然有距离，因此恳请各位专家、学者以及全体读者不吝赐教，及时反映本套教材存在的不足，以使我们能不断改进出新，使之真正满足社会对物联网人才的需求。

高等学校物联网专业系列教材编委会

2011 年 10 月 1 日

前　言

　　物联网是在互联网基础上发展起来的新的技术，具有巨大的市场价值和广阔的应用前景，受到了世界各国的高度重视，被人们公认为下一个规模可达万亿元的新型产业。因此，能否在这个新的技术领域中占有先机是目前我国所面临的重大挑战。为了促进我国物联网技术的发展，为物联网相关专业本科生提供与技术发展相适应的教材是我们所面临的一项重要而艰巨的任务。

　　由于目前国内尚没有适合于我国物联网相关专业本科生所需要的系列教材，中国铁道出版社在 2010 年组织全国有关专家开始了物联网系列教材的组织与编写工作。本书作为该系列教材中的一本，重点对可用于物联网的识别技术进行了较为系统的介绍，不仅对目前在物联网中已经广泛采用的各种传统识别技术，如纸质标签、条形码、自动识别系统以及数据库等技术进行了介绍，同时对物联网中应用最广、发展潜力巨大的无线识别技术，进行了详细介绍。此外，为了适应物联网技术今后发展的需要，本书中对物联网发展将产生重大影响的各种尖端技术，包括全球定位系统技术、生物识别技术等进行了系统介绍，以求为从事与物联网识别技术相关研究的本科生、研究生以及相关工程技术人员提供一本基础实用的教材，以满足他们了解和掌握识别技术基础和方法的需求。

　　本书共分为九章，分别是：

　　第 1 章 物联网识别技术简介。在引出物联网简单定义基础上，讨论了什么是物联网识别技术、物联网识别技术的发展历程以及识别技术在物联网中的作用和地位。

　　第 2 章 物联网传统识别技术，分别对已在社会上，尤其是物流等领域广泛采用的各种识别技术，如纸质标签、条形码、自动识别系统以及数据库技术等进行了介绍；与传统的纸质条形码比较，无线识别技术具有速度快、抗干扰能力强、适合于移动平台的识别等特点，被认为是未来物联网中最具应用前景的识别技术。

　　第 3 章 分别对无线识别技术的原理、发展历程、类型以及其在物联网中的应用等进行了阐述；在物联网中，人们不仅需要正确地识别物品的类型、规格，还需要准确知晓每一物品所处的空间地理位置。为了实现这一功能，常用的方法就是采用全球定位系统。

　　第 4 章 分别对目前世界上应用最广的美国 GPS 全球定位系统，俄罗斯 GLONASS 全球定位系统以及我国建立的北斗卫星导航系统等进行了系统介绍，并给出了这些全球定位系统在物联网中应用实例。为了提高识别系统的自动识别能力，对于所获得物品的图形图像进行处理是必需的，为了增强在图像处理方面的知识和能力，为今后物联网识别技术未来的发展奠定基础。

第 5 章和第 6 章 分别对图像滤波、图像分割、特征提取与识别以及图像配准与融合进行了介绍，提高了物联网识别技术基础知识的完整性。人作为数量众多、活动范围广泛的特殊对象，其身份的识别不仅关系到物联网系统的应用，还对公共安全等具有巨大的影响。因此，人的身份识别具有紧迫性和特殊性，例如需要预防冒充、伪造等。生物识别技术就是利用人所特有的生物特征从而快速、准确地确认和识别人的身份，是未来物联网中的一项重要关键技术。

第 7 章 分别对目前广泛应用的指纹识别、虹膜识别、人脸识别、基因识别等生物识别技术进行了介绍，并讨论了多生物特征识别方法。在物联网识别技术中，无论哪一种识别技术要想在实际中得到广泛应用，一个重要的保证就是不仅方法在理论上可行，而且要保证在硬件上便于实现，体积小，价格便宜。嵌入式系统是建立和实现上述系统的最佳选择之一。

第 8 章 对嵌入式系统的定义特点、发展历程以及嵌入式系统的组成等进行了介绍，在此基础上进一步讨论了嵌入式系统在物联网识别技术中的应用实例，展望了嵌入式系统在物联网中的应用前景。

本书由丁明跃（第 1 章）、张旭明（第 3、8 章）、尉迟明（第 5、7 章）、侯文广（第 4、6 章）、王龙会（第 2 章）编写，并由丁明跃统稿定稿。王龙会担任了全书的格式编排与校对工作。在编写过程中，华中科技大学生命科学与技术学院医学超声实验室部分研究生参与了编写工作，在此表示衷心感谢！在教材编写过程中，我们参考了许多作者所发表的著作，凡是正式发表的，已尽其所能在参考文献中予以体现。然而，由于部分资料来自网上或其他非正式出版渠道，作者不详或无法联系，未列入参考文献，我们深表歉意，并热忱欢迎版权所有人与我们联系，妥善处理相关事宜。物联网是一个新技术领域，由于作者们从事物联网研究时间不长，水平有限，书中难免会出现错误或表述不当之处，敬请读者批评指正。

丁明跃

2011 年 11 月 17 日于华工喻园

目　　录

第1章 物联网识别技术简介

学习重点

　　本章首先介绍了物联网的定义，物联网的发展历程；其次，介绍了什么是物联网识别技术，它所包含的研究内容，主要发展历程等；最后，探讨了物联网识别技术与物联网之间的关系，特别是其在物联网发展过程中所处的地位和作用等。

起源于欧美的互联网（Internet）是 20 世纪最具影响力的技术发明之一，它对于整个世界经济和人民生活所带来的影响是如此巨大，以至于任何组织和个人都无法忽视。它从根本上改变了人们的生活与行为方式，已经形成和正在形成的市场规模产值数以万亿计，不仅对通信等传统行业的升级、发展和融合产生了巨大的推动作用，同时也极大地带动了电子商务、网络游戏等新兴产业发展。互联网之所以能够产生如此重要的作用和影响，是因为它能够通过由有线、无线等各种通信方式连接的计算机网络，将遍布世界各地的各种信息有机地联系在一起，从而大大加快了信息的传递、复制与利用，使之成为当今信息化社会新的物质载体。近年来，随着交通、运输、通信等基础设施的不断进步和完善，人们发现不仅数字化载体的信息能够形成网络，在世界范围内高速、高效流动，各种真实的物体、货物也可以在人们建立的一种特殊的物流系统中流动，由此产生了物联网的概念，并在此基础上发展了各种为实现物联网而发展的技术，如物联网识别技术。

1.1　物联网概述

物联网的英文名称叫做 The Internet of things。顾名思义，物联网就是"物物相连的互联网"。这有两层意思：第一，物联网的核心和基础仍然是互联网，是在互联网基础上的延伸和扩展的网络；第二，其用户端延伸和扩展到了任何物体与物体之间，进行信息交换和通信。因此，物联网的定义是：通过射频识别（RFID）、红外感应器、全球定位系统、激光扫描器等信息传感设备，按约定的协议，把任何物体与互联网相连接，进行信息交换和通信，以实现对物体的智能化识别、定位、跟踪、监控和管理的一种网络。

物联网在中国和欧盟有不同的定义。其中"中国式"定义的物联网指的是将无处不在（Ubiquitous）的末端设备（Devices）和设施（Facilities），包括具备"内在智能"的传感器、移动终端、工业系统、楼控系统、家庭智能设施、视频监控系统等和"外在使能"（Enabled）的，如贴上 RFID 的各种资产（Assets）、携带无线终端的个人与车辆等"智能化物件或动物"或"智能尘埃"（Mote），通过各种无线和/或有线的长距离和/或短距离通信网络实现互联互通（M2M）、应用大集成（Grand Integration），以及基于云计算的 SaaS 营运等模式，在内网（Intranet）、专网（Extranet）和/或互联网（Internet）环境下，采用适当的信息安全保障机制，提供安全可控乃至个性化的实时在线监测、定位追溯、报警联动、调度指挥、预案管理、远程控制、安全防范、远程维保、在线升级、统计报表、决策支持、领导桌面（集中展示的 Cockpit Dashboard）等管理和服务功能，实现对"万物"的"高效、节能、安全、环保"的"管、控、营"一体化[1]。

欧盟所定义的物联网是一个动态的全球网络基础设施，它具有基于标准和互操作通信协议的自组织能力，其中物理的和虚拟的"物"具有身份标识、物理属性、虚拟的特性和智能的接口，并与信息网络无缝整合。物联网将与媒体互联网、服务互联网和企业互联网一道，构成未来互联网[2]。

和传统的互联网相比，物联网有其鲜明的特征。

首先，它是各种感知技术的综合应用。与互联网不同，物联网上部署了海量的多种类型传感器，每个传感器都是一个信息源，能够实时、准确、自动地获取物体的位置、种类、数量等各种信息。不同类别的传感器用于获取物体的不同信息，所获得的物体信息内容和所采用信息格式也不相同。传感器获得数据的实时性很重要，为了保持物联网的有效性和准确性，物联网需要按一定频率的周期性采集环境信息，不断更新物体数据。

其次，物联网是一种建立在互联网上的泛在网络，其重要基础和核心仍旧是互联网。它通过各种有线和无线网络与互联网连接，将物体的信息实时准确地获取和传递出去。在连接在物联网各种物体上的传感器定时采集的信息也需要通过互联网进行网络的传输。由于这些信息种类多、数量庞大，从而形成了海量信息，在传输过程中，为了保障数据的正确性和及时性，必须适应各种异构网络和协议，同时开发各种智能识别技术和数据库管理技术，提高传输效率和可靠性。

最后，物联网不仅仅提供了传感器的连接，其本身也必须具备智能处理的能力，能够对物体实施智能控制、定位与识别。物联网将传感技术、计算机技术与智能处理相结合，利用云计算、模式识别、人工智能等各种智能技术，扩充其应用领域，提高了对于物联网中物体的控制和掌握能力。此外，通过对于图像配准、数据融合、数据挖掘等技术的开发与应用，能够从传感器获得的海量信息中分析、加工和整理出有意义的、单一传感器无法获得的新的数据或信息，以适应不同用户的不同需求，发现新的应用领域和应用模式。

图 1-1 给出了一个家居物联网的实例。从图中可以看出，对于一个家庭而言，传统意义上家庭的电灯、洗衣机、汽车、熨斗、电壶、炒锅等都是孤立的、静止的物体，它们只能被动地接受人们的控制，独立地完成各自的功能，是一件件互不相干、非智能的物体。然而，一旦将它们通过传感器、定位装置、控制器等连接进入计算机以后，尽管它们自身的功能没有什么大的改变，但是通过互联网，就可以形成一个连接不同物体，物体间相互关联的特殊物物网络，使得位于不同地点、区域甚至国家的各种各样的物体之间可以产生相互作用，变得具有灵感，能够按照人们事先确定或遥控发布的指令智能地进行工作，更好地发挥了它们的作用与功效，大大减轻了人们的劳动强度，从而将人们从一些烦琐的、费力的和枯燥的劳动和活动中解放出来。当然，物联网所连接的绝不仅仅是家庭里的物体，事实上，可以说世界上凡是能够进入流通领域的一切物体都可以进入物联网，通过采用运筹学、优化理论等进行规划、调度与控制，从而大大提高了人们工作的效率，加快货物、物资等物体的流通速度，降低了运输、管理存储等的成本，促进了经济的发展和社会的进步。

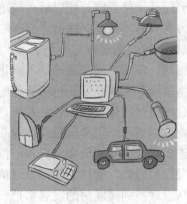

图 1-1　与家居有关的一个物联网实例

2010 年 6 月 22 日至 23 日，中国自动识别技术协会理事长在由上海市通信管理局、中国国际贸易促进委员会上海分会、中国联通上海公司主办，中国电信上海公司、中国移动上海公司等共同主办的 2010 中国国际物联网大会第三届上海通信发展论坛上，发表了题为"物联网与自动识别技术"的演讲。在演讲中，他深刻阐述了"物联网与自动识别技术"之间的关系以及物联网识别技术在我国的发展历程，其主要内容包括：

（1）中国物品编码中心和中国自动识别技术协会的由来与作用。中国物品编码中心是 1989 年经国务院批准成立的一个管理我国物体编码和商品编码的一个专门机构，隶属于国家质量监督检验检疫总局。中国自动识别技术协会是我们国家专门从事自动识别技术、研究开发、系统集成的一个行业协会，其目的是领导和规范我国自动识别企业的发展与市场运作，规划自动识别领域发展领域与重点，为国家提供咨询服务，在政府与企业之间建立桥梁。

（2）物联网与自动识别技术。总体来说，物联网现在还处在概念阶段。2009 年以来，所有关心实事、思维敏锐的人都在谈论一个词——物联网。物联网的发展也引起了中央领导的高度重视。对物联网的定义的一种解释是"物联网在互联网基础上延伸扩展的网络"，因此，如果利用互联网的现有基础物联网就成为了互联网的一个扩展应用。例如，如果电信网、通信网在互联网上做解析服务，实际上电信网、通信网就是互联网的扩展应用。根据美国权威咨询机构预测，未来世界物联网业务跟通信业务之比将达到 30∶1，是下一个万亿级的新兴产业。

物联网的发展不是一蹴而就的，实际上已经经过了长达 15 年的积累。物联网的概念最早出现在比尔·盖茨 1995 年出版的《未来之路》一书里，其中描述到当他到家的时候，一个胸针启动了所有电器和所有灯光，当他坐到汽车里，汽车自动启动等，是一种朦胧的物联网概念，通过网络实现物体之间的互联互通，在任何时间、任何地点对物体管理的网络。实际上，物联网的概念是货品或者产品的物联网。英文的 things 可以代表世间的万事万物，如果从广义概念理解物，可以指所有事务，包括人、事件以及一个对象发生的事件等。2005 年国际电信联盟也提出了一个物联网的概念，当然这个物联网是无所不在的物联网。物联网实际上更侧重于传感网络，现在我们提到的物联网、传感网这些名词与将来权威机构所说的物联网和传感网是不是一回事，过去的智能家具、智能交通都联系起来，这还需要人们进一步研究。此外，到底有没有必要联起来，联起来干什么？都值得探讨。2009 年奥巴马就任美国总统以后，提出了智慧地球的概念，认为智慧地球有助于美国的"巧实力"战略，是继互联网之后国家发展的核心战略。

1999 年提出的 EPC 物联网，我们把它称为一个下一代互联网，或者最初的物联网，但现在概念的发展已经把传感网，包括智能交通等纳入到物联网当中，形成广义物联网概念。在信息网络基础上，物联网除了互联网还包括其他的，也就是现在人们常说的三网融合中的另外两个网。物联网通过物体编码和表示系统，按照标准化协议，对物体进行物体网络连接，以实现对物体的识别、定义、跟踪。物联网是信息技术发展的必然趋势，把数字世界和物质世界连接起来，实现现实世界和虚拟世界的融合，从数字化向智能化的提升，是全球信息化发展的趋势。物体之间可以通信，最终实现人的感知，人对事务对物体的控制，或者说从互联网到物联网的发展将把一些事务交给计算机做，物联网时代把计算机装入一切事务，概念逐渐扩大。

（3）下一代互联网。下一代互联网即 EPC 物联网，它是最有可能率先实现的物联网。现阶段的物联网以 EPC 和全球统一标识系统为基础，以 RFID 为主要技术手段，主要应用于发展较为成熟、需求较为紧迫的国际贸易与物流供应链领域，EPC 是通信协议的标准。

中国通信编码中心为 EPC 物联网做了大量工作。1996 年启动 RFIT 技术研究，2003 年开始关注 EPC 物联网。2003 年 12 月，国家标准化管理委员会、国家质检总局及科技部开始组织 EPC 物联网研讨会，2004—2005 年一共在北京举办了 4 次 EPC 物联网论坛。

在 EPC 比较热的时候，国内一部分人产生了不同的认识和看法，认为 EPC 标准是美国的标准，标准的制订不仅牵涉到部门的利益、国家的利益，而且牵涉到国家的信息安全，从而使得国内 EPC 的热潮降下来了。后来由国家质检总局、工业和信息化部、科技部、商务部、复旦大学、清华大学等组成的考察团对日韩进行考察，然后对此概念和认识进行了纠正，统一了认识。EPC 是国际贸易和国内发展的需要，在日后一定会成为国际贸易合流通领域发展趋势。

目前快速发展的不是生产流通领域的物联网，而主要是 EPC 物联网。这是因为 EPC 物联网在国际上有基础，最容易实现。现在我们所说的广义物联网概念还在逐渐探讨之中，而 EPC 实现物联网模式的技术路线已经比较清晰。其次是物联网的构成。物联网中的物不限于一般的物理实体，也包括一切的事务，物对物的感知等。物联网的网络除互联网以外，还包括其他网络，如有线电视网、移动传感网等。物联网是通过互联网联系起来，但是物体的感知则是通过自动识别技术、传感器技术、智能技术等实现。我们要实现物联网，需要实现全面地感知物体，需要对物体进行编码，需要运用物体的全面信息。

（4）物联网编码。编码是物联网的基础。学生有学号，公民有身份证号，一台互联网计算机也有 IP 地址，但是为什么要编码呢？主要是为了方便，提高使用效率。物体编码是实现自动识别的基础，物体编码细分的角度，又可包括物体编码和自动识别，即对一致的物体进行定义，对于不同类型的物体进行定义与识别，对物体的位置进行感知和分析。物联网的发展不仅仅是单一技术的发展，而且是互联网从信息化向智能化、从虚拟世界向现实世界的发展，这其中物体编码起着非常重要的作用。谈到物体编码，人们需要建立一个统一的物体编码体系，尤其是国家物体编码标准体系。为了建立统一的物体编码体系，我国已进行了大量的工作，提出了对物体编码体系的框架。

在物联网中，由于编码对象复杂，实际上单一的物体编码标准无法支持整个物联网的运行。在物体编码方面做得最成功的就是国际物品编码协会正在推行的全球统一标识系统 JSY 系统，该系统已经在产品的零售、物流、资产管理等各个方面得到了非常广泛的应用，现有 120 多个国家都在推行 JSY 的编码体系。当你进入超市时所见到的商品条形码，当你进入物流仓储所采用的条形码，都是属于 JSY 物体编码体系的内容。当然，一个 JSY 并不能解决所有物体的编码问题，所以在中国物品编码中心还在推出其他的编码体系，以适应于我国的发展和需要，其中也包括我们过去在某一个行业应用的编码。在物联网的应用中，作为物联网的编码体系应该涵盖所有的编码应用，无论遇到什么样的编码，该系统都应该能够正确地解析它。所以这里就牵涉到一个国家物体编码解析平台的建立，因为网络不能直接识别物体编码，物体编码所表示的物体静态信息怎么去识别？得到这个编码以后，需要构建一个物体编码的解析平台来识别所对应的物体静态信息。当然这个解析平台还应当具备发现搜索服务功能，在网络中的物流供应链中，物体的移动出库、入库等都应该自动地发现和识别，这样才能够构建透明的供应链，建立一个完整的物联网应用系统。物体编码中人们常常问的一个问题就是到底物体编码与 IP 地址是什么关系?互联网的 IP 地址实际上是计算机在互联网上所代表的逻辑地址，这已在网络通信中得到了广泛应用，但是通信编码和网络地址不能互相替代，物体编码是对物体位移的表示，是对于物体静态信息的描述和表示。

（5）物体编码和信息安全问题。如果我们采用全球统一的物体编码会遇到信息安全问题，那么是否我们自己设计的物体编码系统就不存在信息安全问题了呢？显然不是。实际上信息安全就是要求构建我们自己的安全系统，以确保在发生我们自己的安全错误时，能够有效地保证系统的信息安全，减少由此对系统所产生的不良影响。其实，这时与你采用什么的编码系统没有直接的联系。只要人家能攻破网络，无论用什么编码系统的安全和运行都会受到影响。一般来说，用什么的编码主要要看我们需要解决什么样的实际问题，是否具有较高的使用效率。物体编码和信息安全本身没有直接的关系。反对使用国外编码的另外一个理由是，利用国外编码与国际标准接轨会遇到知识产权问题。其实这是对于物体编码问题的误解，物体编码本身没有知识产权问题，因为编码只是一个规则，就比如交通规则，有的国家是选择右侧通行，有的国家左侧通行，但是制订的规则本身并不能申请专利。所以，在物联网应用中信息安全和网络构架和管理措施有关，跟编码规则本身无关。

（6）物联网识别技术。物体编码完成以后，每一个物体都被赋予了代表其静态特性的特定的编码，但是为了便于传感器的自动感知，还需要进行物体识别。通常，需要将物体编码变成机器可以识别的编号，如条形码或射频传感器，这样无论物体出现在世界什么地方，人们都可以通过条形码识别器或射频接收器等将该信息输入计算机系统。例如，最简单同时目前应用最为广泛的就是一维条形码，这种最为简单的条形码在国际贸易和国内商品流通领域都得到了广泛的应用。尽管现在射频识别有替代条形码的发展趋势，但是因为它们适用的场合不一样，条形码印刷便宜，射频比较贵，所以在今后相当长的一段时间内条形码和射频还将共存。为了提高效率和增加信息量，除简单的一维条形码以外，人们还发明了二维条形码。二维条形码最早是在 20 世纪 90 年代开始发展的。起初二维条形码并没有得到广泛地应用，主要因为成本太高。技术的发展，大大降低了产生和使用二维条形码的成本，因此近几年二维条形码又很快地发展了起来。现在 RFIT 技术等传感器技术、数据采集和自动识别技术也应运而生，成为物联网的重要支撑技术。除了自动识别技术以外，信息可靠传递需要通信技术，信息的智能处理需要云计算和发展大型处理设备。

（7）物联网的发展展望。到底物联网的发展前景如何？这是目前许多人质疑的一个问题。事实上，任何一项技术的发展，从概念提出到技术的成熟，都需要时间。回想一下条形码自动识别技术发展，1949 年首次提出条形码概念，而得到广泛应用则是 1970 年以后的事情，而在我国则更晚，直到 20 世纪 90 年代以后才发展起来。在我国，RFIT 的应用也晚得多。因此，有的东西不能着急，一些技术或者概念的提出，需要有一个长时间的完善。同样，物联网并不是科技狂想，物联网全覆盖根本不可能实现，但是实际上物联网的发展已经表明它已经和即将对经济产生深远的影响，对提高经济效益，发展低碳经济，建设节约型社会，极大地改变人们的生产方式，带动技术进步产生了难以估量的影响。目前世界各国都在加紧对物联网的研究，我国的情况如何呢？要真正构建物联网，我们现在的通信能力是不够的。如果我们对每个物体实现了解析，或者大部分物体实现解析以现在通信能力和处理能力难以承受，只有技术发展，我们才能更好地创造出市场，带动需求的发展。正如前面所提到的，如果将物体都连起来，我们就可以远远地看看车站广场人多不多，天安门广场的人多不多，看看我们家里情况如何。

（8）商业模式。建立物联网应该是让全社会所有链上的人都能够受益，仅仅一部分人受益是做不起来的。在 EPC 发展当中也遇到类似问题，沃尔玛的效率提高了，做好了一年可节省将近 100 亿元人民币的费用。不仅沃尔玛自身发展了，一些设备制造商、芯片制造商、RFIT 标签制造商也都受益了，从而带动了整个产业的发展。如果产品制造商不能受益，那么技术的发展就会比较缓慢，不利于技术的推广应用和技术自身的发展。所以，技术应用的商业模式很重要，它是我们国家未来发展产业的基础。

另外，物联网的概念再次为我们指出了未来技术的发展方向。作为未来具有重大意义、巨大经济影响和价值的产业，不论怎么说物联网的应用是一个值得人们高度重视的应用方向，对我国乃至全世界的经济发展将产生深远影响。在物联网的体系中，自动识别技术始终是物联网体系最重要的支撑之一。如果说智慧地球、感知中国是远景、是未来的话，那么自动识别技术就是将这种远景变成现实的重要手段。

目前，我国物联网的建设与应用尚处于起步阶段，随着物联网应用所涉及的各个环节成本的下降，物联网相关产业链商业模式的逐步完善，特别是政府扶持力度的加大，这个市场一定会迅速发展和壮大。因此，对于整个自动识别技术产业来说，每个企业都有巨大的商机，同时由于物联网与互联网之间的紧密联系，通信企业产业同样也面临巨大的商机。自动识别技术产业和通信产业，应当与各自产业链上下游紧密合作，谋求共赢。

1.2 物联网识别技术概述

与互联网不同，物联网中所连接的节点不仅仅是图像、数据等数字信息，而且包含了大量的现实生活中广泛存在的实体物体，从而给人民生活和国民经济带来巨大的应用。在物联网中，"物"要满足以下 9 个条件：

（1）要有相应信息的接收器。通常需要由不同的传感器进行收集。例如，由物体所载的 GPS 接收器可以实时、准确地知晓物体所处的位置，应用自动识别技术可以获得物体的类型、种类以及数量等相关信息。

（2）要有数据传输通路。可以利用已有的互联网以及其他的通信网络将每一节点的信息快速地在网络上进行传输，以满足不同地域、不同人员实时查询、控制与统计等各种应用的需要。

（3）要有一定的存储功能。考虑人们在物体使用、控制与统计过程中，不仅要实时获取物体当前所处状态信息，也需要了解该物体在过去某一时间段所处的位置信息等，因此，物体应能够将过去的信息进行存储；此外，这种分布式的存储不仅可以减少信息集中存储所需要的存储容量需求，而且可以大大提高存储信息的安全性、容错能力，平衡了对于网络带宽与负载的需求。

（4）要有中央处理器（CPU）。与互联网不同，物联网感知与控制的不是虚拟的物体和信息，而是真实的物体。因此，这些物体不同于以往的智能的物体，它的正常运行需要一个中央处理器来承担这样的工作。因此，对于连接在物联网上的物体而言，CPU 是必不可少的。

（5）要有操作系统。随着物联网功能的不断发展和扩大，每一物体自身所要求的功能和能力也不断扩大，为了适应这样的发展，物体的 CPU 本身一定要工作在一定的计算机软件环境下，即要有自己的操作系统。此外，自身所拥有的操作系统也会使得不同物体节点之间的组网和通信更为便利。

（6）要有专门的应用程序。有了 CPU 和操作系统之后，人们就可以编制和开发各种应用程序来实现不同的功能，完成特定的工作。

（7）要有数据发送器。数据发送器的目的就是要将物体感知的实时的物体特性、信息等按照不同的用户需要发送到网络上，或者是将物体存储器中所存储的有关物体的信息按照要求发送到网络上供连接在物联网上的用户使用。

（8）遵循物联网的通信协议。为了实现将物体连接到互联网上，从而构成物联网的一个有效的节点，物体必须遵循物联网的各种通信协议，包括互联网上已经建立的各项通信协议。

（9）在世界网络中有可被识别的唯一编号。与互联网上的 IP 地址类似，为了正确地、唯一地解析位于物联网上的每一个物体，我们需要对每一个连接在物联网上的物体提供一个可被识别的唯一编号，从而大大简化系统的设计，降低产生控制与统计错误的概率。

由上述可知，要建立物物相连接的物联网，仅仅有传统意义上的互联网和一些孤立的、传统意义上的物是不够的，还必须对传统的物体进行改造，扩大物体所具有的感知、计算和控制的能力。只有对互联网进行重新配置，使得包含在其中的每一个物体都能够满足上述条件，并可以通过互联网有机地结合成为一个整体和网络，才能成为一个真正的物联网。为了实现这一点，人们需要对物联网所需要的各种技术进行研究，而物联网识别技术就是其中最关键的技术之一。

物联网识别技术是对连接到物联网中的物体进行编码、定位、识别与跟踪的一门技术，它不仅包括纸质标签、条形码、自动分拣系统、数据库技术等传统的物联网识别技术，也包括最新的无线识别技术（REID）、全球定位系统（GPS）、图像自动识别技术、图像配准与融合技术、生物识别技术等新技术，同时也包含具体实现和应用过程中所必需的嵌入式系统技术等硬件技术。

作为物联网中物体所必须具备的特性之一，具有可识别的唯一编码是物联网的基础。编码是指按一定规则赋予物体易于机器和人识别、处理的代码，它是物体在信息网络中的身份标识，是一个具有一一对应关系的物理编码。编码不仅赋予物体唯一的编号，而且也实现了物体的数字化，是物体实现自动识别、将实体物体连接进计算机网络的基础，在物联网的各个环节，物体编码是贯穿始终的关键字，是物联网的基础。统一的物体编码体系将满足物联网中各系统信息交换的需要，并能实现动态维护，给物联网的应用、运行与管理提供重要的支撑和保障。如果没有统一的物体编码体系，那么物联网就只能是由一个个不连通的信息孤岛组成，而不能形成一个真正意义上的物联网。因此，统一的物体编码体系是信息互联互通的关键，也是物联网感知、控制物体的基础。

物联网中由于编码对象种类繁多、十分复杂，单一的物体编码标准无法支撑整个物联网的运行。由于历史的原因，有些编码方案的应用已有一定的规模，在某些领域的信息化和互联网的建设中正在发挥很好的作用。因此，国家物体编码体系需要提供一种行之有效的具有强兼容性的解决方案，以实现各种编码方案之间的互联互通，从而可以通过这个国家物体编码解析平台为各行各业提供所需要的编码转换服务。IP 地址是对连接到互联网中的电子设备赋予的网络通信用的相对唯一地址，它的设计是为了实现对于连接到网络中计算机设备的寻址。IP 地址在网络中具有唯一性，但 IPv6 编码不能既用作物体唯一标识，又用作路由地址。物体不仅要有编码，还必须能够进行识别，不仅确定是什么，还应当可以确定在哪里，这就需要研究物体编码及物联网识别技术。

如前所述，物体编码在物联网系统中具有唯一性，但物体编码不能既用作路由地址，又用作唯一标识。因此，在物联网中，物体的标识和通信既需要物体编码也需要 IP 地址。通常来说，编码与信息安全密切相关，然而，把物体编码与自主创新和信息安全联系起来，这其实是一种误解。首先，编码方案是一种规则，而规则本身是无法得到知识产权保护的。目前，国内外尚未见到过哪一种规则取得过专利；虽然，每一种编码确实有一个管理问题，如 EPC 编码、IPv4、IPv6 等，但这只是经过权威组织或机构确定采用的多种可供选择的方案，而与知识产权自身无关。例如，在图像编码中，JPEG 是由静止图像专家组织确定采用的图像标准，但是标准本身并非由该组织拥有。类似地，许多通信方案也是征集而来，而非采用这个方案的组织所发明，所拥有。因此，可以说编码方案本身并不会涉及信息安全。事实上，在物联网应用中，信息安全与物联网的网络架构和管理措施有关，而与采用的编码方案本身无关。

现实生活中，各种各样的活动或者事件都会产生这样或那样的数据，这些数据包括人的、物质的、财务的等各种不同类型的，也包括采购的、生产的和销售的等不同来源的数据，这些数据的采集与分析对于人们的生产和生活决策十分重要。如果没有这些反映实际情况数据的支援，我们的生产和决策就将成为一句空话，缺乏现实的基础。在计算机信息处理系统中，数据的采集是信息系统的基础和关键，通过数据系统的分析和过滤，这些数据最终将影响人们的决策。

在信息系统发展的早期，相当部分数据的处理都是通过人工手工录入。这样，不仅劳动强度大，而且数据误码率高，也无法实现实时录入。为了解决这些问题，人们研究和发展了各种各样的自动识别技术，将人们从繁重的、重复的，同时又是十分不精确的手工劳动中解放出来，极大地提高了录入系统信息的实时性和准确性，从而为生产的实时调整、财务的及时总结以及及时、正确地制定决策提供了参考依据。

在当前物流研究中，基础数据的自动识别与实时采集更是物流信息系统（Logistics Management Information System，LMIS）的基础与关键，因为物流过程比其他任何过程与环节更接近于现实的"物"。因此，物流所产生的实时数据比其他任何过程和环节更密集，数据量更大。那么，究竟什么是自动识别技术（Automatic Identification Technique）呢？自动识别技术就是应用一定的识别装置，通过被识别物体和识别装置之间的接近活动，自动地获取被识别物体的相关信息，并提供给后台的计算机处理系统来完成相关后续处理的一种技术。举例说明。商场的条形码扫描系统就是一种典型的采用自动识别技术的扫描装置。售货员通过扫描仪扫描商品的条形码，获取商品的名称、价格，输入数量，后台 POS 系统即可计算出该批商品的价格，从而完成顾客购买商品的自动结算。同时，顾客也可以采用银行卡的形式进行支付，银行卡支付过程本身也是一种应用自动识别技术的过程，它能够自动识别顾客身份，并将该顾客与他所拥有的银行账号进行自动链接，并可以自动地从顾客所拥有的账户中进行购买商品的支付。

自动识别技术是以计算机技术和通信技术为基础发展起来的综合性科学技术，它以信息数据自动识读、自动输入计算机为重要方法和手段，归根到底，它是一种高度自动化的信息和数据的采集技术。自动识别技术近几十年来在全球范围内得到了迅猛的发展，已经形成了一个包括条形码技术、磁条磁卡技术、IC 卡技术、光学字符识别技术、无线射频技术、声音识别及视觉识别技术等集计算机、光、磁、物理、机电、通信技术等多门技术为一体的高新技术学科。

一般来说，在一个信息系统中，数据的识别与采集完成了系统原始数据的录入工作，解决了人工数据输入存在的速度慢、误码率高、劳动强度大、工作简单重复性高等问题，为计算机信息处理提供了一种快速、准确地进行数据采集输入的有效手段。因此，自动识别技术作为一种革命性的高新技术，正迅速为人们所接受，在人们的生活和工作中发挥着越来越重大的作用。自动识别系统通过传感器感知、采集物体的信息，然后，通过中间件及接口（包括软件的和硬件的）将数据传输给后台处理计算机，由计算机对所采集到的数据进行处理或者加工，最终形成对人们有用的信息。在有的场合，中间件本身就具有数据处理的功能。中间件还可以支持单一系统不同的协议的产品的信息处理工作。

完整的自动识别计算机管理系统包括自动识别系统（Auto Identification System，AIDS），应用程序接口（Application Interface，API）以及中间件（Middleware）和应用系统软件（Application Software）等。其中，自动识别系统负责完成系统的采集和存储工作，而应用系统软件则对自动识别系统采集到的数据进行应用处理，应用程序接口软件提供自动识别系统和应用系统软件之间的通信接口，包括数据格式的转换，即将自动识别系统采集的数据信息转换成应用软件系统可以识别和利用的信息数据格式，并完成数据的传递。

物流信息的管理和应用首先涉及信息的载体。过去人们多采用单据、凭证、传票等纸质载体，采用手工记录、电话沟通、人工计算、邮寄或传真等人工方法，对物流信息进行采集、记录、处理、传递和反馈，不仅极易出现差错、信息滞后，也使得管理者对物体在流动过程中的各个环节难以统计，统筹协调，不能进行系统地控制，更无法实现系统优化和实时监控，从而容易造成效率低下，人力、运力、资金以及场地等的大量浪费。

1.3　物联网识别技术的发展

物联网识别技术其实在物联网概念形成之前就已经得到了很大的发展，只不过人们并没有采用物联网这个概念，没有直接与物联网联系在一起而已。

1.3.1　纸质标签与数据库技术

在商店、超市、仓库中，人们为了便于对于其中堆积如山的货物进行登记、统计和管理，最早是采用纸质标签的形式进行编码。在这种纸质标签上可以表明品名、规格、价格、生产厂家等有关信息。其位置信息的确定是通过分区、分类的方法人工确定，一般来说只能确定大致的位置分区，很难确定每个物体的准确位置。类似的系统在书店、图书馆、药店（尤其是中药店）、医院等也得到了非常广泛的应用。为了便于人们对于数量巨大、品种品名繁多的物体进行有效的调度和管理，人们发展了数据库技术，从而能够对于分布在不同地点、不同时间的物体进行动态的跟踪和管理，并且便于使用者进行查找和浏览，从而大大提高了决策者对于整个全局的把握，大大提高了人们的反应速度和使用效率。

1.3.2　条形码技术

尽管纸质标签能够提供人们所需要的基本信息，但是，它存在着统计计算烦琐，人工阅读费时，容易出错，需要人工建立与数据库的联系等弊端。为了解决这些问题，人们发明了条形码识别技术。

条形码（barcode）是将宽度不等的多个黑条和空白按照一定的编码规则进行排列，形成一种 0 和 1 组成的编码，用以表达一组信息的图形标识符，如图 1-2 所示。常见的条形码是由印刷在纸质平面上具有最大反射率差别的黑条（简称条）和白条（简称空）排列成的一组平行线图案。条形码可以标出物体的生产地、制造厂家、商品名称、生产日期、图书分类号、邮件起止地点、类别、日期等各种信息，因而在商品流通、图书管理、邮政管理、银行系统等许多领域都得到了广泛的应用。

（a）货物用条形码

（b）书本专用条形码

（c）EAN-13 条形码

图 1-2　一维条形码

条形码技术最早产生在 20 世纪 20 年代，诞生于威斯汀豪斯（Westinghouse）的实验室里。有一位名叫约翰·科芒德（John Kermode）的发明家"异想天开"地想对邮政单据实现自动分拣，那时候对电子技术应用方面的每一个设想都使人感到非常新奇。

他的想法首先在信函的自动分拣上进行了试验。他在每个信封上做条形码标记，条形码中代表的信息是收信人的地址，就好像今天的邮政编码。为此科芒德发明了最早的条形码标识，设计方案非常的简单（注：这种方法称为模块比较法），即一个"条"表示数字"1"，二个"条"表示数字"2"，依此类推。然后，他又发明了由基本的元器件组成的条形码识读设备：一个扫描器（能够发射光并接收反射光）；一个测定反射信号条和空的方法，即边缘定位线圈，和使用测定结果的方法，即译码器。

科芒德发明的扫描器利用了当时最新发明的光电池来收集反射光。"空"反射回来的是强信号，"条"反射回来的是弱信号。与当今高速的电子元器件不同的是，科芒德利用磁性线圈来测定"条"和"空"。这就像一个小孩将电线与电池连接后再绕在一颗钉子上来夹纸。科芒德用一个带铁心的线圈在接收到"空"的信号时吸引一个开关，在接收到

"条"的信号的时候，释放开关并接通电路。因此，最早的条形码阅读器噪声很大。开关由一系列的继电器控制，"开"和"关"的数量由打印在信封上"条"和"空"的数量决定。通过这种方法，条形码符号可以实现直接对信件进行自动分拣，提高了信函分拣的效率和准确性。

此后不久，科芒德的合作者道格拉斯·杨（Douglas Young）在科芒德码的基础上作了进一步的改进，获得了编码效率更高的杨码。

直接采用科芒德码所包含的信息量相当低，很难编出十个以上的不同代码。而杨码使用更少的条，但是充分利用了条与条之间空的尺寸变化，就像今天的 UPC 条形码符号。现在的 UPC 条形码使用四个不同的条空尺寸。这样，新的条形码符号可在同样大小的空间上对一百个不同的地区进行编码，而科芒德码只能对最多十个不同的地区进行编码。

直到 1949 年的专利文献中人们才第一次见到了有关诺姆·伍德兰（Norm Woodland）和伯纳德·西尔沃（Bernard Silver）发明的全方位条形码符号的记载，而在这之前的专利文献中始终没有条形码技术的记录，也没有投入实际应用实例的报道。诺姆·伍德兰和伯纳德·西尔沃的想法就是利用科芒德和杨发明的垂直的"条"和"空"，使之弯曲成环状，非常像射箭用的靶子。这样扫描器通过扫描图形的中心时，不管条形码符号方向的朝向如何，扫描器都能够对条形码符号进行正确的解码。

在利用这项专利技术对条形码技术进行不断改进的过程中，一位科幻小说作家艾萨克·阿西莫夫（Isaac Azimov）在他的《赤裸的太阳》（The Naked Sun）一书中讲述了使用这种信息编码的新方法实现自动识别的实例。那时候，人们觉得书中描绘的条形码符号看上去像是一个方格状的棋盘，但是在今天的条形码专业人士眼里马上就会意识到这是一个二维矩阵条形码符号。虽然此条形码符号没有方向、定位和定时，但显然它表示的是更高信息密度的数字编码。

直到 1970 年 Iterface Mechanisms 公司开发出"二维条形码"之后，才有了价格适合于销售的二维矩阵条形码的打印和识读设备。那时二维矩阵条形码用于报社排版过程的自动化。二维矩阵条形码打印在纸带上，采用由今天的一维 CCD 扫描器扫描识读。CCD 发出的光照在纸带上，每个光电池对准纸带的不同区域。每个光电池根据纸带上印刷条形码与否输出不同的电压，形成一个高密度信息图案。采用这种方法可在相同大小的空间上打印出一个单一的字符，作为早期科芒德码中的一个单一的条。当该系统进入市场后，包括打印和识读设备在内的全套设备约为 5000 美元。

以商品条形码为代表的一维条形码，如图 1-2（c）所示，主要用于贸易及商品流通领域物体通用信息的标识及数据交换。一维条形码的应用对于促进我国商品进入国际市场，促进各行业实现信息化管理、提高生产及流通效率起着至关重要的作用。

此后不久，随着 LED（发光二极管）、微处理器和激光二极管等元器件技术的不断发展，迎来了新的标识符号（象征学）和其应用的迅速扩张，被人们称之为"条形码工业"。由于这一领域技术的飞速发展与进步，每天都有越来越多的应用领域被开发应用出来。现在，条形码就像灯泡和半导体收音机一样普及，使我们每一个人的生活都变得更加轻松和方便。二维条形码技术是在一维条形码无法满足实际应用需求的前提下产生的。从信息密度与信息容量来讲：一维条形码信息密度低，信息容量较小，二维条形码信息密度高，信息容量大；从错误校验及纠错能力来讲：一维条形码只能通过校验字符进行错误校验，自身没有纠错能力，二维条形码具有较强的错误校验和纠错能力，可根据需要设置不同的纠错级别；从对数据库和通信网络依赖度来说：一维条形码在许多应用场合下都依赖于数据库和通信网络，二维条形码信息密度高，信息容量大，且二维条形码可以不依赖数据库和通信网络而单独应用。二维条形码，特别是具有我国自主知识产权的汉信码（见图 1-3（a）），可在物联网中获得广泛应用。汉信码具有信息容量大，高效的汉字压缩效率，纠错能力强等特点。目前，二维条形码在 2010 年上海世博会门票、动车票（见图 1-3（b））等许多领域得到了越来越广泛的应用。二维条形码的使用不仅加大了防伪力度，同时也可以记录更多的信息，越来越多地代替传统的一维条形码。

（a）汉信码 （b）动车票

图 1-3 二维条形码

1.3.3 自动分拣系统

在通信和互联网普及之前，人们主要的通信方式是书信，因此信件的分拣是一件非常重要，但也是非常耗时、费力的工作。随着电子计算机的出现并普及，字符（包括手写字符）的自动识别成为可能。因此，在此基础上人们研究出了信函自动分拣系统。该系统需要人们在通信过程中使用由邮局专门提供的标准信封，并且由寄信人要求将收信人的邮政编码正确地书写在信封左上角的方框内。这样，统一规格和大小的信函就可以放入信函自动分拣系统进行自动分拣。与人工分拣比较，自动分拣系统不仅大大提高了分拣效率，并且显著降低了由于人工分拣所带来的错判率，取得了很好的实际效果，在全国各地的邮局系统中得到了广泛应用。

除信函自动分拣系统外，基于计算机视觉原理的邮政包裹自动分拣系统以及其他自动分拣系统也得到了广泛应用，大大提高了人们对于批量物体的自动处理能力。该系统能够对于邮政包裹进行自动分类，大大减轻了邮包分拣的劳动强度。

1.3.4 射频识别技术

射频识别技术（Radio Frequency Identification，RFID）是近年来最为重要的物联网识别技术。与传统的识别技术，如纸质标签、条形码以及自动分拣系统等比较，它的使用更为方便、快捷，同时使用成本较一般的自动分拣系统大为降低。

尽管激光条形码阅读器具有可靠、使用灵活、抗干扰性强、使用成本低等优点，但是它对于扫描有一定的限制与要求，例如扫描距离、角度等，并且要求激光阅读器与条形码之间不能有任何遮挡，甚至折皱。条形码表面的污渍等也会影响识别的准确性。另外，通常它要求在静止的情况下才能进行识别，从而给运动物体，如汽车等的识别带来困难。为了解决这些问题，人们就发明了基于射频技术的新的识别方法。

RFID 是一种非接触式的自动射频识别和数据采集技术，它通过射频信号自动识别目标对象并获取其相关数据，识别工作无须人工干预，可工作于各种恶劣环境。RFID 技术可识别高速运动物体，如行进中的汽车等，并可同时识别多个标签，且操作十分快捷、方便。射频标签如图 1-4 所示。RFID 技术的基本工作原理并不复杂：当射频标签在阅读器发射天线有效工作区域内，阅读器通过发射天线发送一定频率的射频信号，标签内产生感应电流并被激活；标签将存储在芯片中的编码信息通过内置发送天线发送出去；阅读器的接收天线接收到从射频标签中的射频卡发送来的载波信号，经天线调节器传送到阅读器，阅读器对接收的信号进行解调和解码然后送到后台主机系统进行相关处理，最后获得所需要读取与识别的物体信息。同样，当射频标签为主动标签时，标签本身发送一定频率的射频信号，阅读器读取信息并解码后，送至后台主机系统进行有关数据处理。

射频识别技术拥有广阔的发展前景和巨大的市场潜力。目前，已在图书管理、手机 SIM 卡、不停车收费（ETC）系统（见图 1-4（b））、二代身份证等领域得到广泛应用。

（a）商用射频标签　　　　　　　　　　（b）射频识别标签在高速公路自动收费系统中的应用

图 1-4　射频识别标签

1.4　识别技术在物联网发展中的地位与作用

物联网不是科幻小说或者科技狂想，而是一场影响深远的新的科技革命。未来物联网将对政治、经济产生深远的影响。一方面物联网可以提高经济效益，发展低碳经济，建设节约型社会；另一方面物联网将极大地改变人们生活方式，方便人们的生活。物联网的发展，将带动自动识别技术等相关技术的进步，通过技术创新进一步带动经济社会形态、创新形态的变革，促进知识型社会的建立。

物联网用途广泛，遍及智能交通、环境保护、电子商务、贸易物流、公共安全、平安家居、智能电力、工业监测、个人健康、水系监测、食品安全等诸多不同领域，因而吸引了世界各国的高度重视，纷纷投入巨资进行深入的研究。

2005 年 4 月，为建设知识型欧洲，欧盟提出总预算为 500 多亿欧元的第七研究框架计划建议（2007—2013）。该计划支持经过筛选的优先领域，致力于欧盟保持世界领先地位与水平。2009 年 9 月，在欧盟第七研究框架计划资助下，欧洲物联网研究项目工作组（CERP-IoT）制订了《物联网战略研究路线图（SRA）》，为欧盟未来 10 年物联网的发展指明了方向。日本也制订了 i-Japan 计划，旨在到 2015 年实现以人为本"安心且充满活力的数字化社会"，让数字信息技术如同空气和水一般融入社会的每一个角落。美国也正在加强与扩大它在物联网产业和研究方面业已存在的优势。美国国防部的"智能尘埃"（Smart dust）、国家科学基金会的"全球网络研究环境"（GENI）等项目的开展进一步提升了美国的创新能力与水平；IBM、TI、Intel、微软、高通等一大批 IT 公司，在芯片设计、软件开发以及系统集成方面占据着世界领先地位。

现阶段的物联网是以 EPC 和全球统一标识系统为基础，以 RFID 为主要技术手段，主要应用在发展比较成熟需求较为紧迫的国际贸易与物流供应链领域，EPC 是最有可能率先实现的物联网。EPC 的编码是全球通用的，EPC 相关标准是全球各国企业共同参与制订的，目前全球已有 40 多个国家的 1500 多家企业参与到 EPC 的研发和标准制订工作中。EPC 标准也于 2006 年 6 月成为了 ISO 国际标准，全球有关 EPC 工作已经做了大量的试点应用研究，EPC 的应用正不断扩大。

中国物品编码中心为 EPC 物联网也做了大量工作，主要包括：

* 1996 年启动 RFID 技术研究，2003 年开始关注 EPC；
* 2004 年，开始负责我国内地 EPC 的管理工作；
* 2004—2006 年连续主办 4 届 EPC/RFID 论坛，其中首届论坛参加者就有 800 名多；
* 先后承担发改委、科技部、质检总局的科研项目，参与欧盟等国际合作项目；
* 制订多项射频识别国家标准；
* 2007 年，通过国际 METlab 评审，取得射频识别相关产品的国际认证测试资质；
* 2009 年，国家射频识别产品质量监督检验中心挂牌成立。

识别技术在物联网的发展和应用中起着十分重要的地位和作用，主要体现在：

（1）识别技术是实现物联网确定物体所在位置及相关统计信息的基础和关键。物联网与互联网的最大差别就在于物联网不仅可以提供管理信息化的数据、抽象的物体，更在于它可以与人们在现实生活中经常使用的各种物体直接联系在一起，从而更加直接、直观、高效地分配、调动、统计、管理这些数量庞大、种类繁多的实际物体，并形成一个遍布全球、动态实时的网络。它是人们社会、经济生活中物体的实体网络与计算机、通信、互联网等虚拟网络的有机结合，因此它构成了一个比互联网范围更大、涵盖面更广的网络系统。在这些系统中，人们不仅要掌握这些网络的属性、数量、分布等统计信息，而且要随时、随地地知道它们所处的物理空间位置，为这些物体的流通、调配等建立合理的、最优的策略和实施方案。识别技术，作为探测、感知与识别这些物体的一项关键技术，对于完成上述功能起着十分重要的作用。

（2）识别技术是提高物联网效率的重要因素。单纯从建立物联网需要考虑，确定物体的位置信息、统计信息等既可以采用先进的识别技术（特别是自动识别技术）也可以采用传统的方法和手段，例如进行人工的统计、测量等方法。然而，随着加入物联网系统中节点物体数量的急剧增加，传统的基于人工的统计、测量方法将存在费时、费力、速度慢、成本高、统计结果受人为因素影响大，统计结果准确度低等问题。采用识别技术，不仅可以将人们从繁重的体力劳动中解放出来，而且能够大大加快反应速度，提高统计精度和准确性，从而提高物联网的效率。

（3）识别技术是物联网信息安全的有力保障。物联网不仅要对物体进行定位、识别与统计，对每一个社会个体，也需要进行甄别、鉴别和识别，这种针对个体的识别技术可以利用生物识别技术来实现（如利用不同人体个体所具有的某些唯一的生物特征进行识别）。目前，指纹识别、虹膜识别、签字识别等生物特征已经得到了广泛的应用，并且作为对授权人进行甄别的重要手段。但是，人脸识别、掌纹识别、静脉图像识别等其他多种生物特征的识别技术尚处于开发、完善过程中。

 ## 小结

　　物联网识别技术是物联网所特有的关键技术之一，尽管作为识别技术本身已有很长的发展历史，并且已经在军事、工业、遥感测绘以及其他许多国民经济领域中得到了广泛应用，但是，物联网中所采用的识别技术有其特殊性。因此，我们需要针对这些特殊性展开研究，以推动物联网技术的发展和进步。本教材的编写目的在于在物联网与从事识别技术研究人员之间建立一个沟通的桥梁，给从事物联网研究与应用的人们了解所需要的自动识别技术提供基本信息，从而更好地促进物联网技术和识别技术的发展，满足物联网发展的需要。

 ## 习题

　　1. 什么是物联网？它与互联网有什么异同？
　　2. 什么是物联网识别技术？它主要包括哪些内容？
　　3. 目前物联网中应用最多、发展前景最好的识别技术是什么？请给出你所看到的目前已经在社会中应用的实际例子。

第2章 物联网传统识别技术

学习重点

本章重点介绍了业已广泛采用的这些传统识别技术，也包括近年来发展的二维条形码等技术。其中，2.1节介绍纸质标签，2.2节是条形码，2.3节是各种自动分拣系统，第四节介绍与自动识别技术相关联的数据库技术。

在物联网概念提出之前，标签、条形码、自动分拣系统以及数据库技术等已得到了很大的发展，并且在国民经济的各个领域广泛采用，这为物联网的发展奠定了很好的基础。

2.1　纸质标签

标签（label）一词原本是指系在基督教主教帽上的一根布带或条带，它是权力和标识的象征。早期的纸质标签都是通过手工制作而成。1700 年，欧洲印制出了第一批标签，主要用作药品和布匹等商品的识别。所以，通俗地说：标签就是用来标志事物的分类或内容，一般要包括物体的名字、用途、体积、重量、产地等重要信息，像是给定标识实物对应的关键字词，是方便人们了解、查找和定位该实物的一种工具。

由于标签可以给我们的生活、工作带来极大的便利，所以人们逐渐将标签应用到了我们生活的各个方面。

2.1.1　商品标签

商品标签是附着在商品的外部或商品包装上的标志或标贴，包括文字和图案[4]。店主可以利用商品标签来自定义商品分组和商品介绍，方便商品的管理和顾客的购买。商品标签一般包括商品的使用方法、材料构成、重量、质量保证期、生产日期、产地、厂家联系方式等商品的重要信息。

最原始的商品标签就是大街小巷随处可见的价格标签，如衬衫 100 元/件，降价甩卖等。到后来就有了所谓的产品说明标签，产品说明标签包含的信息更加全面，如超市的货物说明（见图 2-1）、服装吊牌（见图 2-2）、药品标签等。超市的货物说明主要包括商品名称、零售价、规格、等级、单位、产地等内容。服装吊牌则印有徽标、面料、性能、洗涤方式、厂名、厂址、电话、邮编等信息。

图 2-1　超市商品价格标签

图 2-2　服装吊牌

药品标签分为内标签和外标签。药品的内标签指直接接触药品的包装的标签，应当包含药品通用名称、适应症或者功能主治、规格、用法用量、生产日期、产品批号、有效期、生产企业等内容。包装尺寸过小无法全部标明上述内容的，至少应当标注药品通用名称、规格、产品批号、有效期等内容[5]。药品外标签指内标签以外的其他包装的标签，药品外标签应当注明药品通用名称、成分、性状、适应症或者功能主治、规格、用法用量、不良反应、禁忌、注意事项、贮藏、生产日期、产品批号、有效期、批准文号、生产企业等内容。适应症或者功能主治、用法用量、不良反应、禁忌、注意事项不能全部注明的，应当标出主要内容并注明"详见说明书"字样[5]。

2.1.2 管理标签

纸质标签在管理方面，最具代表性的应用当属图书管理和仓库管理。

在图书馆每本藏书的书脊或书的封面上贴的一个非常明显的贴纸就是图书标签。图书标签习惯上有多种叫法，如书签、书标等。图书标签上面有一组手写或打印的号码，这组号码通常叫做"索书号"。索书号也称排架号，它是每本图书在书库中所处位置的唯一标识，也是图书排架、藏书清点和读者索书的标志和依据。这个索书号需要采用系统的方法先对书进行分类，再由特定意义的标记符号和数字组合而成，如图 2-3、图 2-4 所示。

目前中国 95%的大中型图书馆都采用《中国图书馆分类法》来对书进行分类。中图法是体系分类法，按照图书的内容、形式、体裁和读者用途等，在一定的哲学思想指导下，运用知识分类的原理，采用逻辑方法，将所有学科的图书按其学科内容分成几大类，每一大类下分许多小类，每一小类下再分子小类，最后采用拉丁字母与阿拉伯数字相结合的混合制标记符号[6]。以拉丁字母标记基本大类，一般一个字母表示一个大类，如 A——马克思主义、列宁主义、毛泽东思想、邓小平理论；B——哲学、宗教。个别大类根据实际配号还需要再展开一位字母，用来标记二级类目，如 T——工业技术，TK——能源与动力工程，TP——自动化技术、计算机技术，TQ——化学工程等。在字母段后面，使用阿拉伯数字标记各级类目，如 TP3——计算技术、计算机技术等。下图是两个图书标签的实例。

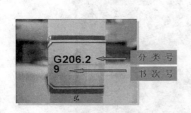

图 2-3 图书标签例 1

图 2-4 图书标签例 2

在仓库管理中，仓储是一项物流活动，或者说物流活动是仓储的本质属性。但它不是生产，也不是交易，而是为生产、交易服务的物流活动中的一项，即仓储只是物流活动的一部分，物流还有其他的活动，仓储与其他物流活动相联系、相配合，组成整个物流系统。仓库管理流程，主要包括签订仓储合同、验收货物、办理入库手续、货物保管、货物出库。

传统的货物库存管理中的仓库管理系统，是根据货物的品名、型号、规格、牌名、包装、产地等来划分货物品种，同时分配唯一的编码，也就是"货号"，该货号以仓库管理标签的形式体现。分货号管理货物库存和管理货号的单件集合，且应用于仓库的各种操作，主要应用于入库、出库和盘点等环节。

货物入库，主要包括两个环节：货物到达接收和货物验收入库。指定货物被运送到仓库之后，仓库人员按单验收货品，再根据货位指派信息将货物组织入库或者上架。出库时，仓库人员按单据（领料单或出库单）的需要在指定的货位进行拣货，并将所发的货送到公共发货区，最后运送至客户手中。盘点指定期或者不定期地对仓库的货品进行清点，比较与实际库存及数据统计表单的差异，提高库存数据的准确性。货物标签，即货物的货号在这些环节中都起到了至关重要的作用，它是货物流动的唯一凭证。

2.1.3　物流标签

纸质标签在物流方面的应用涉及纸箱标签、运输货物标识、收发货物标签、外包装标签、仓库标签等等。邮政方面包括邮政包裹、信件包装、发货、收货标签、信封地址标签、运输货物标示。

我们常见的包裹单（见图 2-5）就是物流标签的一种，它是邮政部门和物流公司在邮寄包裹时附上的单据，包括寄件栏、收件栏、包裹运送价格栏等信息，是运送合同的体现和凭据。寄件栏位于包裹单的左侧，用于填写寄件人的有关信息，方便包裹无法正常到达时的退还工作。内容包括寄件人、始发地、寄件地址、寄件（人）单位、电话、手机、寄件人签名、包裹说明、内件品名及数量、是否保价、保价金额、寄件人声明等。收件栏位于包裹单的右侧，用于填写收件人的有关信息，以便包裹能够正常送达。内容包括收件人、终到地、收件地址、单位、电话、手机等。包裹运送价格栏由送方填写，内容包括重量、资费、挂号费、保价费、回执费、总计等。

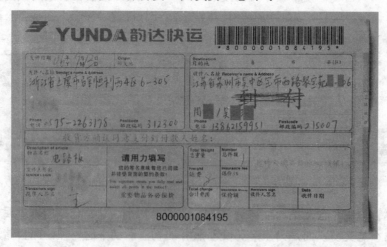

图 2-5　包裹单

发货单（见图 2-6）也是物流标签中最为常见的一种，它是企业或公司把自己或他人的产品发至指定的人或公司，同时作为提货、出门、运输、验收等过程的票务单据，是企业或公司体现一个销售额的重要依据。它可以使用多种格式来写，如 Excel、Word、手写等，应该包括产品名称、型号、单价、数量、金额、规格、单位、生产单位、备注（其他要说明的情况，如每包装数量）。

图 2-6 发货单

2.1.4 生产标签

生产标签主要用于原材料标识、加工产品标识、成品标签等，在化工方面主要有油漆材料标识、汽油机油产品包装标识及各种特殊溶剂产品的标识。还有危险品的标志牌，如有毒品、易燃品、易爆品、放射性物品、腐蚀性物品的运输包装上，表明其危险性的文字或图形说明。主要用在医院、商场、工厂、办公室、体育馆、影剧院、娱乐厅、饭店、网吧、旅馆等公共场所及部分相关场所，除规定张贴上述安全警告标贴外，还应当根据实际情况及危险等级设置相应的提示和警告标志。

图 2-7 易燃液体警告标签

2.1.5 其他方面

纸质标签还应用于生活中很多其他方面。例如办公标签，用于资料、文件等的管理和存档，包括文件公文标签、档案保存标签、各种物品及文具标签等。公交车票，也属纸质标签，它是上公交车的凭证，上面一般标注了日期、始发地、目的地、票价等信息。还有我们随处可见的路标，行李标签等等，都属于纸质标签的应用，它们极大地方便了我们的生活。

图 2-8 路标

2.1.6　概括总结

虽然纸质标签可以方便我们的生活，但同时也存在很多的缺陷。如很多企业采用纸质标签的方式进行管理，即手工操作，所有出入仓库的数据都得由仓库管理员逐个录入，这种仓库管理作业方式严重影响工作效率，许多出入库数据不能在系统中及时得到更新，在系统管理上也没有实现有效的库位管理。为了避免上述弊端，很多企业采用条形码化仓库管理，即在仓库管理中引入条形码技术，对仓库的到货检验、入库、出库、调拨、移库移位、库存盘点等各个作业环节的数据进行自动化的数据采集，保证仓库管理各个作业环节数据输入的效率和准确性，确保企业及时准确地掌握库存的真实数据，合理保持和控制企业库存[7]。

2.2　条形码

随着信息、通信及计算机技术的日益发展，信息的传输通信能力、储存能力、处理能力日益强大。全面、有效的信息采集与输入几乎成为所有信息系统的关键。条形码自动识别技术就是在这样的氛围与需求下形成的。条形码技术是基于计算机、光电技术和通信技术发展起来的一门综合性学科，逐渐成为信息采集、输入的重要方法和手段。

2.2.1　条形码技术概述

1. 条形码的发展与演变

条形码最早可以追溯到 20 世纪 40 年代，但是真正的实际应用和规模化发展却是在 20 世纪 70 年代左右开始的。如今世界各个国家和地区都已经普遍使用条形码技术，同时正快速地向世界各地蔓延，其应用领域越来越广泛，并逐步渗透到许多其他相关技术领域。

20 世纪 40 年代，美国乔·伍德兰德（Joe WoodLand）和伯尼·希尔沃（Berny Silver）[8] 两位工程师已经开始研究用代码表示食品项目及研发相关的自动识别设备，并于 1949 年获得了美国专利。这种代码图案如图 2-9 右上图所示。这种图案很像箭靶，被称作"公牛眼"代码。靶的同心环由圆条和空白绘成。在原理上，"公牛眼"代码与后来的条形码符号很接近，但可惜的是当时的商品经济还不十分发达，工艺上也没有达到印制这种代码的水平。然而，20 年后，乔·伍德兰德作为 IBM 公司的工程师成为北美地区的统一代码——UPC 条形码的奠基人。

吉拉德·费伊塞尔（Girad Feissel）等人于 1959 年申请了一项专利，将数字 0～9 中的每个数字用 7 段平行条表示。但是这种代码的弊端很明显，机器难以阅读，人读起来也不方便。尽管如此，这一构想却促进了条形码码制的产生与发展。不久之后，E.F.布林克尔在此基础上将条形码标识应用在有轨电车上。20 世纪 60 年代后期，西尔韦尼亚（Sylvania）发明了一种被北美铁路系统所采纳的条形码系统。这两项发明可以说是条形码技术最早期的应用。

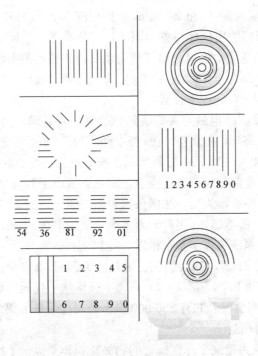

图 2.9　早期条形码符号

　　1970 年美国超级市 AdHoc 委员会制订了一种叫 UPC 码（Universal Product Code）的通用商品代码，此后许多团体也相继提出了多种条形码符号方案，如图 2-9 右下及左边部分所示。UPC 码首先在杂货零售业中试用，这为以后该码制的广泛采用奠定了基础。次年，布莱西公司研制出"布莱西码"及相应的自动识别系统，用于库存验算。这是条形码技术第一次在仓库管理系统中应用。1972 年，莫那奇·马金（Monarch Marking）等人研制出库德巴码（Codabar），至此美国的条形码技术进入了新的发展阶段。

　　美国统一代码委员会于 1973 年建立了 UPC 条形码系统，并全面实现了该条形码编码以及其所标识的商品编码的标准化。同年，食品杂货业把 UPC 码作为该行业的通用标准码制，为条形码技术在商业流通销售领域里的广泛应用，起到了积极的推动作用。1974 年，Intermec 公司的戴维·阿利尔（Davide Allair）博士推出 39 码，很快被美国国防部所采纳，作为军用条形码码制。39 码是第一个字母、数字式的条形码，后来广泛应用于工业领域。

　　1976 年美国和加拿大在超级市场上成功地使用了 UPC 系统，这给人们以很大的鼓舞，尤其是欧洲人对此产生了很大的兴趣。次年，欧洲共同体在 UPC 条形码的基础上，开发出与 UPC 码兼容的欧洲物品编码（European Article Numbering，EAN）系统，并签署了欧洲物品编码协议备忘录，正式成立了欧洲物品编码协会（European Article Numbering Association，EAN）。直到 1981 年，由于 EAN 组织已发展成为一个国际性组织，被称为"国际物品编码协会"（International Article Numbering Association，IAN），但由于历史和习惯，该组织至今仍沿用 EAN 作为其组织的简称。

　　20 世纪 80 年代，人们开发出了密度更高一些的一维条形码，如 EAN128 码和 93 码（这两种码的符号密度均比 39 码高将近 30%）。同时，一些行业纷纷选择条形码符号建立行业标准和本行业内的条形码应用系统。在这以后，二维条形码出现。戴维·阿利尔研制出 49 码。特德·威廉斯（Ted Williams）于 1988 年推出 16K 码，Symbol 公司推出 PDF417 码。二维条形码的出现使得条形码的作用从只能充当便于机器识读的物品代码扩展到能携带一定量信息的数据包，这就使得系统能够通过条形码对信息包实现自动识别和数据采集。在某些场合下，二维条形码由于其方便、廉价、快捷的特点，在信息识别和数据采集方面有着无可比拟的优势。

条形码技术应用最广泛也最为人们所熟悉的领域还是通用商品流通销售中的 POS 系统，国外通称为销售终端。在北美、欧洲各国和日本，POS 系统普及率已达 95% 以上。美国和加拿大截至 2000 年 12 月 31 日条形码系统成员已超过 200 000 家，条形码自动扫描商店（POS）覆盖了全部批发、零售企业，流通领域电子数据交换（EANCOM）用户已超过 30 000 家。到 2000 年为止，法国条形码系统成员达到 24 314 家，批发、零售商店全部实现了 POS 化，EANCOM 用户一万多家。截至 1996 年底，日本条形码系统成员达到 125 700 家，POS 系统覆盖了全部批发、零售企业。

截至 2000 年 12 月 31 日，EAN 会员已遍及六大洲的 60 多个国家和地区。全世界已有 650 000 多个公司成为 EAN 组织的成员，加上美国统一代码委员会（UCC）系统已经超过 200 000 个公司，则全世界共有 850 000 多个公司使用条形码，在商业贸易中从现代的信息技术获得巨大的利益。

EAN 的建立，不仅为建立全球性统一的物品标识体系提供了组织保障，同时，促进了条形码技术在各个领域的应用。现在条形码技术已渗透到商业、管理、邮电、公交等计算机应用的各个领域。国际物品编码协会（EAN）与美国统一代码委员会（UCC）的进一步合作，更加促进了条形码技术的发展。

条形码技术的迅速发展推动了一个新的产业的诞生，即在国际上形成了自动识别技术及设备产业。在各个经济发达国家的推动下，20 世纪 80 年代中期成立了国际自动识别制造商协会。它的目标是建立一个由制造商和供应商参加的协作团体，以形成尽可能广阔的自动识别设备生产、供应、系统，及有关服务和有效市场。它的任务是支持、推动和促进自动识别技术装备产业的发展，编纂与发行有关的信息文件，传递自动识别技术发展和市场信息，促进会员组织之间的合作与交流，在非盈利的基础上，致力于合法的专业活动，目前已有三十多个会员组织。

一些经济发达的国家也相继成立了本国的自动识别制造商协会，有力地推动了条形码自动识别技术产业的迅速发展。如今在世界各国从事条形码技术及其系列产品的开发研究、生产经营的厂商上万家，开发经营的产品数万种，成为具有相当规模的新兴高技术产业。

2. 条形码的应用现状

条形码技术是在计算机应用和实践中产生并发展起来的一种应用广泛的自动识别技术，其具有输入速度快、准确度高、成本低、可靠性强等优点，在当今的自动识别技术中占有重要的地位。条形码最适用于 POS 系统，经营者可及时掌握销售情报，控制商品订购量、库存量与商品种类，使商品流通顺畅，同时应用条形码技术使商品自动化，降低成本，提高获利。条形码的使用让消费者、制造商、零售商和贸易商成为最大的受惠者。

条形码技术是一种实用的自动识别技术[9]，由于条形码技术在实践中的不断发展和完善，可以表示商品的生产国、制造厂商、商品名称、生产日期、图书分类号、邮件起止地点、类别和日期等信息，因而在商品流通、图书管理、邮电管理、银行系统等许多领域都得到了广泛的应用。

随着市场经济的发展，经济活动的规模和范围扩大，全球经济一体化，国际贸易份额增大，条形码技术的应用，克服了时空限制，促进了国内和国际经济的发展。条形码在商品生产、流通中不可或缺。

1）按行业分类的条形码应用

（1）零售业中的条形码应用。近几年来，国内各大商场、连锁店等商业企业认识到了商业 POS 系统给商业企业管理带来的巨大效益，纷纷建设商业 POS 网络系统。在 POS 系统中，条形码可以提供详细、最新的关键业务信息，以便决策者做出迅速、准确的决策。

（2）生产中的条形码应用。条形码能使产品的生产工艺在生产线上能即时、有效地反映出来，省却了人工跟踪的劳动；产品（订单）的生产过程能在计算机上显现出来，能使人们找到生产中的瓶颈；快速和查询生产数据，为生产调度、排单等提供依据。同时对于检验中不合格的产品，能记录下是工人人为的问题或者是零件的问题，提供实用的分析报告。

（3）图书管理中的条形码应用。图书作为商品的一种，具有流动量大、流速快、流通范围广和流经环节多等特点。使用条形码首先方便出版社、印刷厂对图书配送和库存管理，方便图书销售商店的库存管理、销售结算，也使得图书馆图书入库、保管和借还管理实现信息化。图书本身带有国际标准书号（International Standard Book Number，ISBN）。EAN 协会与 ISBN 中心达成协议，将 EAN 条形码的前缀 978 作为 ISBN 系统的前缀码，将 ISBN 书号条形码化。

（4）邮电系统中的条形码应用。关于条形码萌芽有一种说法就是源于邮政系统项目。条形码的使用可以提高邮政分拣、配载和配送运输效率，实现包裹和邮政的及时跟踪查询。

此外，在邮电系统汇总存在大量的单证录入工作。例如，挂号信、邮政快件为分清责任和方便查询，在交接过程中，工作人员都要登录清单，作为相互交接的凭证，使用条形码可以提高信息采集速度和准确率。

（5）银行系统中的条形码应用。条形码在银行系统的应用包括一维条形码银行客户条形码自动查询系统、银行排队系统和二维条形码防伪卡等。

银行客户条形码自动查询系统包括客户条形码查询卡、条形码查询专用设备和银行现有的计算机系统。银行客户条形码使用 Code39 条形码表示银行客户账号（或代码），并采用独特的激光制作工艺，将条形码直接生成在 PVC 工程塑料查询基片上。在正常情况下，首读率为 100%，误读率低于百万分之一。

银行系统尝试通过二维条形码对银行卡施加双重保护。CM 二维条形码编码方法采用了数据纠错技术，能够在出现局部损坏的情况下仍能正常工作。完全封闭的新码制，保证了本身具有的优秀防伪性。二维条形码复合印刷技术——覆隐技术可以对条形码信息进行保护，从而保证条形码信息的安全性。通过 CIS（接触式图像传感器）可识读包含算法、头像、指纹、签名等各种数据的二维条形码，可以同时读取复合印刷的各种条形码信息。

在客户办理银行卡时，银行将客户个人资料以及账号情况通过银行定义的特殊算法形成加密信息，再通过 CM 二维条形码编码软件形成高数据容量的加密条形码图形，并通过复合印刷技术打印到银行卡指定区域。

用户使用带有 CM 条形码的银行卡时，各银行服务终端（ATM 机、银行网点、POS 机等）在读取银行卡磁条信息的同时，将通过刷卡式条形码识读设备，读取 CM 条形码图像中的加密信息，并通过银行规定的算法与磁条上的信息进行比对，确保两者的一致性后才可以进行密码输入以及后续正式交易。

（6）仓储汇中的条形码应用。以条形码为基础的仓储管理系统，能够实现动态库存信息的实时采集，实现货物自动化存取、分拣及配货，进行出/入库管理与控制等。根据 WMS 及时进货或减少进货、调整生产，保持最优库存量，改善库存结构加速资金周转。起到优化库存、降低库存积压、提高库存周转率和订单满足率的作用。

（7）在交通运输中的条形码应用。快递、制造商配送、零售商配送等通过使用条形码，使得信息传递准确及时，货物可以实时跟踪，收发货作业更加便捷。

（8）电子商务及供应链管理中的条形码应用。实施"快速客户反应"这一战略思想，需要将条形码、扫描技术、POS 系统和 EDI 集成起来，在供应链（由生产线直至付款柜台）之间建立一个无纸系统，以确保产品能不间断地由供应商流向最终客户，同时，信息流能够在开放的供应链中循环流动。这样，才能满足客户对产品和信息的需求，即给客户提供最优质的产品和适时准确的信息。

2）按功能分类的条形码应用

（1）身份识别卡和票证中的条形码应用。美国国防部已经在军人身份卡上印制 PDF417 码。持卡人的姓名、军衔、照片和其他个人信息被编成一个 PDF417 码印在卡上，卡被用作重要场所的进出管理及医院就诊管理。

该项应用的优点在于数据采集的实时性，低廉的实施成本，卡片损坏（比如枪击）也能阅读，以及防卫性。

（2）文件和表格中的条形码应用。日本 Seimei 保险公司的经纪人在会见客户时都带着笔记本电脑。每张保单和协议都在电脑中制作并打印出来，当他们回到办公室后需要将保单数据手工输入到公司主机中。

为了提高数据录入的准确性和速度，他们在制作保单的同时将保单内容编成一个 PDF417 条形码，打印在单据上，这样就可以使用二维条形码阅读器扫描条形码将数据输入主机。

其他类似的应用还有海关报关单、税务申报单、政府部门的各类申请表等。

（3）跟踪中的条形码应用。跟踪应用包括租用车、航空行李、核废料、邮件和包裹等。

美国钢管公司在各地拥有不同种类的管道需要维护，为了跟踪每根管子，他们将管子的编号、位置编号、制造厂商、长度、等级、尺寸、厚度以及其他信息编成了一个 PDF417 条形码，制成标签后贴在管子上。当管子移走或安装时，操作员扫描条形码标签，数据库信息得到及时更新。

工厂可以采用二维条形码跟踪生产设备，医院和诊所也可以采用二维条形码标签跟踪设备、计算机及手术机械。

3）二维条形码特殊应用

二维条形码可把照片、指纹编制于其中，可有效地解决证件的可机读和防伪问题，因而可广泛应用于护照、身份证、行车证、军人证、健康证、保险证等。美国亚利桑那州等十多个州的驾驶证、美国军人证、军人医疗证等在几年前就已采用了 PDF417 条形码技术。将证件上的个人信息及照片编在二维条形码中，不但可以实现身份的自动识读，而且可以有效地防止伪冒证件事件的发生。

另外在海关报关单、长途货运单、税务报表、保险登记表上也都有使用二维条形码技术来解决数据输入及防止伪造、删改表格的例子。

在我国部分地区注册会计师证和汽车销售及售后服务等方面，二维条形码也得到了初步应用。

2.2.2　条形码的基本概念

1. 条形码的定义

条形码[10]（Bar Code）是由一组规则排列的条、空及其对应字符组成的标记，用以表示一定的信息。条形码通常用来对物品进行标识，即先给某一物品分配一个代码，然后以条形码的形式将这个代码表示出来，并且标识在物品上，以便识读设备通过扫描识读条形码符号对该物品进行识别。代码是一组用来表征客观事物的一个或一组有序的符号。代码必须具备鉴别功能，即在一个信息分类编码标准中，一个代码只能唯一地标识一个分类对象，而一个分类对象只能有一个唯一的代码。在不同的应用系统中，代码可以有含义，也可以无含义。有含义代码可以表示一定的信息属性；无含义代码则只作为分类对象的唯一标识，只代替对象的名称，而不提供对象的任何其他信息。

2. 条形码的结构

一个完整的条形码符号是由两侧空白区、起始字符、数据字符、校验字符（可选）和终止字符组成。

空白区（clear area）：又称静区，没有任何印刷符或条形码信息，它通常是白的，位于条形码符号的两侧。空白区的作用是提示阅读器即扫描器准备扫描条形码符号。

起始字符（start character）：条形码符号的第一位字符是起始字符，它的特殊条、空结构用于识别一个条形码符号的开始。扫描器首先确认此字符的存在，然后处理由扫描器获得的一系列脉冲。

数据字符（data character）：由条形码字符组成，用于代表一定的原始数据信息。

终止字符（stop character）：条形码符号的最后一位字符是终止字符，它的特殊条、空结构用于识别一个条形码符号的结束。扫描器识别终止字符，便可知道条形码符号已扫描完毕。若条形码符号有效，扫描器就向计算机传送数据并向操作者提供"有效读入"的反馈。终止字符的使用，避免了不完整信息的输入。当采用校验字符时，终止字符还指示扫描器对数据字符实施校验计算。

起始字符、终止字符的条、空结构通常是不对称的二进制序列。这允许一非对称扫描器进行双向扫描。当条形码符号被反向扫描时，阅读器会在进行校验计算和传送信息前把条形码各字符号重新排列成正确的顺序。

校验字符（check character）：表示校验码的字符。校验码又称校正码，是用于数据传输中对数据进行校验的特定附加码。有些码制的校验字符是必需的，有些码制的校验字符则是可选的。校验字符是通过对数据字符进行一系列算数运算而确定的。当符号中的各字符被扫描时，解码器将对其进行同一种运算，并将结果与校验字符比较。若两者一致，则说明读入的信息有效。

条形码结构示意图如图 2-10 所示。

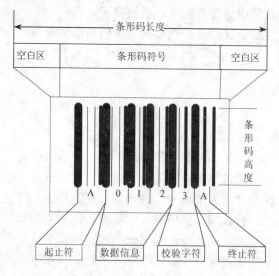

图 2-10　条形码结构图

3．条形码的分类

条形码按照不同的分类方法、不同的编码规则可以分成许多种，现在已知的世界上正在使用的条形码就有 250 种之多。

条形码的分类方法有许多种，主要依据条形码的编码结构和条形码的性质来决定。例如，就一维条形码来说，按条形码的长度可分为定长和非定长条形码；按照排列方式可分为连续性和非连续型条形码；从校验方式又可分为自校验型和非自校验型条形码等；按维数可分为一维条形码和二维条形码。一维条形码按照应用可分为商品条形码和物流条形码，商品条形码包括 EAN 码和 UPC 码，物流条形码包括 128 码、ITF 码、39 码和库德巴（Codabar）码等。二维条形码根据构成原理、结构形状的差异，可分为两大类型：一类是行排式二维条形码（2D stacked bar code）；另一类是矩阵式二维条形码（2D matrix bar code）。

4．条形码的特点

条形码是迄今为止最为经济实用的一种自动识别技术。条形码技术具有以下几个方面的特点。

（1）输入速度快，效率高。条形码输入的速度是键盘输入的 5 倍，并且能实现"即时数据输入"。条形码读取速度可达每秒 40 个字符。

（2）可靠性高。键盘输入数据出错率为三百分之一，光学字符识别技术出错率为万分之一，而采用条形码技术误码率低于百万分之一。

（3）采集信息量大。一维条形码一次可采集几十位字符的信息，二维条形码更可以携带数千个字符信息，并有一定的自动纠错能力。

（4）制作与实用成本低。条形码可自行编写，仅要一小张贴纸用以印刷，并使用构造相对简单的光学扫描仪读取信息，与其他管理信息体统无须特别接口。与其他自动化识别技术，例如无线射频（RFID）相比，制作与使用成本相当低廉。

（5）实用灵活。条形码符号可以手工键盘输入，作为识别手段单独使用，也可以和其他识别设备组成自动化识别系统，还可和控制设备组合起来实现整个系统的自动化管理。例如，现代物流中自动化立体仓库（AS/RS）就是利用条形码实现了仓储的自动化管理。零售商 POS 系统，使用条形码技术可以提供最新和详细的关键业务信息，使作出的决策更迅速，更有信心。

2.2.3　条形码的识读

1．条形码识读的基本原理[11]

条形码识读的基本工作过程：光源发光→照射到条形码符号上→光反射→光电转换器接收并进行光电转换产生模拟电信号→信号经过放大、滤波、整形，形成方波信号→译码器译码→数字信号。

矩阵码识读的基本原理是在条形码识读机具中被广泛使用的另一项技术——光学成像数字化技术。其基本原理是通过光学透镜成像在半导体传感器上，再通过模拟/数字转换（传统的 CCD 技术）或直接数字化（CMOS 技术）输出图像数据。CMOS 将采集到的图像数据送到嵌入式计算机系统处理。处理的内容包括图像、解码、纠错、译码，最后处理结果通过通信接口（RS-232）送往计算机处理。

2．条形码识读系统的组成[11]

条形码识读系统由扫描系统、信号整形和译码 3 部分组成。

扫描系统由光学系统及探测器即光电转换器件组成，它完成对条形码符号的光学扫描，并通过光电探测器将条形码条空图案的光信号转换成为电信号。

信号整形部分由信号放大、滤波和波形整形组成，它的功能在于将条形码的光电扫描信号处理成为标准电位的方波信号，其高低电平的宽度和条形码符号的条空尺寸相对应。

译码部分一般由嵌入式微处理器组成，它的功能就是对条形码的矩形波信号进行译码，其结果通过接口电路输出到条形码应用系统中的数据终端。

条形码符号的识读涉及光学、电子学和微处理器等多种技术。要完成正确识读，必须满足以下几个条件：

（1）建立一个光学系统并产生一个光点，使该光点在人工或自动控制下能沿某一轨迹做直线运动，且通过一个条形码符号的左侧空白区、起始符、数据符、终止符及右侧空白区。

（2）建立一个反射光接收系统，使它能够接收到光点从条形码符号上反射回来的光。

（3）要求光电转换器将接收到的光信号不失真地转换成电信号。

（4）要求电子电路将电信号放大、滤波、整形，并转换成电脉冲信号。

（5）建立某种译码算法，将所获得的电脉冲信号进行分析、处理，从而得到条形码符号所表示的信息。

（6）将所得到的信息转储到指定的地方。

上述前 4 步一般由扫描器完成，后两步一般由译码器完成。

对于一般的条形码应用系统，条形码符号在制作时，条形码符号的条空反差均针对 630 nm 附近的红光而言，所以条形码扫描光源应该含有较大的红光成分。红外线反射能力在 900 nm 以上；可见光反射能力一般为 630～670 nm；紫外线反射能力为 300～400 nm。

一般物品对 630 nm 附近红光的反射性能和对近红外光的反射性能十分接近，所以有些扫描器采用近红外光。

扫描器所选用的光源种类很多，主要有半导体光源和激光光源，也有选用白炽灯、闪光灯等光源的。

半导体发光二极管实际上就是一个由 P 型半导体和 N 型半导体组合而成的二极管。当在 PN 结上施加正向电压时发光二极管就发出光来。

激光器可分为气体激光器和固体激光器。气体激光器波长稳定，多用于长度测量，其中氦氖激光器波长为 633 nm，因此早期的条形码扫描器一般采用氦氖激光器作为扫描光源。但到了 20 世纪 80 年代，随着半导体技术的发展，固体半导体激光器问世，并得到了迅速发展，它具有光功率大、功耗低、体积小、工作电压低、寿命长、可靠性高和价格低廉等特点，这使得原来使用的氦氖激光器迅速被取代。

我们常见的半导体激光器常用于利用光强测量的设备中，体积像一个普通三极管那么大，所以半导体激光器又称为激光二极管。由于条形码扫描器普遍采用了激光二极管，条形码扫描器的体积和成本大大降低，刚开始时，只能使用发出红外激光的激光二极管，20 世纪 90 年代后才相继出现了红色光激光二极管，这方面的发展已成为近些年来条形码技术发展的重要方面。

条形码印刷时的边缘模糊性，和扫描光斑的有限大小和电子线路的低通特性，将使得到的信号边缘模糊，通常称为"模拟电信号"。这种信号还须经整形电路尽可能准确地将边缘恢复出来，变成通常所说的"数字信号"。

条形码识读系统经过对条形码图形的光电转换、放大和整形，其中信号整形部分由信号滤波、波形整形组成，它的功能在于将条形码的光电扫描信号处理成标准电位的矩形波信号，其高低电平的宽度与条形码符号的条空尺寸相对应。这样就可以按高低电平持续的时间计数。

条形码是一种光学形式的代码，它不是利用简单的计数来识别和译码的，而是需要用特定方法来识别和译码。

译码包括硬件译码和软件译码。硬件译码通过译码器的硬件逻辑来完成，译码速度快，但灵活性较差。为了简化结构和提高译码速度，现已研制了专用的条形码译码芯片，并已经在市场上销售。软件译码通过固化在 ROM 中的译码程序来完成，灵活性较好，但译码速度较慢。实际上每种译码器的译码都是通过硬件逻辑与软件共同完成的。

译码不论采用什么方法，都包括如下几个过程：

（1）记录脉冲宽度。译码过程的第一步是测量记录每一脉冲的宽度值，即测量条空宽度。记录脉冲宽度利用计数器完成。

（2）比较分析处理脉冲宽度。脉冲宽度的比较方法有多种，比较过程并非简单的求比值，而是经过转换并比较后得到一系列便于存储的二进制数值，把这一系列的数据放入缓冲区以便下一步的程序判别。

（3）程序判别。码制判定必须通过起始符和终止符来实现。因为每一种码制都有选定的起始符和终止符，所以经过扫描所产生的数字脉冲信号也有其固定的形式。码制判定以后，就可以按照该码制的编码字符集进行判别，并进行字符错误校验和整串信息错误校验，完成译码过程。

2.3　自动分拣系统

自动分拣系统（Automatic Sorting System）是先进配送中心所必需的设施条件之一，具有很高的分拣效率，是提高物流配送效率的一项关键因素。它是二次世界大战后美国、日本的物流中心广泛采用的一种物流系统，该系统目前已经成为发达国家大中型物流中心不可缺少的一部分。本节将对这一种物联网传统识别技术的特点、发展现状以及应用前景进行简单的介绍，并介绍现今应用最广泛的一种自动分拣系统——基于计算机视觉的自动分拣系统。

2.3.1　自动分拣系统的应用背景及现状

在传统的货物分拣系统中，一般是使用纸制书面文件来记录货物数据，包括货物名称、批号、存储位置等信息，等到货物提取时再根据书面的提货通知单，查找记录的货物数据，人工搜索、搬运货物来完成货物的提取。在这样的货物分拣系统中，制作书面文件、查找书面文件、人工搬运等浪费了巨大的人力物力，而且严重影响了物流的流动速度。随着竞争的加剧，人们对物流的流动速度要求越来越高，这样的货物分拣系统已经远远不能满足现代化物流管理的需要[12]。今天，拥有一个先进的货物分拣系统，对于系统集成商、仓储业、运输业、后勤管理业等都是很重要的，因为这意味着具有比竞争对手更快的物流速度，能够更快地满足顾客的需求，其潜在的回报是惊人的。建立一个先进的货物分拣系统，结合有效的吞吐量，不但可以节省数十、数百甚至数千万元的成本，而且可以大大提高工作效率，显著降低工人的劳动强度。使用这样的货物分拣系统，完全摒弃了使用书面文件完成货物分拣的传统方法，采用高效、准确的电子数据形式，提高效率，节省劳动力；使用这样的货物分拣系统，不但可以快速完成简单的存储提取，而且可以方便地根据货物的规格、提货的速度要求、装卸要求等实现复杂货物的存储与提取；使用这样的货物分拣系统，分拣工人只需简单的操作就可以完成货物的自动进出库、包装、装卸等作业，降低了工人的劳动强度，提高了效率；使用这样的货物分拣系统，结合必要的仓库管理软件，可以真正实现仓库管理的现代化，仓库空间的合理利用，同时显著提高企业的物流速度，提高企业市场竞争力。

自动分拣系统就是顺应以上这些要求而产生的。它充分发挥了自动分拣技术分拣速度快、分拣点多、差错率极低、效率高和基本上实现无人化操作的优势，和自动化高层货架仓库、自动导向车共同成为当代物流科技发展的三大标志。

自动分拣系统的作业过程可以以下方式简单描述：物流中心每天接收各家供应商或货主通过各种运输工具送来的成千上万种商品，在最短的时间内将这些商品卸下并按商品品种、货主、储位或发送地点等参数进行快速准确的分类，并将这些商品运送到指定地点（如指定的货架、加工区域、出货站台等）；同时，当供应商或货主通知物流中心按配送指示发货时，自动分拣系统在最短的时间内从庞大的高层货架存储系统或其他指定地点中准确找出要出库的商品所在位置，并按所需数量出库，将从不同储位上取出的不同数量的商品按配送地点的不同运送到不同的理货区域或配送站台集中，以便装车配送[13]。

自动分拣系统首先应用于邮政部门领域，大量的信件和邮包要在极短时间内正确分拣处理，非常需要高度自动化的分拣设施。此后，运输企业、配送中心、通信出版部门以及各类工业生产企业也相继开始应用自动分拣系统。美国和欧洲在20世纪60年代初开始广泛使用自动分拣系统；日本则在70年代初开始引进自动分拣机，由于经济的特殊需要，在之后的20年内日本的自动分拣机发展迅速，后来居上，名列世界前茅。

自动分拣技术的应用领域不断扩大、分拣技术不断改进提高，分拣规模和能力不断发展。例如瑞典某通信产品销售商的高速自动分拣机有520个分拣道口；日本佐川急便某流通中心分拣机的分拣能力达到3万件/小时；单机的最大分拣能力也达到1.6万件/小时。

我国自动分拣机的应用大约始于20世纪80年代，大规模发展始于1997年。自动分拣的概念先在机场行李处理和邮政处理中心得到应用，然后普及到其他行业。随着业界对现代化物流实际需求的增长，各行业对高速精确的分拣系统的要求正在不断提高。这一需求最明显地表现在烟草、医药、图书及超市配送领域，并有望在将来向化妆品及工业零配件等领域扩展。这些领域的一个共同特点是产品的种类繁多、附加值高、配送门店数量多、准确性要求高和人工处理效率低[12]。

2.3.2　系统组成及特点

自动分拣系统一般由控制装置、分类装置、输送装置及分拣格口组成。控制装置的作用是识别、接收和处理分拣信号，根据分拣信号的要求指示分类装置、按商品品种、按商品送达地点或按货主的类别对商品进行自动分类。这些分拣需求可以通过不同方式（如可通过条形码扫描、色码扫描、键盘输入、重量检测、语音识别、高度检测及形状识别等方式）输入到分拣控制系统中去，根据对这些分拣信号判断，来决定某一种商品该进入哪一个分拣道口。

分类装置的作用是根据控制装置发出的分拣指示，当具有相同分拣信号的商品经过该装置时，该装置动作，使改变在输送装置上的运行方向进入其他输送机或进入分拣道口。分类装置的种类很多，一般有推出式、浮出式、倾斜式和分支式几种，不同的装置对分拣货物的包装材料、包装重量、包装物底面的平滑程度等有不完全相同的要求。

输送装置的主要组成部分是传送带或输送机，其主要作用是使待分拣商品贯通过控制装置、分类装置。在输送装置的两侧，一般要连接若干分拣道口，使分好类的商品滑下主输送机（或主传送带）以便进行后续作业。

分拣道口是已分拣商品脱离主输送机（或主传送带）进入集货区域的通道，一般由钢带、皮带、滚筒等组成滑道，使商品从主输送装置滑向集货站台，在那里由工作人员将该道口的所有商品集中后入库储存或组配装车并进行配送作业[13]。

以上四部分装置通过计算机网络联结在一起，配合人工控制及相应的人工处理环节构成一个完整的自动分拣系统。

自动分拣系统一般具有以下几个特点：

（1）能连续、大批量、高效率地分拣货物。由于采用大生产中使用的流水线自动作业方式，自动分拣系统不受时间、人的体力等的限制，可以连续运行，同时由于自动分拣系统单位时间分拣件数多，因而自动分拣系统的分拣能力比人工分拣效率高得多，可以连续运行 100 小时以上，每小时可分拣 7000 件包装商品，如用人工则每小时只能分拣 150 件左右，同时分拣人员也不能在这种劳动强度下连续工作 8 小时。

（2）分拣误差率极低。自动分拣系统的分拣误差率大小主要取决于所输入分拣信息的准确性，取决于分拣信息的输入机制。如果采用人工键盘或语音识别方式输入，则误差率在 3%以上，如采用条形码扫描输入，除非条形码的印刷本身有差错，否则不会出错。因此，目前自动分拣系统主要采用条形码技术来识别货物。

（3）分拣作业基本实现自动化、无人化。国外建立自动分拣系统的目的之一就是为了减少人员的使用，减轻人员的劳动强度，提高人员的使用效率，因此自动分拣系统能最大限度地减少人员的使用，基本做到无人化。在全新的自动分拣系统中，分拣作业本身并不需要使用人员，人员的使用仅局限于以下工作：

① 送货车辆抵达自动分拣线的进货端时，由人工接货。

② 由人工控制分拣系统的运行。

③ 分拣线末端将由人工分拣出来的货物进行集载、装车。

④ 自动分拣系统的经营、管理与维护。

如美国一公司配送中心面积为 10 万平方米左右，每天可分拣近 40 万件商品，仅使用 400 名左右员工，自动分拣线做到了无人化作业。

2.3.3　基于计算机视觉的自动分拣系统

计算机视觉是指用计算机来模拟人的视觉机理获取并处理信息的能力。计算机视觉是使用计算机及相关设备对生物视觉的一种模拟。它的主要任务就是通过对采集的图片或视频进行处理以获得相应场景的三维信息。它的基本原理就是用各种成像系统代替视觉器官作为输入敏感手段，由计算机来代替大脑完成处理和解释。

随着信息时代的到来，计算机视觉技术也被认为是一种越来越重要的学科。它可应用的范围十分广泛，遍及制造业、医疗卫生、军事科技、文档分析等各个方面。与计算机视觉相关或相近的学科包括图像处理、模式识别、图像理解等领域，它们之间存在十分重要的联系。

基于计算机视觉的自动分拣系统就是建立在计算机视觉技术的特点的基础上的新型自动分拣系统，主要包括基于机器视觉和图像处理等方面。

目前，伴随着计算机视觉技术的日新月异的发展，基于计算机视觉的自动分拣系统也随着计算机视觉技术的变化而不断发展。由于目前计算机视觉技术应用于自动分拣系统方面还没有系统详细的理论，本书在这里以几个具体的实例，来对基于计算机视觉的自动分拣系统做一个简单直接的介绍。

1. 基于机器视觉的零件表面瑕疵的自动分拣系统[14]

中国科学院合肥智能机械研究所与中国科技大学共同研制了一种基于机器视觉的零件表面瑕疵自动分拣系统。一方面，由于在精密零部件生产和检验中，对于零件表面的瑕疵进行检测是十分重要的，直接关系到产品的最终质量，而该项检测往往涉及的工件品种多，数量大，因此检测过程的自动化已成为相关企业发展的一个迫切需求。另一方面，随着光电转换器件 CCD（Couple Charged Device）技术的不断发展和图像处理技术的不断成熟，光电检测方法已经越来越被人们所重视。CCD 器件自身所具有的轻便、高精度、宽动态范围和易于配置等优点，使得基于 CCD 成像的检测方法成为当前研究的主流。而目前，对于大批量生产的微小零件，快速的生产速度和缓慢的检测速度构成了主要矛盾，在这样的背景下，李勇等人提出一种零件表面瑕疵识别分拣系统的设计方法，对图像进行处理、识别、模板匹配，通过计算机系统控制整个分拣系统，实现了光机电计算机一体化的自动识别分拣，可以应用于多种行业生产线上，对许多加工工件和产品表面质量进行快速检测。

这种基于机器视觉的自动分拣系统在设计中采用专用上料结构及定向传输系统，由位置传感器检测被测零部件位置信息，控制电路根据零部件位置信息控制传输带的运行和启停。在此基础上，采用计算机视觉系统对被测零部件进行定点摄像、图像获取分析和质量判定。对零部件质量进行检测及分拣，对特定零部件多个表面的瑕疵进行检测，对被测工件按检测结果合格/不合格且是哪类不合格进行自动分拣。系统由光源、零件上料部分、图像识别处理部分、分拣部分组成（见图 2-11），光源发出的均匀光照在被测件上，图像通过 CCD 照相机、图像采集卡将图像传入计算机。然后通过计算机系统处理，根据检测结果，多级电动执行机构控制分拣口转换，实现合格/不合格多通道自动分拣。

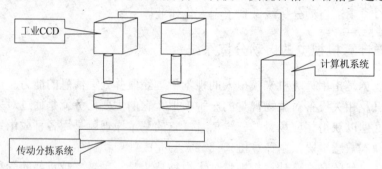

图 2-11　基于机器视觉的零件表面瑕疵自动分拣系统组成示意图

基于机器视觉的自动分拣系统与传统的自动分拣系统的主要区别在于，它主要采用的是基于图像处理技术和图像的模式识别技术。机器视觉系统中，视觉信息的处理主要是图像处理，它包括图像增强、平滑、边缘锐化、分割、特征抽取、图像识别与理解等内容。经过这些处理后。输出图像的质量得到相当程度的改善，既改善了图像的视觉效果，又便于计算机对图像进行分析、处理和识别。

整个系统具体的检测过程可以分为以下几个步骤：

（1）图像预处理。由于输入计算机的被测件的数字图像受成像条件、光照及采集设备的影响，往往所采集图像中的有用信号与噪声混淆，因此有必要对这些图像进行预处理。预处理通常包括去除噪声、边缘检测、阈值分割等方面，为之后的步骤提供较好质量的图像，以提高检测的准确率。

（2）模板匹配与缺陷分类。目前的瑕疵检测技术多采用模板匹配或特征提取这两大方向进行检测的工作。瑕疵的图像识别采取的算法普遍为支持向量机的方法，该算法先获取流水线上合格产品的图像，构造出模板，再采集待检测产品的图像，将标准模板图像与实际采集的产品图像进行匹配和相减操作，之后把图像划分成子块，提取灰度直方图作为特征向量输入支持向量机，事先训练支持向量机，由支持向量机进行分类。

（3）控制分拣部分。与分拣系统进行通信，通过输出控制信号来控制分拣部分进行自动分拣。

系统采用高像素高分辨率工业相机，每个拍摄位置接收到检测信号后，多个相机同时采集图像。电路控制系统由单片机嵌入式系统及其外围电路构成。其控制方式是根据光电传感器检测被测零件位置信号，从而控制步进电动机的启动停止与速度，电磁阀、电磁铁的动作，并根据计算机传出的信号将被测零件分类。

2．基于图像处理的羽毛自动分拣系统[15]

这个系统是汕头大学郭晓峰等人设计的。羽毛球的制作过程中，要考虑其对飞行的平稳性和耐打度，羽毛的粗细、弯度及毛杆的损伤都要求进行分拣，才能保证生产出高质量的羽毛球。而目前大部分的羽毛球生产过程仍然停留在人工分拣的水平上，因此自动化的分拣系统是很有必要的。

同上一个零件表面检测自动分拣系统类似，这个系统也是基于计算机视觉的分拣系统。整个系统由 5 部分组成：

① 图像采集。由高分辨率摄像头和高分辨率图像采集卡组成。

② 计算机。主要负责图像处理的算法，通过和单片机通信来协调控制电气部分。

③ 控制系统。由单片机，驱动和放大电路组成，用于控制电气部分。

④ 电气部分。由光电眼，直流电动机，电控气阀组成。

⑤ 机械部分。

系统原理如图 2-12 所示。

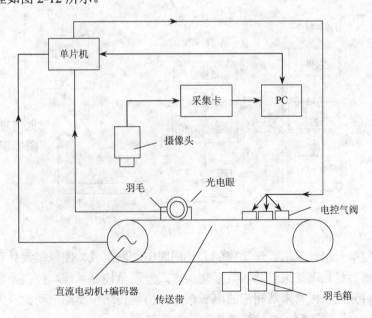

图 2-12　羽毛自动分拣系统

整个系统的原理及运行过程可以表述如下：

羽毛在传输带上，通过光电眼来判断羽毛是否到达摄像头的位置。当羽毛经过摄像头正下方时，光电眼发出信号给计算机，抓拍图像，图像数据经过采集卡采集直接通过PCI 总线进入计算机内存，保证实时处理。图像经过均值滤波去除高频噪声后进行边缘识别，然后对边缘辨识后的毛杆进行跟踪拟和确定毛杆的具体位置。通过对拟合曲线的分析可以得到毛杆的粗细和弯度，在毛杆范围内对边缘识别后的图像进行分析，确定毛杆上是否存在伤痕。

计算机在完成图像处理后，将处理的结果通过串口发送给单片机，单片机在收到数据后把结果存入缓存，同时记录下直流电动机的编码器发送过来的结果。单片机根据直流电动机编码器判断毛片的位置，当毛片在传送带上到达自己相应的分类档次的位置时，单片机发出控制信号，电控气阀打开，将毛片吹入相应的毛片存放箱内。

这种基于图像处理的羽毛自动分拣系统已经在一家羽毛球厂投入使用，其伤痕检测准确率高达 96%，大大高于人工分拣精度，并且分拣速度提高了 10 倍。

3. 基于计算机视觉的玉米单倍体自动分拣系统[16]

宋鹏等人研究了一种玉米单倍体籽粒分拣方法。分拣系统主要由种子输送单元、分拣卸料单元、图像采集处理单元及系统控制单元构成，其结构如图 2-13 所示。

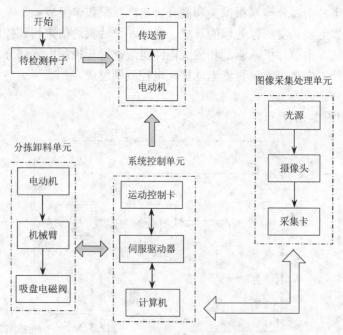

图 2-13　分选系统结构框图

系统控制单元由计算机、运动控制卡及伺服驱动器组成。图像采集处理单元采集图像并处理，然后将处理结果以动态数据交换方式发送至控制系统，控制系统根据所接收的数据，开启分拣机械臂末端相应的电磁阀，并协调传送带驱动电动机及分拣机械臂驱动电动机，使其运动匹配，准确快速地实现分拣过程。

系统工作流程如图 2-14 所示，通电后，启动系统控制单元 LabView 程序及图像采集处理单元 Visual C++ 程序对机械臂和采集系统进行初始化。系统初始化后，控制单元产生一个脉冲信号，以触发摄像机采集第 1 帧图片，随后传送带每运动 3 行孔穴距离，摄像机采集 1 帧图像。图像采集处理单元对采集的图像立即处理并判断是否为单倍体籽粒，以数字 1 和 0 分别代表非单倍体和单倍体籽粒，并将判断结果通过动态数据交换（DDE）方式发送至控制系统 LabView 程序。由于摄像机每帧图像包含 3 行 5 列共 15 颗玉米籽粒信息，而机械臂每次只能对同一行内的 5 颗种子进行分拣操作，将每帧图像中的 15 个数据以每行的 5 个数据为一组，每次连续发送 3 组。控制单元收到一组数据后进行判断，若该行 5 颗种子全是单倍体籽粒，即收到数据为 00000，机械臂不进行分拣操作，传送带向前运动一行距离，使下一行孔穴处于机械臂分拣位置；若该行有非单倍体籽粒，如收到数据 00100，与处于中间位置分拣吸嘴相连的电磁阀开启，机械臂运动后吸取中间位置的非单倍体籽粒，并将其放至侧面的种子收集容器后，传送带向前运动一行孔穴。接收完 3 组数据后再次产生一个脉冲信号，触发摄像机进行图像采集。如此往复循环，使系统连续运行。检测完成后，关闭图像采集程序，此时没有数据发送至控制系统，控制系统未接收到数据，机械臂及传送带停止运动。通过这个自动分拣系统，分拣速度可达 500 粒/min，分拣成功率达 80%。

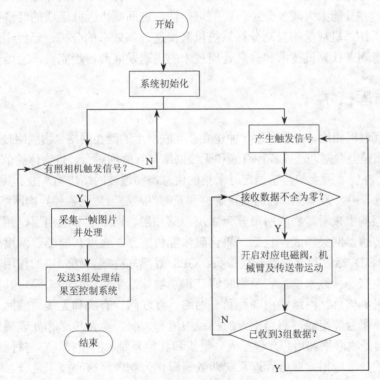

图 2-14 系统工作流程图

2.3.4 自动分拣系统的适用条件及应用前景

第二次世界大战以后，自动分拣系统逐渐开始在西方发达国家投入使用，成为发达国家先进的物流中心，配送中心或流通中心所必需的设施条件之一。但因其要求使用者必须具备一定的技术经济条件，因此，在发达国家，物流中心、配送中心或流通中心不用自动分拣系统的情况也很普遍。在引进和建设自动分拣系统时，必须认识到自动分拣系统建设的投资是巨大的，而且必须要有必要的基础技术支持。

对于分拣系统的应用前景，应主要着眼于分拣系统的可靠性、优越性、应用领域的实用性以及系统的经济效益、成本等方面来考虑。当今社会的发展越来越迅速，各个领域生产、运输、销售环节的节奏正在加快，因此高效率、自动化的自动分拣系统必将得到迅速广泛的推广和应用：

（1）分拣系统能灵活地与其他物流设备实现无缝连接，如自动化仓库、各种存储站、自动集放链、各种运载工具、机器人等。实现对物料实物流的分配、对物料信息流的分配和管理。

（2）采用分拣系统，人工分拣、搬运、堆置物料的劳动强度大大降低，操作人员无需为跟踪物料而进行大量的报表、登单工作，因而显著提高劳动生产率。另外，非直接劳动力如物料仓库人员、发料员以及运货员工作量的减少甚至取消又进一步直接降低了作业成本。

（3）由于分拣系统运行平稳、安全性高，同时人工拣取物料的作业量降低，对物品的损坏减少，并且能大大减少分拣错误的可能性，进而减少因此造成的经济损失。

（4）基于计算机视觉的自动分拣系统以其快速、高效率的分拣，已经引起足够的重视，并且必将随着计算机技术和信息处理技术的飞速发展而日趋完美，应用更为广泛。

2.4　数据库技术

与传统互联网相比，物联网是一种建立在互联网上的泛在网络。物联网技术的重要基础和核心仍旧是互联网，通过各种有线和无线网络与互联网融合，将物体的信息实时准确地传递出去。在物联网上的传感器定时采集的信息需要通过网络传输，由于其数量极其庞大，在传输过程中，为了保障数据的正确性和及时性，必须适应各种异构网络和协议。

从技术架构上来看，物联网可分为 3 层：感知层、网络层和应用层。感知层由各种传感器以及传感器网关构成，包括二氧化碳浓度传感器、温度传感器、湿度传感器、二维码标签、RFID 标签和读写器、摄像头、GPS 等感知终端。感知层的作用相当于人的眼耳鼻喉和皮肤等神经末梢，它是物联网获识别物体，采集信息的来源，其主要功能是识别物体，采集信息。网络层由各种私有网络、互联网、有线和无线通信网、网络管理系统和云计算平台等组成，相当于人的神经中枢和大脑，负责传递和处理感知层获取的信息。应用层是物联网和用户（包括人、组织和其他系统）的接口，它与行业需求结合，实现物联网的智能应用。网络管理系统即数据库作为物联网核心技术之一，在整个物联网中发挥着记忆（数据存储）、分析（数据挖掘）的作用。

2.4.1　数据库系统概述

1．数据库技术基本概念

数据库系统（Database System），是由数据库及其管理软件组成的系统。它是为适应数据处理的需要而发展起来的一种较为理想的数据处理的核心机构。它是一个实际可运行的存储、维护和应用系统提供数据的软件系统，是存储介质、处理对象和管理系统的集合体[17]。

数据库系统通常由软件、数据库和数据管理员组成。其软件主要包括操作系统、各种宿主语言、实用程序以及数据库管理系统。数据库由数据库管理系统统一管理，数据的插入、修改和检索均要通过数据库管理系统进行。数据管理员负责创建、监控和维护整个数据库，使数据能被任何受权人有效使用。数据库管理员一般是由业务水平较高、资历较深的人员担任。

数据库研究涉及计算机应用、系统软件和理论 3 个领域，其中计算机应用促进新系统软件的研制开发，新系统软件带来新的理论研究，而理论研究又对前两个领域起着指导作用。数据库系统的出现是计算机应用的一个里程碑，它使得计算机应用从以科学计算为主转向以数据处理为主，并从而使计算机得以在各行各业乃至家庭普遍使用。在它之前的文件系统虽然也能处理持久数据，但是文件系统不提供对任意部分数据的快速访问，而这对数据量不断增大的计算机应用来说是至关重要的。想实现对任意部分数据的快速访问，就要研究许多优化技术。这些优化技术往往很复杂，是普通用户难以实现的，所以就由系统软件（数据库管理系统）来完成，而提供给用户的是简单易用的数据库语言。由于对数据库的操作都由数据库管理系统完成，所以数据库就可以独立于具体的应用程序而存在，从而数据库又可以为多个用户所共享。因此，数据的独立性和共享性是数据库系统的重要特征。数据共享节省了大量人力物力，为数据库系统的广泛应用奠定了基础。数据库系统的出现使得普通用户能够方便地将日常数据存入计算机并在需要的时候快速访问它们，从而使计算机走出科研机构进入各行各业、进入家庭。

数据库系统一般由 4 部分组成：

① 数据库，即存储在磁带、磁盘、光盘或其他外存介质上、按一定结构组织在一起的相关数据的集合。

② 数据库管理系统（DBMS）。它是一组能完成描述、管理、维护数据库的程序系统。它按照一种公用的和可控制的方法完成插入新数据、修改和检索原有数据的操作。

③ 数据库管理员（DBA）。

④ 用户和应用程序。

2. 数据库系统的发展历程

（1）人工管理。这一阶段（20 世纪 50 年代中期以前），计算机主要用于科学计算。外部存储器只有磁带、卡片和纸带等，还没有磁盘等可直接存取存储设备。软件只有汇编语言，尚无数据管理方面的软件。数据处理方式基本是批处理。这个阶段有如下几个特点：

● 计算机系统不提供对用户数据的管理功能；

● 数据不能共享；

● 不单独保存数据。

（2）文件系统。在这一阶段（20 世纪 50 年代后期至 60 年代中期）计算机不仅用于科学计算，还被用在信息管理方面。随着数据量的增加，数据的存储、检索和维护问题成为紧迫的需要，数据结构和数据管理技术迅速发展起来。此时，外部存储器已有磁盘等可直接存取的存储设备。软件领域出现了操作系统和高级软件。操作系统中的文件系统是专门管理外存的数据管理软件，文件是操作系统管理的重要资源之一。数据处理方式有批处理，也有联机实时处理。这个阶段有如下几个特点：

- 数据以"文件"形式可长期保存在外部存储器上。由于计算机的应用转向信息管理，因此对文件要进行大量的查询、修改和插入等操作。
- 数据的逻辑结构与物理结构有了区别，但比较简单。程序与数据之间具有"设备独立性"，即程序只需用文件名就可与数据打交道，不必关心数据的物理位置，由操作系统的文件系统提供存取方法（读/写）。
- 文件组织已多样化。有索引文件、链接文件和直接存取文件等。但文件之间相互独立、缺乏联系。数据之间的联系要通过程序去构造。
- 数据不再属于某个特定的程序，可以重复使用，即数据面向应用。但是文件结构的设计仍然是基于特定的用途，程序基于特定的物理结构和存取方法，因此程序与数据结构之间的依赖关系并未根本改变。
- 对数据的操作以记录为单位。这是由于文件中只存储数据，不存储文件记录的结构描述信息。文件的建立、存取、查询、插入、删除、修改等所有操作，都要用程序来实现。

随着数据管理规模的扩大，数据量急剧增加，文件系统显露出一些缺陷：

- 数据冗余。由于文件之间缺乏联系，造成每个应用程序都有对应的文件，有可能同样的数据在多个文件中重复存储。
- 不一致性。这往往是由数据冗余造成的，在进行更新操作时，稍不谨慎，就可能使同样的数据在不同的文件中不一样。
- 数据联系弱。这是由于文件之间相互独立，缺乏联系造成的。

文件系统阶段是数据管理技术发展中的一个重要阶段。在这一阶段中，得到充分发展的数据结构和算法丰富了计算机科学，为数据管理技术的进一步发展打下了基础，现在仍是计算机软件科学的重要基础。

（3）数据库管理系统。20 世纪 60 年代后期，数据管理技术进入数据库系统阶段。数据库系统克服了文件系统的缺陷，提供了对数据更高级、更有效的管理。这个阶段的程序和数据的联系通过数据库管理系统来实现（DBMS）。概括起来，数据库系统阶段的数据管理具有以下特点：

- 采用数据模型表示复杂的数据结构。数据模型不仅描述数据本身的特征，还要描述数据之间的联系，这种联系通过存取路径实现。通过所有存取路径表示自然的数据联系是数据库与传统文件的根本区别。这样，数据不再面向特定的某个或多个应用，而是面向整个应用系统。数据冗余明显减少，实现了数据共享。
- 有较高的数据独立性。数据的逻辑结构与物理结构之间的差别可以很大。用户以简单的逻辑结构操作数据而无需考虑数据的物理结构。数据库的结构分成用户的局部逻辑结构、数据库的整体逻辑结构和物理结构三级。用户（应用程序或终端用户）的数据和外存中的数据之间转换由数据库管理系统实现。
- 数据库系统为用户提供了方便的用户接口。用户可以使用查询语言或终端命令操作数据库,也可以用程序方式(如用 C 等高级语言和数据库语言联合编制的程序)操作数据库。

- 数据库系统提供了数据控制功能。数据库的并发控制:对程序的并发操作加以控制,防止数据库被破坏,杜绝提供给用户不正确的数据。数据库的恢复:在数据库被破坏或数据不可靠时,系统有能力把数据库恢复到最近某个正确状态。数据完整性:保证数据库中数据始终是正确的。数据安全性:保证数据的安全,防止数据的丢失、破坏。
- 增加了系统的灵活性。对数据的操作不一定以记录为单位,可以以数据项为单位。

2.4.2　数据库系统结构

1. 数据库三级模式结构和二级映像

1978 年美国国家标准学会(ANSI)报告中提出数据库系统的 SPARC 分级结构(Standard Planning And Requirements Committee),即数据库的概念模式、外模式、内模式三级数据模式的体系结构。数据库三级数据模式体系结构的设计思想影响很大,至今相关的技术领域仍作为数据库设计的理论和技术。数据库的三级数据模式中包括概念模式、外模式和内模式:

(1) 概念模式又称逻辑模式,是数据库中全体数据的逻辑结构和特征的描述,是所有用户的公共数据视图。概念模式实际上是数据库数据在逻辑级上的视图。一个数据库只有一个模式。定义模式时不仅要定义数据的逻辑结构,而且要定义数据之间的联系,定义与数据有关的安全性、完整性要求。

(2) 外模式又称用户模式,它是数据库用户能够看见和使用的局部数据的逻辑结构和特征的描述,是数据库用户的数据视图,是与某一应用有关的数据的逻辑表示。外模式通常是概念模式的子集。一个数据库可以有多个外模式。应用程序都是和外模式打交道的。外模式是保证数据库安全性的一个有力措施。每个用户只能看见和访问所对应的外模式中的数据,数据库中的其余数据对他们是不可见的。

(3) 内模式又称存储模式,一个数据库只有一个内模式。它是数据物理结构和存储方式的描述,是数据在数据库内部的表示方式。例如,记录的存储方式是顺序结构存储还是 B 树结构存储;索引按什么方式组织;数据是否压缩,是否加密;数据的存储记录结构有何规定等。

数据库的二级映像技术包括外模式/逻辑模式映像和逻辑模式/内模式映像,外模式/逻辑模式之间的映像定义并保证了外模式与数据模式之间的对应关系;逻辑模式/内模式之间的映像定义并保证了数据的逻辑模式与内模式之间的对应关系。

数据库系统的三级模式结构和二级映像技术能够保证数据库系统具有数据整体性和共享性,也保证数据具有较高的物理独立性和逻辑独立性。

2. 数据库系统的体系结构

一个数据库应用系统通常包括数据存储层、应用层和用户界面三个层次。数据存储层一般由 DBMS 来承担对数据库的各种维护操作;应用层是使用某种程序设计语言实现用户要求的各项工作的程序；用户界面层是提供用户的可视化图形操作界面，便于用户与数据库系统之间的交互。

从最终用户角度看，数据库系统可分为单机结构、主从式结构、分布式结构、客户—服务器结构和浏览器—服务器结构五种，下面分别介绍。

（1）单机结构。单机结构是一种比较简单的数据库系统。在单机系统中，整个数据库系统（DBS）包括的应用程序、数据库管理系统（DBMS）和数据库（DB）都安装在一台计算机上，由一个用户独占，不同计算机之间不能共享数据。这种数据库系统又称桌面系统。在这种桌面型 DBMS 中，数据的存储层、应用层和用户的界面层的所有功能都存储在单机上，因而适合于未联网的用户、个人用户及移动用户。若将这种系统应用于企事业单位中，容易造成大量的数据冗余。目前比较流行的桌面型 DBMS 有 Visual FoxPro 和 Access 等。

（2）主从式结构。主从式系统是指一台大型主机带若干终端的多用户结构。在这种结构中，DBS 包括的 APP、DBMS 和 DB 都集中存放在主机上，所有处理任务都由主机完成。各终端用户可以并发地访问主机上的数据库，共享其中的数据。

主从式结构的 DBMS，数据的存储层和应用层都放在主机上，用户界面层放在各个终端上。当终端用户数目增加到一定程度后，主机的任务将十分繁重，常处于超负荷状态，这样会使系统性能大大降低。

主从式结构的优点在于简单、可靠、安全。

缺点在于主机的任务很重，终端数目有限。当主机出现故障时，整个系统瘫痪。

（3）分布式结构。分布式结构是指地理上或物理上分散而逻辑上集中的数据库系统。管理这种结构的软件称为分布式 DBMS。分布式数据库系统通常由计算机网络连接起来，被连接的逻辑单位（包括计算机、外部设备等）称为节点。

分布式数据库系统由多台计算机组成，每台计算机都配有各自的本地数据库。在分布式 DBS 中，大多数要处理的任务由本地计算机访问本地 DB 完成局部应用；对于少量本地计算机不能完成的处理任务，通过网络同时存取和处理多个异地 DB 中的数据，执行全局应用。分布式 DBS 是计算机网络发展的必然产物。它适应了地理上分散的组织对于数据库应用的需求。

（4）客户—服务器结构（Client/Server，C/S）。主从式结构 DBS 中的主机和分布式 DBS 中每个节点机都是一台通用计算机，既行使 DBMS 功能又执行应用程序。随着工作站功能的增强及使用范围的扩大，人们开始把 DBMS 功能和应用分开，网络中专门用于执行 DBMS 功能的计算机，称为数据库服务器，简称服务器（Server）；安装数据库应用程序的计算机称为客户机（Client），这种结构称为客户—服务器（C/S）结构。

在 C/S 结构的 DBS 中，数据存储层处于服务器上，而应用层和用户界面层处于客户机上。C/S 结构的优点：一是可以减少网路流量，提高系统的性能、吞吐量和负载能力；二是使数据库更加开放，客户机和服务器可以在多种不同的硬件和软件平台上运行。C/S 结构的缺点是系统的客户端程序更新升级有一定困难。

（5）浏览器—服务器结构（Browser/Server，B/S）。在 C/S 结构的 DBS 中，数据存储层处于服务器上，而应用层和用户界面层处于客户机上。C/S 结构的缺点是系统的客户端程序更新升级有一定困难。而且对客户机的要求较高，将客户机上的应用层从客户机中分离出来，集中于一台高性能的计算机上，成为应用服务器。而客户机上的用户界面层由安装在客户机上的浏览器软件充当，这样就形成了现今流行的 B/S 结构数据库系统。

应用服务器又称 Web 服务器，它充当了客户端与数据库服务器的中介，架起了用户界面与数据库之间的桥梁。B/S 结构有效克服了 C/S 结构的缺陷，客户机只要能运行浏览器软件即可。

2.4.3 数据库安全性

由于物联网终端感知网络的私有特性，因此安全也是一个必须面对的问题。物联网中的传感节点通常需要部署在无人值守、不可控制的环境中，除了受到一般无线网络所面临的信息泄露、信息篡改、重放攻击、拒绝服务等多种威胁外，还面临传感点容易被攻击者获取，通过物理手段获取存储在节点中的所有信息，从而侵入网络、控制网络的威胁。涉及安全的主要有程序内容、运行使用、信息传输等方面。从安全技术角度来看，相关技术包括以确保使用者身份安全为核心的认证技术，确保安全传输的密钥建立及分发机制以及确保数据自身安全的数据加密、数据安全协议等数据安全技术[18]。因此，在物联网安全领域，数据安全协议、密钥建立及分发机制、数据加密算法设计以及认证技术是关键部分。

数据库系统信息安全性在技术上可以依赖于两种方式：一种是数据库管理系统（DBMS）本身提供的用户身份识别、视图、使用权限控制、审计等管理措施，大型数据库管理系统如 Oracle、Sybase、Informix 等均有此功能；另一种就是靠数据库的应用程序来实现对数据库访问进行控制和管理，如使用较普遍的 DBase、FoxBase、FoxPro 等开发的数据库应用程序，很多数据的安全控制都由应用程序里面的代码实现。

1. 身份认证

用户的身份认证（Authentication）是用户使用 DBMS 的第一个环节。数据的私有性和安全性都是以用户的私有权为基础的，因此对用户的身份鉴别也就是 DBMS 识别什么用户能做什么事情的依据。在电子环境中，人们使用的是一个电子数据虚拟的电子身份，电子身份的虚拟性使入侵者可以假冒正常用户身份进入系统，窃取甚至破坏信息资源，因此如何能可靠地确认对方的真实身份是电子事务的前提。目前存在常使用的身份认证方式包括口令认证和强身份认证等。

2. 权限管理

DBMS 提供角色描述具有相同操作权限的用户集合，不同角色的用户授予不同的数据管理和访问操作权限。一般情况下权限角色分为 3 类：数据库登录权限类、资源管理权限类和数据库管理权限类。第一类角色的用户可以进入数据库管理系统并使用提供的各类工具和实用程序，但只能查阅部分数据库信息，不能改动数据库中的任何数据；第二类用户除了拥有上一类的用户权限外，还有创建数据库表、索引等数据对象的管理权限，可以在权限允许的范围内修改、查询数据库，还能将自己拥有的权限授予其他用户，可以申请审计；第三类用户拥有数据库管理的全部权限，包括访问任何用户的任何数据，授予（或回收）用户的各种权限，创建各种数据对象，完成数据库的整库备份、装入重组及进行全系统的审计等工作。当然，不同 DBMS 可能对用户角色的定义不尽相同，权限划分的细致成度也远超过上面 3 种基本类型，而基于角色的用户权限管理是现在每个主流的通用的数据库产品（如 IBM DB2、Oracle、SyBase、MS SQL Server、InforMix）和一些专用的数据库产品（NCR Teradata、Hypersion EssBase）都具有的特性。

同时，同一类功能操作权限的用户对数据库中数据对象管理和使用的范围又可能是不同的。因此 DBMS 除了要提供基于功能角色的操作权限控制外，还提供了对数据对象的访问控制。

3．审计功能

大型 DBMS 提供的审计（Audit）功能是一个十分重要的安全措施，用来监视各用户对数据库施加的动作。

根据审计对象的不同，有两种方式的审计，即用户审计和系统审计。用户审计时，DBMS 的审计系统记下所有对自己表或视图进行访问的企图（包括成功和不成功的）及每次操作的用户名、时间、操作代码等信息。这些信息一般都被记录在操作系统或 DBMS 的日志文件里面，利用这些信息可以对用户进行审计分析。系统审计由系统管理员进行，其审计内容主要是系统一级命令及数据对象的使用情况。

4．数据库加密

一般而言，上面提供的基本安全机制能够满足一般的数据库安全性要求，但对于一些重要部门或敏感领域的应用，仅靠上述这些措施是难以完全保证数据的安全性的，某些用户尤其是一些内部用户仍可能非法获取用户名、口令，或利用其他方法越权使用数据库，甚至可以越过 DBMS 直接打开数据库文件来窃取或篡改信息。因此，有必要对数据库中存储的重要数据进行加密处理，以实现数据存储的安全防护。

较之传统的数据加密技术，数据库密码系统有其自身的要求和特点。传统的加密以报文为单位，加/解密都是从头至尾顺序进行。数据库数据的使用方法决定了它不可能以整个数据库文件为单位进行加密。当符合检索条件的纪录被检索出来后，就必须对该记录迅速解密。然而该记录是数据库文件中随机的一段，无法从中间开始解密，除非从头到尾进行一次解密，然后再去查找相应的这个记录，显然这是不合适的。必须解决随机地从数据库文件中某一段数据开始解密的问题。数据库密码系统宜采用公开密钥、多级密钥结构的加密方法。

2.4.4 数据库发展趋势与新技术

物联网时代，对数据库提出了新的挑战，要求有高速、稳定、低耗、廉价的数据库环境。物联网系统中，根据传感器在一定的范围内发回的数据，在一定的范围内收集有用的信息，并且将其发回到指挥中心。当有多个传感器在一定的范围内工作时，就组成了传感器网络。传感器网络由携带者所捆绑的传感器及接收和处理传感器发回数据的服务器所组成。传感器网络中的通信方式可以是无线通信，也可以是有线通信。

在传感器网络中，传感器数据就是由传感器中的信号处理函数产生的数据。信号处理函数要对传感器探测到的数据进行度量和分类，并且将分类后的数据标记时间戳，然后发送到服务器，再由服务器对其进行处理。传感器数据可以通过无线或者光纤网存取。无线通信网络采用的是多级拓扑结构，最前端的传感器节点收集数据，然后通过多级传感器节点到达与服务器相连接的网关节点，最后通过网关节点，将数据发送到服务器[19]。

传感器节点上数据的存储和处理方法有两种：第一种类型的处理方法是将传感器数据存储在一个节点的传感器堆栈中，这样的节点必须具有很强的处理能力和较大的缓冲空间；第二种方法适用于一个芯片上的传感器网络，传感器节点的处理能力和缓冲空间是受限制的。在产生数据项的同时就对其进行处理以节省空间，在传感器节点上没有复杂的处理过程，传感器节点上不存储历史数据；对于处理能力介于第 1 种和第 2 种传感器网络的网络来说，则采用折中的方案，将传感器数据分层地放在各层的传感器堆栈中进行处理。

传感器网络越来越多地应用于对很多新应用的监测和监控。新的传感器数据库系统需要考虑大量的传感器设备的存在，以及它们的移动和分散性。因此，新的传感器数据库系统需要解决一些新的问题，主要包括传感器数据的表示和传感器查询的表示、在传感器节点上处理查询分片、分布查询分片、适应网络条件的改变、传感器数据库系统等。

小结

本章主要从基于行业分类的纸质标签、条形码和基于计算机视觉的自动分拣系统、数据库技术等四个方面介绍了物联网传统识别技术。标签是用来标志实物的分类或内容的，本章对商品标签、管理标签、物流标签、生产标签进行了介绍，并简单介绍了纸质标签在生活其他方面的应用。接着介绍了条形码的历史和演变，条形码的基本概念，条形码识读的原理和方法。然后介绍了自动分拣系统的应用背景及现状，系统组成及特征，基于计算机视觉的自动分拣系统，并介绍了零件表面瑕疵自动分拣系统、羽毛自动分拣系统、玉米单倍体自动分拣系统三个实例。最后介绍了数据库技术的基本概念、系统结构、安全性以及它的发展趋势和新技术。这些物联网传统识别技术为现代物联网技术的产生和发展奠定了坚实的基础，并将继续发挥各自的作用。

习题

1. 物联网传统识别技术有哪些？
2. 条形码结构包括哪些部分？
3. 条形码识读的基本原理是什么？
4. 基于计算机视觉的自动分拣系统有哪些特点？
5. 数据库的三级数据模式是什么？
6. 数据库系统的体系结构包括哪几种？
7. 数据库系统如何保障信息安全性？

第3章 无线识别技术

学习重点

本章首先从无线识别的定义、组成和主要工作原理出发，介绍了什么是无线识别技术。其次，回顾了无线识别技术的发展和历史，介绍了无线识别技术的类型与应用；最后，给出了无线识别技术在物联网中的应用实例。

无线识别技术被公认为物联网中最为重要的识别技术，由于它具有识别能力强，应用范围广，应用发展快等特点，受到了人们的高度重视。

3.1　无线识别技术概述

射频识别（RFID）技术被誉为"21 世纪十大重要技术之一"，是最具发展潜力和变革力的信息高新技术之一，成为物联网四大关键技术之首[20]。RFID（Radio Frequency Identification）又称无线射频识别、电子标签，可通过无线电信号识别特定目标并读写相关数据，而不需要通过识别系统与特定目标之间建立机械或光学接触[21]。

3.1.1　无线识别的基本组成

无线识别主要由三部分组成，即标签（Tag）、阅读器（Reader）和天线（Antenna），如图 3-1 所示。

（1）标签：由耦合元件及芯片组成，每个标签具有唯一的电子编码，无法修改也无法仿造。电子标签保存有约定格式的电子数据，附着在物体上标识目标对象。

（2）阅读器（Reader）：读取（有时还可以写入）标签信息的设备，可设计为手持式或固定式。

（3）天线（Antenna）：在标签和读取器间传递射频信号，即数据交据与管理系统。

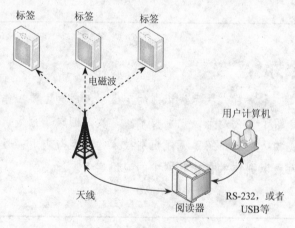

图 3-1　RFID 系统构成

3.1.2　无线识别的基本工作原理

无线射频识别的工作原理并不复杂：RFID 读写器向一定范围发射射频信号，当 RFID 标签进入读写器的射频场后，标签天线就会获得感应电流，从而为 RFID 芯片提供能量，芯片就会通过内置天线以射频信号的形式向读写器发送存储在芯片内的信息，读写器对接收的信号进行解调和解码，然后通过 RS-232、RS-422、RS-485 或无线方式送至计算机系统进行有关的数据处理，最终识别出存储在电子标签中的有用信息。其工作原理如图 3-2 所示[22]。

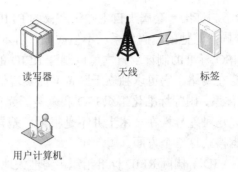

图 3-2　RFID 工作原理

RFID 技术耐磨性好，体积小型化、形状多样化，可反复使用，数据读写方便，数据的记忆容量大，安全性能好，使得该项技术越来越多地成为国内外的研究热点之一，其应用前景和价值值得人们持续关注。

3.2　无线识别技术的发展

无线识别技术作为一种新兴的自动识别技术，正处于一个大发展时期。由于其自身具有一些独特的优点，而在各个领域得到了广泛的应用。

3.2.1　无线识别技术标准

各国在广泛推广 RFID 的时候，并没有一个全球统一的 RFID 标准。目前，制订 RFID 国际标准的主要机构除了国际标准化组织（ISO）/国际电工委员会（IEC）之外，其他国际标准化机构如国际电信联盟（ITU）等也是 RFID 国际标准的制定机构之一。为了使得 RFID 这一新兴产业更好地发展，更好地为人类提供便利的服务，现阶段尤其是以美国为首的 EPCglobal、日本 UID 等标准化组织着手为了 RFID 制订相关标准，与此同时积极地在全球积极推广这些标准[23]。

1995 年国际标准化组织 ISO/IEC 联合技术委员会 JTC1 设立了子委员会 SC31（以下简称 SC31），负责 RFID 标准化研究工作。SC31 子委员会主要从 RFID 的四个方面制订其标准：第一，空中接口标准（ISO/IEC 18000 系列）；第二，数据标准（如编码标准 ISO/IEC 15691、数据协议 ISO/IEC 15692、ISO/IEC 15693）；第三，测试标准（性能测试 ISO/IEC 18047 以及一致性测试标准 ISO/IEC 18046）；第四，实时定位（RTLS）（ISO/IEC 24730 系列应用接口与空中接口通信标准）方面的标准。

其中，把 RFID 主要作为应用标准面向物流供应链的领域而制订的机构是 EPCgloba。EPCglobal 的目标是让供应链各环节中所有合作伙伴都能够了解单件物品的相关信息，如位置、生产日期和生产厂家等信息。从而能够最终实现供应链当中的透明性和追踪性，这些协议与 ISO 标准体系类似。目前 EPCglobal 的标准在空中协议方面却尽量与 ISO 兼容，如 EPCglobal 的 C1Gen2 UHF RFID 标准递交 ISO 最终成为 ISO 18000 6C 标准。但 EPCglobal 的空中接口协议有它的局限范围，仅仅关注 UHF 860～930 MHz。

相比而言，日本 UID 标准体系在编码方面制订了可以兼容日本已有的编码体制的

ucode 编码体系，就是为了制订出一套属于自主知识产权的 RFID 标准，这套日本制订的 RFID 标准同时也能兼容国际其他的编码体系。不但如此，日本 UID 标准体系也积极地参与在空中接口方面的 ISO 标准的制订。日本可以制订 RFID 的标准的另一个优势是在信息共享方面的日本的泛在网络，它可以独立于因特网而实现信息共享。

但是日本 UID 标准体系、国际标准化组织 ISO 和以美国为首的 EPCglobal 三个标准相互之间并不完全兼容，这种差异性在技术上并不是很大，差异性最主要是体现在通信方式、防冲突协议和数据格式这三个方面。

当 EPCglobal、ISO、UID 等国际 RFID 标准组织声势浩大地"进军"中国市场时[24]，在建立中国自主知识产权的 RFID 标准的大旗下，国家标准委、科技部、信息产业部（现工信部）等机构纷纷提出自行建立中国 RFID 标准体系的策略，并与国际标准组织进军中国的攻势交织在一起，形成了一副"内外混战"、"外外恶战"、"内内角力"的战局。

3.2.2　无线识别技术成本

影响 RFID 大规模应用的关键因素之一是成本。从成本角度来看，RFID 的成本可能和中国企业的接受能力之间确实还存在一定距离。但是，随着技术的不断革新发展，RFID 标签的价格将可能大幅度地下降。若是可以把 RFID 的标签成本降低到一个相对合适的价格范围内，中国的一些最终用户，包括零售企业、制造企业和物流公司，会开始采用 RFID 技术。现在无源的标签 40 美分/个，而有源的标签高达 4~5 美元/个。一般而言，低价的标签适用于消费包装，即低价的产品。是否使用这个标签，不是取决于绝对成本的高低，而是要看使用后的价值与其成本之间的比较。比如说有源的标签 4~5 美元/个，若单从价格上看是有点贵，但如果拿它来监控一台昂贵的机器设备还是觉得物有所值的。因此，成本高低是一个相对的概念[25]。

3.2.3　无线识别技术安全问题

随着 RFID 在许多行业的大规模应用，尤其是在特殊行业，RFID 的安全问题更加引起了人们的重视。RFID 相关的安全风险和个人信息威胁大致有如下几种。

（1）商务风险。在商务过程中，RFID 系统中任何组件或子系统，特别是人和环境的因素都有可能导致系统错误。另外，RFID 所依赖的网络的通畅性，具有 RFID 攻击动机和能力的对手存在等因素，也会造成 RFID 所支持的企业业务系统的商务风险。

（2）标签攻击。RFID 技术的局限性之一是 RFID 标签的计算能力有限，还需要增加必要的外围设备支持。同时存在的一个问题是 RFID 一般不能识别可信的阅读器，继而导致 RFID 系统受到攻击时是非常脆弱的。典型的攻击有，拒绝服务（DOS）攻击，标签被恶意地攻击或修改，还包括在 RFID 工作过程中的通信分析等。

（3）个人信息威胁。在不会警告 RFID 的所有者的情况下，RFID 标签能自动应答阅读器的查询，同时射频波能够穿透建筑物和金属进行传递，介于这种无选择性的传递，在一定的距离内，RFID 标签可以向附近的所有阅读器广播其信息，特别是当个人信息与标签信息结合在一起时，将会引起更严重的问题。

（4）其他风险。如克隆标签和向标签中植入嵌入式病毒等风险[26]。

虽然 RFID 技术发展迅速，产品种类也层出不穷，但是上述的许多不安全问题仍然不可小觑。一般来说，RFID 系统满足如下安全需求：

（1）真实性需求。电子标签只能在确认读写器是合法后才能输出自身信息，而与此同时读写器只有通过身份认证才可以确信消息是从正确的电子标签发送过来的。

（2）完整性需求。RFID 系统的完整性要求电子标签上的信息在传递过程中是准确的没被恶意地修改或者替换的。

（3）隐私性需求。RFID 系统面临的另一个安全风险是电子标签所处的位置信息，因此 RFID 的安全需要保证标签中的信息不会被第三方窃听或获取。

（4）机密性需求。RFID 系统需要有加密机制保护读写器和标签之间的通信，第三方无法获得通道中传输的数据。另外，作为完整的通信系统，RFID 系统在考虑安全问题的同时，要满足安全的互联互通基本要求。除此之外，有必要统一和规范 RFID 产品和应用，特别是 RFID 安全方面的标准[27]。

3.3 无线识别技术的类型

射频识别系统根据不同的标准有不同的分类方法[28]。

3.3.1 基于电子标签工作频率的分类

基于电子标签工作频率的分类，分为低频射频卡、高频射频卡以及超高频射频卡，表 3-1 给出了不同频段的电子标签性能比较[29]。其中，低频射频卡主要有 125 kHz 和 134.2 kHz 两种并同时主要用于短距离、低成本的应用中，如门禁系统、各种校园卡、动物的监管和最常见的物流跟踪等；高频射频卡频率主要为 13.56 MHz，这个频段射频系统用于门禁控制和需传送大量数据的应用系统；超高频系统要求较长的读写距离以及较快的读写速度，所以射频卡主要的频段主要为 433 MHz、915 MHz、2.45 GHz 以及 5.8 GHz 等。与此同时其天线波束方向较窄且价格较高，在大型的火车监控、高速公路收费等系统中应用。

表 3-1 不同频段的电子标签性能比较

频　率	低　频	高　频	超 高 频		微　波
	135 kHz	13.56 MHz	433.92 MHz	860～960 MHz	2.45 GHz
工作原理	电感耦合	电感耦合	电磁反向散射耦合	电磁反向散射耦合	电磁反向散射耦合
识别距离	<60 cm	10 cm～1 m	1～100 m	1～6 m	25～50 cm（主动式）1～15 m（被动式）
一般特性	价格比较昂贵，几乎没有环境变化引起的性能下降	价格比低频低廉，适合短识别距离的需要和多重标签识别的应用领域	长识别距离，适时跟踪，对集装箱内部湿度、冲击等环境敏感	先进的 IC 技术使最低廉的生产成本成为可能，多重标签识别距离和性能最突出	特性与超高频类似，受环境的影响最大
识别速度	低速<————————————————————>高速				
环境影响	迟钝<————————————————————>敏感				
标签大小	大型<————————————————————>小型				

目前的 RFID 技术相对发展成熟的部分是近距离的且频率在 13.56 MHz 或以下频段，但由于自身的一些缺点（如阅读器的读写距离相对比较近、工作过程中通信的速度慢、电子标签体积大等）使得 RFID 的使用范围很有限。在涉及的微波系统中，由于技术相对复杂，使得制作出一款无源的且作用范围相对较远的电子标签难以实现。即便是能够克服技术问题完成一个电子标签，其成本也将是一般标签的数十倍。UHF RFID 系统是最近几年来新兴的一种 RFID 系统，其识别距离远、识别速度快、穿透性强、可多次读写、数据的记忆容量大、体积小、可靠性高，再加上集成电路工艺的不断进步和低功耗技术的发展，使得 UHF RFID 标签成本不断降低，UHF RFID 很有可能成为远距离 RFID 技术甚至整个 RFID 技术中最为重要的技术。

3.3.2 基于电子标签可读写功能的分类

电子标签按的可读写功能不同可分为双工系统和时序系统。在双工系统中，电子标签的应答响应信号与读写器的发射信号同时存在；在时序系统中读写器的电磁场周期性地接通，在这些间隔中电子标签向读写器发送信号并被识别出来。

3.3.3 基于电子标签供电方式的分类

电子标签按供电方式的不同可分为有源卡和无源卡。有源卡内有电池提供电源，它的优点是作用距离较远，但存在的致命缺点是寿命有限、体积较大、成本高，且在恶劣环境下工作的能力很差；相对而言无源卡内无电池，它的供电能源来自于波束供电技术将接收到的射频能量转化为直流电源，其不足之处是作用距离相对有源卡的作用距离短，但显著的优点是寿命长且对工作环境要求不高。

3.3.4 基于电子标签调制方式的分类

电子标签按调制方式的不同可分为主动式和被动式。主动式射频卡在发送数据给读写器的时候是使用自身的射频能量。被动式射频卡在发送数据到读写器的时候先用读写器的载波来调制自己的信号，然后使用调制散射方式完成数据传递，该类技术适合应用于门禁或交通领域，因为一定范围内的射频卡才可以被读写器激活。在有障碍物的情况下，被动式射频卡发送数据的时候，读写器的能量要来去穿过障碍物两次。但是主动方式的射频卡发射的信号仅穿过障碍物一次，基于主动式工作方式射频卡的这个特点，它可用于有障碍物的应用中，距离最远可达 30 m 以上。

3.4 无线识别技术的应用

RFID 是一种容易操控、简单实用且适用于自动化控制的应用技术，识别工作无须人工干预，它既可支持只读工作模式也可支持读写工作模式，且无须接触或瞄准，可自由工作在各种恶劣环境下。目前，RFID 技术在如下 4 个方面得到广泛应用。

3.4.1　身份识别

RFID 技术在身份识别上已有广泛应用，如首都机场就采用了 RFID 技术。机场行李系统采用了国际上最先进的 RFID 身份识别技术，每件行李都严格对应传送带上行李小车的编号，它们将会自动识别行李，不管行李走到哪儿，只要输入小车的编号，就可以对行李进行跟踪和监控。

RFID 技术也应用于日常生活中，如用于门禁系统和防盗系统等。这些系统通过在特定的人的身体上设置一个电子标签，当其进入读写器的范围内时，只有特定的人在可以被感应，以这种方式来达到。

3.4.2　安全防伪

长期以来，假冒伪劣商品不仅严重影响着国家的经济发展，还危及着企业和消费者的切身利益。为保护企业和消费者利益，保证社会主义市场经济健康发展，国家和企业每年都要花费大量的人力和财力用于防伪打假。然而，国内市场上的防伪产品，其采用的防伪技术绝大部分仍然是在纸基材料上做文章，常见的防伪技术有：全息图案、变色墨水、产品和包装上面的隐蔽标记。其技术不具备唯一性和独占性，易复制，因此难以起到真正防伪的作用。目前，国际防伪领域逐渐兴起了利用电子技术防伪的潮流，尤其是射频标签的运用，其优势已经引起了业界广泛的关注。

RFID 防伪目前主要有两种方法：一种是利用唯一的 ID 来完成[30]，同时配以一些算法实现安全管理；另一种是硬件方法，即非接触卡电子标签内植芯片并且内含全球唯一的代码，该代码只能被存有相同代码的读写器所识别。利用射频识别技术防伪，与其他防伪技术如激光防伪、数字防伪等技术相比，其优点在于：每个标签都有一个全球唯一的 ID，此唯一 ID 是在制作芯片时放在 ROM 中的，无法修改、无法仿造；无机械磨损，防污损；读写器具有不直接对最终用户开放的物理接口，保证其自身的安全性；数据安全方面除标签的密码保护外，数据部分可用一些算法实现安全管理；读写器与标签之间存在相互认证的过程等。

目前，国际、国内在利用 RFID 技术进行防伪应用方面取得了一些突破。

（1）证件防伪。目前国际上在护照防伪、电子钱包等方面已可以在标准护照封面或证件内嵌入 RFID 标签，其芯片同时提供安全功能并支持硬件加密，符合 ISO14443 的国际标准。国内在此领域已形成相当规模的应用，二代身份证的推广应用就是此方面的典型代表。

（2）票务防伪。在这方面，有些应用迫切地需要 RFID 技术，例如在火车站、地铁以及旅游景点等人流多的地方，采用 RFID 电子门票代替传统的手工门票来提高效率，或是在比赛和演出等票务量比较大的场合，用 RFID 技术对门票进行防伪。不仅不再需要人工识别，实现人员的快速通过，还可以鉴别门票使用的次数，以防止门票被偷递出来再次使用，做到"次数防伪"。

（3）包装防伪。为了打击造假行为，美国生产麻醉药 OxyContin 的厂家宣布将在药瓶上采用无线射频技术（RFID）。实现对药品从生产到药剂厂全程的电子监控，此举是打击日益增长的药品造假现象的有效手段。药品、食品、危险品等物品与个人的日常生活安全息息相关，都属于由国家监管的特殊物品。其生产、运输和销售的过程必须严格管理，一旦管理不利，散落到社会上，必然会给人民的生命财产安全带来极大的威胁。我国政府也已经开始在国内射频识别领域的先导厂商（如维深电子等）的帮助下，尝试利用 RFID 技术实现他们的需求。

3.4.3　资产管理

资产管理对于企业来讲具有非常重要的意义，它成为现代企业管理中一个不可或缺的重要组成部分。如何对资产进行有效的管理，提供一个高效，精确的资产清点手段和信息管理系统，是迫在眉睫的需求。将 RFID 技术应用于企业资产管理系统，构建企业资产管理智能平台，将会给企业带来莫大的便利，同时可以实现对资产的智能化管理。

在 RFID 资产管理系统中，每件资产都具有唯一 ID 的电子标签[31]，当资产进入 RFID 手持机天线识别区域时，天线通过发送微波信号激活电子标签电路。同时，电子标签发送回波信号，二者进行双向数据交，读写器从而获取相关信息，同时将该资产相关信息实时上传到 RFID 系统服务器，进行相应的格式转化、过滤和相关后续统计处理，作为其他系统实现有关数据统计、查询等功能的数据源，实现对资产日常管理中的变动信息的实时监控、记录和自动更新。

3.4.4　图书/档案管理

在传统的图书馆时代，图书的管理完全是依靠工作人员辛苦劳动实现的，从图书采购入馆、新书加工到图书流通都是手工操作，这种管理方式无法提供更有效的服务。射频识别（RFID）技术将改变图书馆现有的管理模式，进入图书馆的第二代自动化管理时代。

应用 RFID 技术实现图书管理方法为：将 RFID 标签安装到书本、CD、VHS 磁带以及其他图书馆材料上[32]，读者只需将自己的借阅证和图书、CD 及 VHS 磁带等音像制品放在使用系统的借阅设备下方，RFID 借阅系统就会自动扫描并识读读者个人信息和图书标签信息，整个借书过程完全由系统自动完成，读者只需要拿着书籍放在指定位置即可。在完成借阅过程后，打印机自动打印出借阅图书详单，由读者保存。图书归还时，读者将图书送到回收设备，设备安装的 RFID 读写器自动对书籍标签进行扫描记录。图书由一条传送带送至图书回收车中，统一整理后上架，以备再次借阅。如果有未经许可的馆藏资料被带离图书馆，系统还将会引发警报，提请图书馆工作人员注意。

3.5　无线识别技术在物联网中应用实例

以物联网为核心的信息技术发展被誉为第三次信息技术革命。2009 年以来，全球各国都在大力推动物联网技术的发展与应用。物联网的概念是在 1999 年提出的，它的定义很简单：把所有物品通过射频识别（RFID）、红外感应器、全球定位系统、激光扫描器等信息传感设备与互联网连接起来，进行信息交换和通信，实现智能化识别、定位、跟踪、监控和管理。其实质是利用无线射频自动识别技术，通过计算机互联网实现物品的自动识别和信息的互联与共享。在"物联网"的构想中，RFID 标签中存储着规范而具有互用性的信息，通过无线数据通信网络把它们自动采集到中央信息系统，实现物品的识别，进而通过开放性的计算机网络实现信息交换和共享，实现对物品的"透明"管理[33]。RFID 在物流业的重点应用方向包括以下几种。

3.5.1　电子车牌系统

电子车牌识别是将车辆信息与人们日常生活中的通信系统相结合，进而实现对车辆、道路安全等方面管理的一种具体的应用方案。由于目前使用的交通检测仪器的精度不高，特别是难以准确判断车型，而电子车牌识别系统可以既快捷、又准确地对交通流量进行实时统计。利用 RFID 技术设计的电子车牌系统主要由下面几部分构成：

（1）智能电子车牌。智能电子车牌是将普通车牌与 RFID 技术相结合形成的一种新型电子车牌。一个智能电子车牌由普通车牌和电子车牌组成，其中电子车牌实际上是一个无线识别的电子标签，电子车牌中存储了经过加密处理的车辆数据，其数据只能由经过授权的无线识别器读取。同时，在各交通干道架设监测基站（监测基站由摄像机、射频读卡器和数据处理系统三部分构成），监测基站通过 GPRS 与中心服务器相连，通过 WLAN 与警用 PDA 相连。执法人员携带 PDA，站在监测基站前方，车辆经过监测基站，摄像机会拍摄车辆的物理车牌，经监测基站图像识别系统处理后，得到物理车牌的车牌号码。同时，射频读卡器读取电子车牌中加密的车辆信息，经监测基站解密后，得到电子车牌的车牌号码。

由于经过硬件设计、软件设计、数据加密后的电子车牌是不可能被仿制的，且每辆车只配备一个，如果是假套牌车辆，则物理车牌的车牌号码必然没有与之相对应的电子车牌的车牌号码，监测基站立即将物理车牌的车牌通过 WLAN 发送到前方的交警的 PDA 上，提示交警进行拦截。类似的原理，智能车牌系统也可同时完成对黑名单车辆、非法营运车辆的识别。

（2）监测基站。

① 固定监测基站。固定监测基站由智能车牌识别器和天线组成。识别器采用密度高、成本低、体积小的设计，适用于各种射频识别方案，也可以进行各式网络布局。其天线为全向型设计，可对目标进行全方位识别与追踪。用户可根据实际需要，调整读写器的识别距离，以使识别范围更加精确。

② 移动监测基站。移动监测基站是一个只能识别车牌的移动迷你读写器，由有源 RFID 微型移动读写器及内置微型天线组成，其功耗低，体积小，通过 USB 接口可直接与 PDA、笔记本式计算机或智能手机连接，完成对高速移动物品的快速识别、并生成时间记录。

（3）车辆识别系统。安装在基站上，采集经过车辆车牌号码等信息，并进行数据分析，判断出假牌套牌、违章、非法营运等有问题车辆。

（4）图像识别处理系统。安装在基站上，对摄像机采集到的车牌及营运标识进行图像处理，识别出车牌号码和营运信息。

（5）指挥中心管理系统。安装在指挥中心，更新基站中的黑名单；接收基站上传有问题车辆及经过车辆的信息；监测基站运行是否正常；对基站运行进行远程控制；对基站上传数据进行数据分析，输出分析报表，供决策使用。

（6）中心数据交换服务器。数据中转服务器，安装在指挥中心，连接指挥中心的软件系统与基站，进行数据交换。

（7）智能电子车牌管理系统。安装在车管所，与公安部车辆信息系统、GEEF 指挥中心系统相连，对电子车牌进行注册、初始化及年检管理。

（8）PKI/CA 认证系统。为合法用户签发数字证书和对签发的合法数字证书进行认证，保障系统的安全。

3.5.2　高速公路不停车收费系统

不停车电子收费系统 ETC（Electronic Toll Collection）是智能交通 ITS　（Intelligent Transportation System）服务中的一个特殊领域，是解决高速公路现有收费方式缺陷的有效手段[34]。ETC 系统采用无线通信技术自动完成整个收费过程。当车辆通过收费站时，收费车道通过无线射频技术感知车辆的到来，在车辆正常行进中就能自动进行所有信息的交互传递，完成车辆的收费、登记及建档的过程，并对允许通行的车辆予以放行。这样，驾驶员不需停车即可完成缴费，不但节约时间，大大提升了高速公路的通行效率，同时也有效地降低了能耗和磨损。

基于射频技术的收费系统主要由收费车道、收费站管理系统、管理中心、收费中心（一般为银行）及传输网络组成。根据功能的不同，系统又可分为操作前台和管理后台两大部分。操作前台以车道控制子系统为核心，用于控制和管理各种外场设备与安装在车辆上的电子标签的通信，记录车辆的各种信息，并实时传送给收费站管理子系统；管理后台由收费站管理子系统、管理中心和收费中心组成。其中管理中心是整个系统的最高管理层，既要进行收费信息与数据的处理和交换，又要行使必要的管理职能，包括各公路的收费部门、结算中心和客户服务中心。后台根据收到的数据文件在公路收费部门和用户之间进行交易、转账和财务结算，配有多台功能强大的计算机，完成系统中各种数据、图像的采集和处理。

3.5.3　电子门票系统

进入物联网时代，业界普遍看好 RFID 射频识别技术在门票防伪方面的应用潜力。特别是 2008 北京奥运会、2010 上海世博会、2010 广州亚运会、2010 广州药交会、2011 西安园博会等大型活动先后在门票防伪和票务管理方面采用 RFID 技术，更有力推动了 RFID 在票务系统中的广泛应用。电子门票是一种将智能芯片嵌入纸质门票等介质中，用于快捷检票/验票并能实现对持票人进行实时精准定位跟踪和查询管理的新型门票。其核心是采用 RFID 射频识别技术、具有一定存储容量的芯片，将这种芯片和特制的天线连接在一起就构成了常说的电子标签。将电子标签封装在特定的票卡中，即构成了先进的电子门票。

电子门票系统主要由电子门票、读写器（Read/Write Device）、现场控制器、集中控制器和数据交换/管理中心（配软件）等组成。当读取电子门票时对人脸进行拍照，人脸识别系统采用骨骼识别原理，最快反应速度为 0.01 秒。同时读取进场人员的指纹，和预先购票时的指纹进行对比，并进行身份的验证。

采用射频识别（RFID）技术的电子门票作为数据载体，能起到标识识别、人员跟踪、信息采集的作用。电子门票与读写器、现场控制器和应用软件等构成的 RFID 系统直接与相应的管理信息系统相连。每一位人员（包括观众、运动员、工作人员等）都可以被准确地跟踪。电子门票系统可以发挥门票功能、出入口管理（门禁管理）功能、实现对人员的动态跟踪和查询。电子门票系统与报警系统、监控系统、紧急广播系统、巡逻管理系统、停车场管理系统等配合使用，相互联动能最大限度地发挥其引导观众、查询、控制危险的作用。

3.5.4　汽车防盗系统

随着科技的发展，汽车防盗装置日趋严密和完善。目前防盗器按其结构与功能可分四大类：机械式、电子式、芯片式和网络式。这四类防盗器虽然各有优劣，但目前主要发展方向则是智能程度更高的芯片式和网络式。RFID 汽车防盗系统属于芯片式防盗系统，它是 RFID 的新应用。由于这是一种足够小的、能够封装到汽车钥匙当中并含有特定码字的射频卡。该系统在汽车方向盘下安装有阅读器，阅读器离点火钥匙的距离小于7 厘米，当插入一把带有应答器的正确钥匙并打到"M"位时，汽车防盗系统上电工作，阅读器读取到有效的 UID 号，系统语音提示钥匙正确，并自动完成对码、解锁发动机计算机，否则语音报警，发动机计算机处于闭锁状态，发动机管理系统（EMS）锁定油路和引擎，发动机点火和喷油的控制被切断，汽车无法启动，汽车的中央计算机也就能容易地防止短路点火，实现防盗功能。

RFID 系统为该汽车防盗系统的核心组成部分。一般由标签（TAG，即射频卡）、阅读器、射频天线三部分组成。标签由耦合元件及芯片组成，含有内置天线，用于和射频天线间通信；阅读器用于读取（在读写卡中还可以写入）标签信息；射频天线用于在标签和读取器间传递射频信号。系统的基本工作流程是阅读器通过射频天线发送一定频率的射频信号；射频卡进入射频天线工作区域时即产生感应电流，射频卡获得能量被激活，然后由射频卡将自身编码等信息通过卡内天线发送出去；射频天线接收到从射频卡发送来的载波信号，并经调节器传送到阅读器后，阅读器对接收的信号进行解调和解码，然后送到后台主系统进行相关处理；主系统根据逻辑运算判断该卡的合法性，同时针对不同的设定做出相应的处理和控制，并发出指令信号控制执行机构动作。

3.5.5　仓库管理系统

随着供应链管理的快速发展，仓储管理已成为供应链管理中一个重要的组成环节。越来越多的仓库管理系统采用了计算机化和自动化以提高仓储这个环节的工作效率，进而提高整个供应链的效率。作为一种新型的数据采集工具，无线射频技术（RFID）凭借其自身的优势广泛地应用于各个领域后，仓库管理也逐渐采用了这种技术。RFID 仓库系统主要应用于仓库管理系统中的入库、出库、盘点等流程。

（1）入库。入库管理中主要解决的是以下两个问题：一是入库商品信息的正确获取，即信息采集；二是确定入库后商品的实际存储位置。在入库管理中使用 RFID 技术的主要的是减少商品入库过程所消耗的时间，增加入库过程中的准确性。具体流程包括：

① 供应商先把商品信息发至仓库管理系统；

② 货品放在托盘上，RFID 天线读取数据；

③ 将读到的数据与数据库进行比较，无误差或者误差在规定范围内则将入库信息转换成库存信息，若出现错误则输出错误提示，交工作人员解决。

（2）出库管理。在出库管理中使用 RFID 技术的主要目标是提高商品出库效率和装载的准确性，主要解决三个问题：

① 待出库产品的选择，即拣货；

② 正确获取出库商品的信息，即信息采集；

③ 确保商品装载到正确的运输工具上。

仓库管理系统按照拣选方案安排订单拣选任务，拣选人扫描货物的电子标签和货位的条形码，确认拣选正确，货物的存货状态转换成待出库。货物出库时，通过出库口通道处的 RFID 读取机，货物信息转入 WMS 系统并与订单进行对比，若无误则顺利出库，库存量变少，若出现错误则由 WMS 输出错误提示[35]。将货物装载区域统一地纳入定位系统管理的范围，当商品抵达该区域时即视为装载到了该区域停靠的车辆上，这样就是确保了转载的可靠性。

（3）盘点的作用是保证库存实物与信息系统中逻辑记录的一致性。使用 RFID 技术，仓库管理员接到盘点指令后携带手持单元进入库区时，主控系统将记录执行此次盘点任务的手持设备已经进入库区；依次遍历全部货位并将所收集到的全部货品信息通过无线网络实时地传送给主控计算机；遍历完全部货位并携带手持设备出库时，主控系统将记录执行此次盘点任务的手持设备已经离开库区，将发送过来的全部货品信息与主控计算机的盘点单中的全部货品内容互相比对，并将盘点结果告知仓库管理员。采用 RFID 的库内管理可以降低人工劳动强度，提高盘点效率。

3.5.6　医疗管理系统

医疗行业的竞争已从医疗环境、医疗人才的竞争转移到医院信息处理能力及医院工作效率的竞争，医疗设备管理对医院的整个系统有很大的影响。医院以往的设备管理业务，通常都是由管理科室的管理人员按照资产清单对照实物逐件确认，再将确认后的信息输入到服务器中进行更新。这种传统方法不仅劳动强度大，而且还存在影响医院工作正常进行的问题。利用 RFID 技术对医疗设备进行管理，其高效率的信息处理方式可以保证医疗设备在第一时间得到恰当处理，减少人工管理的中间环节，从而避免设备管理的差错，提高管理质量与效率。把 RFID 技术应用在医疗设备管理上，将改变医院长期以来设备信息难于管理的局面，同时将提高我国医疗事业的自动化程度。

基于 RFID 技术的医疗设备管理系统从信息方面来看由四部分组成[36]。

（1）应用前端。由 RFID 电子标签、移动数据终端组成。通过无源 RFID 电子标签实现与一般设备的基本信息的关联；Symbol 的移动数据终端（PDA）集成了 RFID 读取模块和条形码读取模块，通过读取 RFID 电子标签信息，实时获取该设备的所有信息，并通过 802.11 无线连接传递数据。

（2）网络传输平台。无线交换网络平台：以无线交换机以及天线形成全面覆盖，为移动应用提供物理平台。

（3）数据交换平台。中间件：提供医院 HIS 数据中心与系统前端应用之间的数据交互服务。

（4）HIS 医院信息系统。该系统是整个医院的数据基础，包含了 CIS、LIS、PACS、MIS、BIS 以及今后将建设的其他数据库服务，以保证设备管理信息的收集、存储、处理、提取和数据交换。

 ## 小结

本章主要介绍了无线识别技术的基本组成、工作原理及按照不同方式对无线识别技术的分类。同时从身份识别、安全防伪、资产管理和图书管理方面阐述了 RFID 技术的应用。RFID 技术在国内发展迅速，也被应用到物联网领域，因此在本章最后列举了几个 RFID 技术在物联网中的应用实例。随着传感、测控、通信、网络、计算机等技术的不断完善，RFID 技术会渗透到各个行业，遍布人们生活的各个方面。

 ## 习题

1. 什么是无线识别技术？
2. 简述无线识别技术的基本组成。
3. 简述无线识别技术的基本工作原理。
4. 无线识别技术经历了哪几个发展阶段？
5. 简述无线识别技术在物联网中的应用。

第4章 全球定位系统

学习重点

本章4.1节对全球定位系统进行了概述，4.2节、4.3节和4.4节详细介绍了GPS、GLONASS和中国北斗卫星导航系统的基本情况，第5节列举了全球定位系统在物联网中的应用。

说起指南针，人们非常熟悉。它作为我国古代的四大发明之一，对世界文明的发展做出了巨大的贡献。但是，由于地磁场分布不均，使指南针的使用受到了很大限制。为了适应社会发展对空间定位的需求，导航系统应运而生。这些系统提供了人们在地球任何位置都能通过卫星精确、实时地确定自己的空间坐标，在物联网中，全球定位系统是获取空间位置信息的主要工具，具有重要的应用价值。本章第 1 节对全球定位系统进行了概述，第 2 节、第 3 节和第 4 节详细介绍了 GPS 系统、GLONASS 和中国北斗卫星导航系统基本情况，第 5 节列举了全球定位系统在物联网中的应用。

4.1　概述

导航是将载体从一个位置引导到另一个位置的过程。人类在生产和生活实践中发明了多种定位和定向方法，如根据夜空中的北斗七星确认方向，利用"司南"和罗盘等装置确定方位。随着科技的发展，出现了许多新的导航技术。例如，惯性导航、天文导航、无线电导航、卫星导航以及多种方法的组合导航等。

卫星导航是目前发展最迅速、应用最为广泛的导航技术。大家熟知的 GPS（Global Positioning System）是美国军方建造的全球定位系统，是卫星导航系统的一种。除 GPS 外，还有欧洲的 GALILEO（伽利略）系统、俄罗斯的 GLONASS 以及中国的北斗（COMPASS）卫星导航系统。卫星导航系统主要由三部分组成，分别是导航卫星、地面台站和用户定位设备。导航卫星（Navigation Satellite）是卫星导航系统的空间部分，由多颗导航卫星构成空间导航网；地面台站主要是跟踪、测量和预报卫星轨道并对卫星上设备和工作进行控制管理，通常包括跟踪站、遥测站、计算中心、注入站及时间统一系统等部分；用户定位设备通常由接收机、定时器、数据预处理器、计算机和显示器等组成。

卫星导航系统的工作原理如图 4-1 所示，导航卫星装有专用的无线电导航设备，用户接收导航卫星发来的无线电导航信号，通过时间测距或多普勒测速分别获得用户相对于卫星的距离或距离变化率等参数，并根据卫星发送的时间、轨道参数，求出在定位瞬间卫星的实时位置坐标，从而定出用户的地理位置坐标（二维或三维坐标）和速度矢量分量。由多颗导航卫星构成导航卫星网（导航星座），具有全球和近地空间的立体覆盖能力，实现全球无线电导航。

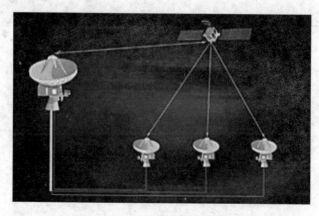

图 4-1　全球定位系统基本原理

4.2　GPS

　　GPS（Global Positioning System）又称全球卫星定位系统，是一个中距离圆型轨道卫星导航系统。它可以为地球表面绝大部分地区（98%）提供准确的定位、测速和高精度的时间标准。系统由美国国防部研制和维护，可满足位于全球任何地方或近地空间的军事用户连续精确确定三维位置、三维运动和时间的需要。该系统包括太空中的 24 颗 GPS 卫星、地面上的 1 个主控站、3 个数据注入站和 5 个监测站及作为用户端的 GPS 接收机。最少只需其中 3 颗卫星，就能迅速确定用户端在地球上所处的位置及海拔高度；所能收连接到的卫星数越多，解码出来的位置就越精确。

　　该系统由美国政府于 20 世纪 70 年代开始研制并于 1994 年全面建成。使用者只需拥有 GPS 接收机即可使用该服务，无需另外付费。GPS 信号分为民用的标准定位服务（SPS，Standard Positioning Service）和军规的精确定位服务（PPS，Precise Positioning Service）两类。由于 SPS 无须任何授权即可任意使用，原本美国因为担心敌对国家或组织会利用 SPS 对美国发动攻击，故在民用信号中人为地加入选择性误差（即 SA 政策，Selective Availability）以降低其精确度，使其最终定位精确度大概在 100 米左右；军规的精度在十米以下。2000 年以后，克林顿政府决定取消对民用信号的干扰。因此，现在民用 GPS 也可以达到十米左右的定位精度。

　　GPS 拥有如下多种优点：全天候，不受任何天气的影响；全球覆盖（高达 98%）；三维定速定时高精度；快速、省时、高效率；应用广泛、多功能；可移动定位；不同于双星定位系统，使用过程中接收机不需要发出任何信号，增加了隐蔽性，提高了其军事应用能力。

4.2.1　GPS 的简介

1. GPS 发展历程

　　（1）前身。GPS 的前身为美军研制的一种子午仪卫星定位系统（Transit），于 1958 年研制，1964 年正式投入使用。该系统用由 5 到 6 颗卫星组成的星网工作，每天最多绕过地球 13 次，并且无法给出高度信息，在定位精度方面也不尽如人意。然而，子午仪系统使得研发部门对卫星定位取得了初步的经验，并验证了由卫星系统进行定位的可行性，为 GPS 的研制做了很好的铺垫。由于卫星定位显示出在导航方面的巨大优越性及子午仪系统存在对潜艇和舰船导航方面的巨大缺陷。美国海陆空三军及民用部门都感到迫切需要一种新的卫星导航系统。为此，美国海军研究实验室（NRL）提出了名为 Tinmation 的用 12 到 18 颗卫星组成 10 000 km 高度的全球定位网计划，并于 1967 年、1969 年和 1974 年各发射了一颗试验卫星，在这些卫星上初步试验了原子钟计时系统，这是 GPS 精确定位的基础。而美国空军则提出了 621-B，以每星群 4 到 5 颗卫星组成 3 至 4 个星群的计划，这些卫星中除 1 颗采用同步轨道外其余的都使用周期为 24h 的倾斜轨道。该计划以伪随机码（PRN）为基础传播卫星测距信号，功能强大，当信号密度低于环境噪声的 1% 时也能将其检测出来。伪随机码的成功运用是 GPS 取得成功的一个重要基础。

海军的计划主要用于为舰船提供低动态的 2 维定位，空军的计划能提供高动态服务，然而系统过于复杂。由于同时研制两个系统会花费巨大的费用，而且这里两个计划都是为了提供全球定位而设计的，所以 1973 年美国国防部将两者合二为一，并由国防部牵头的卫星导航定位联合计划局（JPO）领导，还将办事机构设立在洛杉矶的空军航天处。该机构成员众多，包括美国陆军、海军、海军陆战队、交通部、国防制图局、北约和澳大利亚的代表。

（2）计划。最初的 GPS 计划在联合计划局的领导下诞生了，该方案将 24 颗卫星放置在互成 120° 的 6 个轨道上。每个轨道上有 4 颗卫星，地球上任何一点均能观测到 6 至 9 颗卫星。这样，粗码精度可达 100 m，精码精度为 10 m。由于预算压缩，GPS 计划不得不减少卫星发射数量，改为将 18 颗卫星分布在互成 60° 的 6 个轨道上。然而这一方案使得卫星可靠性得不到保障。1988 年又进行了最后一次修改：21 颗工作星和 3 颗备份星工作在互成 30° 的 6 条轨道上。这也是现在 GPS 卫星所使用的工作方式。

（3）计划实施。GPS 计划的实施共分三个阶段：

1）第一阶段为方案论证和初步设计阶段

从 1978 年到 1979 年，由位于加利福尼亚的范登堡空军基地采用双子座火箭发射 4 颗试验卫星，卫星运行轨道长半轴为 26 560 km，倾角 64°。轨道高度 20 000 km。这一阶段主要研制了地面接收机及建立地面跟踪网，结果令人满意。

2）第二阶段为全面研制和试验阶段

从 1979 年到 1984 年，又陆续发射了 7 颗称为 BLOCK I 的试验卫星，研制了各种用途的接收机。实验表明，GPS 定位精度远远超过设计标准，利用粗码定位，其精度就可达 14 m。

3）第三阶段为实用组网阶段

1989 年 2 月 4 日第一颗 GPS 工作卫星发射成功，这一阶段的卫星称为 BLOCK II 和 BLOCK IIA。此阶段宣告 GPS 进入工程建设状态。1993 年底使用的 GPS 网即（21+3）GPS 星座已经建成，之后将根据计划更换失效的卫星。

2. GPS 的功能

- 精确定时：广泛应用在天文台、通信系统基站、电视台中。
- 工程施工：道路、桥梁、隧道的施工中大量采用 GPS 设备进行工程测量。
- 勘探测绘：野外勘探及城区规划中都有用到。
- 导航：
  - a. 武器导航：精确制导导弹、巡航导弹。
  - b. 车辆导航：车辆调度、监控系统。
  - c. 船舶导航：远洋导航、港口/内河引水。
  - d. 飞机导航：航线导航、进场着陆控制。
  - e. 星际导航：卫星轨道定位。
  - f. 个人导航：个人旅游及野外探险。
- 定位：

    a. 车辆防盗系统。

    b. 手机，PDA、PPC 等通信移动设备防盗、电子地图、定位系统。

    c. 儿童及特殊人群的防走失系统。

- 精准农业：农机具导航、自动驾驶，土地高精度平整。
- 授时：用于给电信基站、电视发射站等提供精确同步时钟源。

3. GPS 的六大特点

- 全天候，不受任何天气的影响；
- 全球覆盖（高达 98%）；
- 三维定点定速定时高精度；
- 快速、省时、高效率；
- 应用广泛、多功能；
- 可移动定位。

4.2.2　GPS 的组成

GPS 主要由空间星座部分、地面监控部分和用户设备部分组成。

1. 空间星座部分

GPS 卫星星座由 24 颗卫星组成，其中 21 颗为工作卫星，3 颗为备用卫星。24 颗卫星均匀分布在 6 个轨道平面上，即每个轨道面上有 4 颗卫星。卫星轨道面相对于地球赤道面的轨道倾角为 55°，各轨道平面的升交点的赤经相差 60°，一个轨道平面上的卫星比西边相邻轨道平面上的相应卫星升交角距超前 30°。这种布局的目的是保证在全球任何地点、任何时刻至少可以观测到 4 颗卫星[37]。

GPS 卫星是由洛克菲尔国际公司空间部研制的，卫星重 774 kg，使用寿命为 7 年。卫星采用蜂窝结构，主体呈柱形，直径为 1.5 m。卫星两侧装有两块双叶对日定向太阳能电池帆板（BLOCK I），全长 5.33 m 接受日光面积为 7.2 m²。对日定向系统控制两翼电池帆板旋转，使板面始终对准太阳，为卫星不断提供电力，并给三组 15 A·h 镍镉电池充电，以保证卫星在地球阴影部分能正常工作。在星体底部装有 12 个单元的多波束定向天线，能发射张角大约为 30° 的两个 L 波段（19 cm 和 24 cm 波）的信号。在星体的两端面上装有全向遥测遥控天线，用于与地面监控网的通信。此外卫星还装有姿态控制系统和轨道控制系统，以便使卫星保持在适当的高度和角度，准确对准卫星的可见地面。

由 GPS 的工作原理可知，星载时钟的精确度越高，其定位精度也越高。早期试验型卫星采用由霍普金斯大学研制的石英振荡器，相对频率稳定度为 10^{-11}/s，误差为 14m。1974 年以后，GPS 卫星采用铷原子钟，相对频率稳定度达到 10^{-12}/s，误差 8 m。1977 年，BOKCK II 型采用了马斯频率和时间系统公司研制的铯原子钟后相对稳定频率达到 10^{-13}/s，误差则降为 2.9 m。1981 年，休斯公司研制的相对稳定频率为 10^{-14}/s 的氢原子钟使 BLOCK IIR 型卫星误差仅为 1 m。

2．地面监控部分

地面监控部分主要由 1 个主控站（Master Control Station，MCS）、4 个地面天线站（Ground Antenna）和 6 个监测站（Monitor Station）组成[38]。主控站位于美国科罗拉多州的谢里佛尔空军基地，是整个地面监控系统的管理中心和技术中心。另外还有一个位于马里兰州盖茨堡的备用主控站，在发生紧急情况时启用。注入站目前有 4 个，分别位于南太平洋马绍尔群岛的瓜加林环礁，大西洋上英国属地阿森松岛，英属印度洋领地的迪戈加西亚岛和位于美国本土科罗拉多州的科罗拉多斯普林斯。注入站的作用是把主控站计算得到的卫星星历、导航电文等信息注入到相应的卫星。注入站同时也是监测站，另外还有位于夏威夷和卡纳维拉尔角 2 处监测站，故监测站目前有 6 个。监测站的主要作用是采集 GPS 卫星数据和当地的环境数据，然后发送给主控站。

3．用户设备部分

用户设备主要是 GPS 接收机，主要作用是从 GPS 卫星收到信号并利用传来的信息计算用户的三维位置及时间。

4.2.3　GPS 信号

1．定位误差来源与分析

GPS 定位在过程中出现的各种误差根据来源可分为三类：与卫星有关的误差、与信号传播有关的误差及与接收机有关的误差。这些误差对 GPS 定位的影响各不相同，且误差的大小还与卫星的位置、待定点的位置、接收机设备、观测时间、大气环境以及地理环境等因素有关。针对不同的误差有不同的处理方法。

2．差分技术

为了使民用的精确度提升，科学界发展另一种技术，称为差分全球定位系统（Differential GPS，DGPS）。亦即利用附近的已知参考坐标点（由其他测量方法所得），来修正 GPS 的误差。再把这个即时（real time）误差值加入本身坐标运算的考虑，便可获得更精确的值 [37,38,39]。

GPS 分为 2D 导航和 3D 导航，在卫星信号不够时无法提供 3D 导航服务，而且海拔高度精度明显不够，有时达到 10 倍误差。但是在经纬度方面经改进误差很小。卫星定位仪在高楼林立的地区捕捉卫星信号要花较长时间。

4.2.4　GPS 的观测数据

GPS 卫星在空中昼夜不停地连续发送带有时间和位置信息的无线电信号，供 GPS 接收机接收。卫星时间是由星载原子钟产生的，卫星的位置信息（卫星轨道参数，又称星历）则是由地面控制站定时发送给卫星，称为"注入"，然后通过卫星广播给用户接收机。

利用三角测量学方法，测量三个或三个以上的卫星至 GPS 接收机间的距离，从距离来确定 GPS 接收机在地球或空中的位置。由于要确定接收机的三维位置，所以至少要接收 3 个以上卫星的信号。

距离的确定是通过测量卫星信号由卫星到达接收机的时间（间隔）来实现的。接收机接收到信号的时刻与卫星发送信号的时刻之间有一段时间间隔，通常这个时间间隔称为时延。卫星和接收机同时产生同样的伪随机码，一旦两个码实现时间同步，接收机便能测定时延，将时延乘上光速，便能得到距离。

卫星上装有精度极高的原子时钟，可确保时延测量的高精度。但接收机的时钟一般并不是原子时间，所以常常需要第 4 个卫星的信号作为确定时间的参照，从而修正接收机时钟造成的距离误差。

GPS 卫星运行过程中，其轨道和原子时钟均会发生变化，美国国防部通过观测站网监测其变化，并由主控站通过上行通信链路，定期以导航电文的形式向卫星注入相关导航参数及其误差改正信息，并随同信号广播向外发送。

近地空间的电离层和中性大气（对流层）均会引起 GPS 信号时延，导致定位误差。利用数学方法或模型，对实时测量结果进行处理，可以消除这些误差，提高精度，支持 GPS 的多种多样的应用和服务。

1. GPS 的导航电文

GPS 卫星发送的导航电文是 50 bit/s 的连续的数据流，每颗卫星都同时向地面发送以下信息：系统时间、时钟校正值、自身精确的轨道数据、其他卫星的近似轨道信息、电离层模型参数和世界协调时（UTC）数据等系统状态信息。

导航电文用于计算卫星当前的位置和信号传输的时间，从而使 GPS 接收机在接收导航电文后能确定自身的位置。每个卫星独自将数据流调制成高频信号，数据传输时按逻辑分成不同的帧，每一帧有 1 500 bit，传输时间需 30 s。每一帧可分为 5 个子帧，每子帧有 300 bit，传输时间为 6 s。每 25 帧构成一个主帧，传输一个完整的历书需要 1 个主帧，也就是需要 12.5 min。一个 GPS 接收机要实现其功能至少要接收一个完整的历书。GPS 卫星导航电文结构如图 4-2 所示[38]。

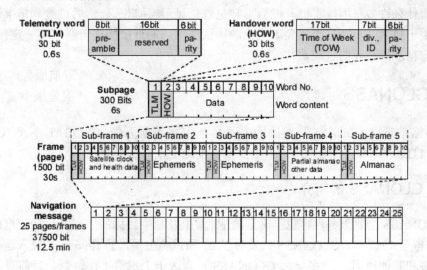

图 4-2　GPS 导航电文

2．GPS 的伪随机噪声码

GPS 信号利用码分多址（CDMA）方式，所有的卫星都工作在同样的频率上，采用伪随机噪声码（PRN），这是 GPS 信号的基本特点，实际上它只是一种非常复杂的数字编码，具有特殊的数学特征。这种信号看起来如同随机的电噪声，但是又不是真正的噪声，故称为"伪随机噪声"，信号为伪随机噪声码，如图 4-3 所示[39]。

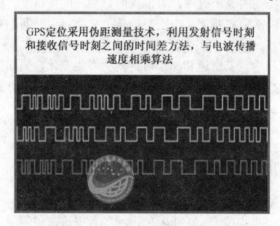

图 4-3　GPS 的"伪随机噪声"信号

GPS 有两种伪随机码：

第一种为粗捕获（C/A）码，主要提供给民用，它调制在 L1 载波上。其调制频率是 1.023 MHz，每 1 ms（1 023 bit）码将重复一次。每个 GPS 卫星有其独特的伪随机码。粗捕获码的码元宽度较大，通常测距误差为 2.93～29.3 m。

第二种为精准捕获（P）码，是和粗捕获码对应的精测码，它每 7 天才重复一次，以 10.23 MHz 的频率调制在 L1 和 L2 载波上。这种码供军事应用，是加密的。当它加密时，则被称为"Y"码。由于精准码比粗捕获码复杂得多，所以信号捕获要困难得多，这就是为什么许多军用接收机开机后常常是首先显示粗捕获码，然后过渡到精准码捕获。当然，由于技术的不断进步，美国人已解决了精准码的直接捕获问题，不一定需要有粗捕获码向精准码过渡的过程。

4.3　GLONASS

"格洛纳斯 GLONASS"是俄语中"全球卫星导航系统 GLOBAL NAVIGATION SATELLITE SYSTE"的缩写，是由俄罗斯研发的卫星导航系统。

4.3.1　GLONASS 的简介

GLONASS 主要服务内容包括确定陆地、海上及空中目标的坐标及运动速度信息等。自 1982 年至 1987 年，GLONASS 共发射了 27 颗试验卫星，于 1996 年初投入运行使用。鉴于经济和其他原因，10 多年来 GLONASS 一直未走上正常工作轨道，目前有 10 余颗卫星在工作。GLONASS 卫星如图 4-4 所示，群空间结构示意图如图 4-5 所示。

图 4-4　GLONASS 卫星

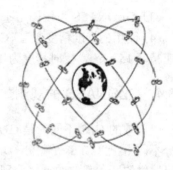

图 4-5　GLONASS 卫星星座示意图

4.3.2　GLONASS 的组成

GLONASS 系统由卫星星座、地面监测控制站和用户设备 3 部分组成[40]。

1. GLONASS 星座

GLONASS 星座由 27 颗工作星和 3 颗备份星组成，所以 GLONASS 星座共由 30 颗卫星组成。27 颗星均匀地分布在 3 个近圆形的轨道平面上，这 3 个轨道平面两两相交 120°，每个轨道面有 8 颗卫星，同平面内的卫星之间相交 45°，轨道高度 23 600 km，运行周期 11h 15 min，轨道倾角 64.8°。

2. 地面支持系统

地面支持系统由系统控制中心、中央同步器、遥测遥控站（含激光跟踪站）和外场导航控制设备组成。地面支持系统的功能由俄罗斯境内的许多场地来完成。系统控制中心和中央同步处理器位于莫斯科，遥测遥控站位于圣彼得堡、捷尔诺波尔、埃尼谢斯克和共青城。

3. 用户设备

GLONASS 用户设备（即接收机）能接收卫星发射的导航信号，并测量其伪距和伪距变化率，同时从卫星信号中提取并处理导航电文。接收机处理器对上述数据进行处理并计算出用户所在的位置、速度和时间信息。GLONASS 提供军用和民用两种服务。GLONASS 绝对定位精度水平方向为 16 m，垂直方向为 25 m。目前，GLONASS 系统的主要用途是导航定位，当然与 GPS 一样，也可以广泛应用于各种等级和种类的定位、导航和时频领域等。

4.3.3　GLONASS 信号

GLONASS 目前的载波频率是 1 602.0～1 614.94 MHz，计划在 2005 年以前将载波频率转移到 1 602.0～1 609.31 MHz，2005 年之后再转移到 1 598.06～1 605.38MHz。

（1）GLONASS 卫星的识别方法采用频分复用制，L1 频率为 1.602～1.616 GHz，频道间隔为 0.562 5 MHz；L2 频率为 1.246～1.256 GHz，频道间隔为 0.437 5 MHz。

（2）GLONASS 卫星上均装由激光反射镜，地面控制站组（GCS）对卫星进行激光测距，对测距数据作周期修正。

（3）GLONASS 系统民用不带任何限制，不收费。

（4）民用的标准精度通道（CSA）精度数据为：水平精度为 50～70 m，垂直精度 75 m，测速精度 15 cm/s，授时精度为 1 μs。

4.3.4　GLONASS 的观测数据

与美国的 GPS 不同的是 GLONASS 采用频分多址（FDMA）方式，根据载波频率来区分不同卫星（GPS 是码分多址，CDMA，根据调制码来区分卫星）。每颗 GLONASS 卫星发射的两种载波的频率分别为 L1=1.602+0.562 5k MHz 和 L2=1 246+0.437 5k MHz，其中 k 为 1～24 号卫星的对应频率。所有 GPS 卫星的载波频率都相同，均为 L1=1 575.42 MHz 和 L2=1 227.6 MHz。

GLONASS 卫星的载波上也调制了两种伪随机噪声码：S 码和 P 码。俄罗斯对 GLONASS 系统采用了军民合用、不加密的开放政策。GLONASS 单点定位精度水平方向为 16 m，垂直方向为 25 m。

GLONASS 卫星由质子号运载火箭一箭三星发射入轨，卫星采用三轴稳定体制，整量质量 1 400kg，设计轨道寿命 5 年。所有 GLONASS 卫星均使用精密铷钟作为其频率基准。第一颗 GLONASS 卫星于 1982 年 10 月 12 日发射升空。到目前为止，共发射了 80 余颗 GLONASS 卫星，最近一次是 2000 年 10 月 13 日发射了三颗卫星。截止到 2001 年 1 月 10 日为止尚有 10 颗 GLONASS 卫星正在运行。

为进一步提高 GLONASS 系统的定位能力，开拓广大的民用市场，俄政府计划用 4 年时间将其更新为 GLONASS-M 系统。内容有：改进一些地面测控站设施；延长卫星的在轨寿命到 8 年；实现系统高的定位精度：位置精度提高到 10～15 m，定时精度提高到 20～30 ns，速度精度达到 0.01 m/s。

另外，俄计划将系统发播频率改为 GPS 的频率，并得到美罗克威尔公司的技术支援。GLONASS 的主要用途是导航定位，当然与 GPS 一样，也可以广泛应用于各种等级和种类的测量应用、GIS 应用和时频应用等。

4.4　北斗卫星导航系统

中国作为发展中国家，拥有广阔的领土和海域，高度重视卫星导航系统的建设，一直在努力探索拥有自主知识产权的卫星导航定位系统。目前，中国正在建设的全球卫星导航系统——北斗卫星导航系统[BeiDou（Compass）Satellite Navigation System]是全球卫星导航系统四大成员之一。

自 2000 年以来，中国成功发射了 3 颗北斗导航试验卫星，组成北斗卫星导航试验系统。在建的北斗卫星导航系统的空间段由 5 颗静止轨道卫星和 30 颗非静止轨道卫星组成；地面段包括主控站、注入站和监测站等若干个地面站；用户段包括北斗用户终端以及与其他卫星导航系统兼容的终端。

北斗卫星导航系统提供两种服务方式，即开放服务和授权服务。开放服务包括在服务区内免费提供定位、测速和授时服务，定位精度为 10 m，授时精度为 20 ns，测速精度为 0.2 m/s。授权服务可以向授权用户提供更安全、精度更高的定位、测速、授时和通信服务以及系统完好性信息。

截至 2010 年 12 月 18 日, 我国已成功发射 7 颗北斗导航卫星。预计在 2012 年左右, 形成由 5 颗静止轨道(GEO)卫星、4 颗中高轨道(MEO)卫星和 3 颗倾斜地球同步轨道(IGSO)卫星组成的星座, 实现亚洲地区无盲点定位导航。届时将在全亚洲范围内, 采取无源卫星定位与有源卫星定位的双重定位模式, 实现自动导航及短报文通信功能。此举将更加有利于北斗卫星导航系统在集团用户大范围监控管理、数据采集、数据传输及定位通信综合应用等领域的推广应用。覆盖全球的北斗卫星导航系统, 预计在 2020 年左右建成。

4.4.1 北斗卫星导航系统的简介

COMPASS 是北斗卫星导航系统的英文名称, 是中国卫星导航系统的总称[41]。从目前来说, 可以将 COMPASS 建设过程分为两个阶段, 第一阶段是试验系统, 即北斗卫星导航试验系统, 又称为双星定位系统, 或者有源定位系统, 因为它是通过双向通信方式来实现中心定位。从 2005 年开始, 我国实施新一代卫星导航系统的建设, 这是与国际上GPS/GLONASS/GALILEO 系统类似的系统, 称为无源定位系统, 接收机接收到是卫星广播的导航信号, 由接收终端来实现位置结算。该系统有望在 2011—2012 年间形成由12 个卫星组成的、能够覆盖我国和周边地区的区域服务能力的星座, 并且在 2020 年前, 视情况和需要拓展为全球服务的星座。其全球星座由 35 个卫星构成, 其中 5 个是地球静止轨道(GEO)卫星、3 个是地球同步倾斜轨道(IGSO)卫星, 还有 27 个地球中轨道(MEO)卫星。

2000 年以来, 中国已成功发射了 3 颗"北斗 1 号导航试验卫星", 建成北斗导航试验系统。这个系统具备在中国及其周边地区范围内的定位、授时、报文和 GPS 广域差分功能, 目前正在建设的北斗卫星导航系统的空间段由 5 颗地球静止轨道卫星和 30 颗非地球静止轨道卫星组成, 提供两种服务方式, 即开放服务和授权服务。

开放服务是在服务区免费提供定位、测速和授时服务, 定位精度为 10 m, 授时精度为 20 ns, 测速精度为 0.2 m/s。授权服务是向授权用户提供更安全的定位、测速、授时和通信服务以及系统完好性信息。然后根据发展需要逐步扩展为全球卫星导航系统, 至2020 年前形成全球服务能力。北斗卫星导航系统如图 4-6 所示。

图 4-6 北斗导航卫星系统

4.4.2　北斗卫星导航系统的组成

北斗卫星导航系统由空间段、地面段和用户段三部分组成，如图 4-7 所示。

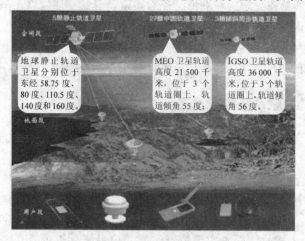

图 4-7　北斗导航卫星系统组成

1．空间段

空间段包括 5 颗静止轨道卫星和 30 颗非静止轨道卫星。地球静止轨道卫星分别位于东经 58.75°、80°、110.5°、140°和 160°。非静止轨道卫星由 27 颗中圆轨道卫星和 3 颗倾斜同步轨道卫星组成。

2．地面段

地面段（见图 4-8）包括主控站、注入站和监控站等若干个地面站。

主控站主要任务是收集各个监测站的观测数据，进行数据处理，生成卫星导航电文和差分完好性信息，完成任务规划与调度，实现系统运行管理与控制等。

注入站主要任务是在主控站的统一调度下，完成卫星导航电文、差分完好性信息注入和有效载荷的控制管理。

监测站接收导航卫星信号，发送给主控站，实现对卫星的跟踪、监测，为卫星轨道确定和时间同步提供观测资料。

图 4-8　北斗导航卫星系统——地面段

3. 用户段

用户段（见图 4-9）包括北斗系统用户终端以及与其他卫星导航系统兼容的终端。北斗卫星导航系统采用卫星无线电测定（RDSS）与卫星无线电导航（RNSS）集成体制，既能像 GPS、GLONASS、GALILEO 系统一样，为用户提供卫星无线电导航服务，又具有位置报告及短报文通信功能。

图 4-9　北斗卫星导航系统——用户段

发射时间

北斗一号导航定位卫星的发射时间分别为：

- 2000 年 10 月 31 日，西昌卫星发射中心成功发射北斗导航试验卫星北斗-1A。
- 2000 年 12 月 21 日，西昌卫星发射中心成功发射北斗导航试验卫星北斗-1B。
- 2003 年 5 月 25 日，西昌卫星发射中心成功发射北斗导航试验卫星北斗-1C。
- 2007 年 2 月 3 日，西昌卫星发射中心成功发射北斗导航试验卫星北斗-1D。

北斗二号导航定位卫星的发射时间分别为：

- 2007 年 4 月 14 日 04 时 11 分，第一颗北斗导航卫星北斗-M1)从西昌卫星发射中心被"长征三号甲"运载火箭送入太空。
- 2009 年 4 月 15 日，第二颗北斗导航卫星北斗-G2)由长征三号丙火箭顺利发射，位于地球静止同步轨道。
- 2010 年 1 月 17 日，西昌卫星发射中心用长征三号丙运载火箭发射第三颗北斗导航卫星北斗-G1)。
- 2010 年 6 月 2 日夜间，第四颗北斗导航卫星北斗-G3)在西昌卫星发射中心由"长征三号丙"运载火箭成功送入太空预定轨道。
- 2010 年 8 月 1 日 05 时 30 分，第五颗北斗导航卫星北斗-I1)在西昌卫星发射中心由"长征三号甲"运载火箭成功送入太空轨道，这是长征系列运载火箭第 126 次飞行。
- 2010 年 11 月 1 日 00 时 26 分，第六颗北斗导航卫星北斗-G4)在西昌卫星发射中心由"长征三号丙"运载火箭成功送入太空，这是长征系列运载火箭的第 133 次飞行。
- 2010 年 12 月 18 日 04 时 20 分，第七颗北斗导航卫星北斗-I2)在西昌卫星发射中心由"长征三号甲"运载火箭成功送入太空，这是长征系列运载火箭的第 136 次飞行，亦是该年中国的最后一次发射。
- 2011 年 4 月 10 日 04 时 47 分，第八颗北斗导航卫星北斗-I3)在西昌卫星发射中心有"长征三号甲"运载火箭成功送入太空预定转移轨道。此次发射是长征系列火箭的第 137 次发射，标志着中国航天 2011 年高密度发射拉开序幕，同时也是"十二五"期间的首次航天发射。

表 4-1 给出了北斗卫星的组成。

表 4-1 北斗导航卫星——卫星组成

日　　期	火　　箭	卫　　星	轨　　道	使用状况	系统世代
2000-10-31	长征三号 A	北斗-1A	地球静止轨道 59° E	失效, 达到预计寿命	北斗一号
2000-11-21	长征三号 A	北斗-1B	地球静止轨道 80° E	正常	
2003-5-25	长征三号 A	北斗-1C	地球静止轨道 110.5° E	正常, 备份星	
2007-2-3	长征三号 A	北斗-1D	超同步轨道	失效, 脱离轨道	
2007-4-14	长征三号 A	北斗-M1	中地球轨道~21 500 km	正常, 测试星	北斗二号
2009-4-15	长征三号 C	北斗-G2	飘忽不定	失效, 脱离轨道	
2010-1-17	长征三号 C	北斗-G1	地球静止轨道 144.5° E	正常	
2010-6-2	长征三号 C	北斗-G3	地球静止轨道 84° E	正常	
2010-8-1	长征三号 A	北斗-I1	倾斜地球同步轨道倾角 55°	正常	
2010-11-1	长征三号 C	北斗-G4	地球静止轨道 160° E	正常	
2010-12-18	长征三号 A	北斗-I2	倾斜地球同步轨道倾角 55°	正常	
2011-4-10	长征三号 A	北斗-I3	倾斜地球同步轨道倾角 55°	正常	

4.4.3　北斗卫星导航信号

系统在 L、S 频段发播导航信号，L 频段 B1、B2 和 B3 三个频点上发射开放和授权服务信号。北斗导航卫星信号如图 4-12 所示。

图 4-10　北斗导航卫星信号

B1：1 559.052 MHz～1 591.788 MHz

B2：1 166.22 MHz～1 217.37 MHz

B3：1 250.618 MHz～1 286.423 MHz

4.4.4　北斗卫星导航的观测数据

北斗一号卫星导航系统的工作过程是：首先由中心控制系统向卫星 I 和卫星 II 同时发送询问信号，经卫星转发器向服务区内的用户广播。用户响应其中一颗卫星的询问信号，并同时向两颗卫星发送响应信号，经卫星转发回中心控制系统。中心控制系统接收并解调用户发来的信号，然后根据用户的申请服务内容进行相应的数据处理。对定位申请，中心控制系统测出两个时间延迟：即从中心控制系统发出询问信号，经某一颗卫星转发到达用户，用户发出定位响应信号，经同一颗卫星转发回中心控制系统的延迟；和从中心控制发出询问信号，经上述同一卫星到达用户，用户发出响应信号，经另一颗卫星转发回中心控制系统的延迟。由于中心控制系统和两颗卫星的位置均是已知的，因此由上面两个延迟量可以算出用户到第一颗卫星的距离，以及用户到两颗卫星距离之和，从而知道用户处于一个以第一颗卫星为球心的一个球面，和以两颗卫星为焦点的椭球面之间的交线上。另外中心控制系统从存储在计算机内的数字化地形图查寻到用户高程值，又可知道用户处于某一与地球基准椭球面平行的椭球面上。从而中心控制系统可最终计算出用户所在点的三维坐标，这个坐标经加密由出站信号发送给用户。

短报文通信：一次可传送多达 120 个汉字的信息。

精密授时：精度达 10 ns。

定位精度：水平精度 100 m（设立标校站之后为 20 m 类似差分状态）。工作频率：2 491.75 MHz。

系统容量：每小时 540 000 户。

4.5　全球定位系统在物联网中应用实例

物联网是将任何物品与互联网相连接，进行信息交换和通信，以实现对物品的智能化识别、定位、跟踪、监控和管理的一种网络。全球定位系统在物联网中将主要起到提供空间位置的作用。

4.5.1　全球定位系统在车辆导航中的应用

具有 GPS 全球卫星定位系统功能，让您在驾驶汽车时随时随地知晓自己的确切位置。汽车导航具有的自动语音导航、最佳路径搜索等功能让您一路捷径、畅行无阻，集成的办公、娱乐功能让您轻松行驶、高效出行！

汽车 GPS 导航由两部分组成：一部分是安装在汽车上的 GPS 接收机和显示设备；另一部分是计算机控制中心，两部分通过定位卫星进行联系。

计算机控制中心是由机动车管理部门授权和组建的，它负责随时观察辖区内指定监控的汽车动态和交通情况，因此整个汽车导航系统起码有两大功能：一个是汽车踪迹监控功能，只要将已编码的 GPS 接收装置安装在汽车上，该汽车无论行驶到任何地方都可以通过计算机控制中心的电子地图指示出它的所在方位；另一个是驾驶指南功能，车主可以将各个地区的交通线路电子图存储在软盘上，只要在车上接收装置中插入软盘，显示屏上就会立即显示出该车所在地区的位置及目前的交通状态，既可输入要去的目的地，预先编制出最佳行驶路线，又可接受计算机控制中心的指令，选择汽车行驶的路线和方向。

车载卫星导航系统的四大要素：卫星信号、信号接收、信号处理和地图数据库。

1．卫星信号

汽车卫星导航系统需要依靠全球定位系统（GPS）来确定汽车的位置。最基本的，GPS 需要知道汽车的经度和纬度。在某些特殊情况下，GPS 还要知道海拔高度才能准确定位。有了这三组数据，GPS 定位的准确性经常就可以达到 2～3 m。

因为 GPS 需要汽车导航系统在同步卫星的直接视线之内才能工作，所以隧道、桥梁、或是高层建筑物都会挡住这直接视线，使得导航系统无法工作。再者，导航系统是利用三角、几何的法则来计算汽车位置的，所以汽车至少要同时在三个同步卫星的视线之下，才能确定位置。在导航系统直接视线范围内的同步卫星越多，定位就越准确。当然，大多数的同步卫星都是在人口密集的大都市的上空，所以当你远离城区时，导航系统的效果就不会太好了甚至根本就不能工作。

2．信号接收

GPS 系统的工作原理是解析从同步卫星那里接收到的信号，投影在竖直的平面上。这些信号可以形象地表示为一个个倒漏斗形。当这些"漏斗"的下半部分有一定的重叠时，GPS 的解析程序就能够计算出汽车所在位置的坐标。在汽车行驶的过程中，一个类似于飞机或轮船导航用的陀螺仪的装置，可以连续地提供汽车的位置。但卫星信号有所间断时，计速器所提供的数据就用来填补其中的空白，并用来记载行驶时间。

3．信号处理

GPS 接收到的信号和计速装置所提供的信息，要通过接收器，提供给汽车导航系统，并由软件系统分析处理，重叠在存储的地图之上。

4．地图数据库

当 GPS 提供的坐标信息重叠到电子地图上时，驾车人就可以看出自己目前的位置以及未来的方向了。最后一个环节叫做成图，也是车载导航系统中最重要的一环。离开了成图，导航系统就等于是没有了方向。

（1）用于汽车自定位、跟踪调度。据丰田汽车公司的统计，日本车载导航系统的市场在 1995 年至 2000 年间平均每年增长 35％以上，全世界在车辆导航上的投资平均每年增长 60.8％，因此，车辆导航将成为未来全球卫星定位系统应用的主要领域之一。我国已有数十家公司在开发和销售车载导航系统。

（2）用于铁路运输管理。我国铁路开发的基于 GPS 的计算机管理信息系统，可以通过 GPS 和计算机网络实时收集全路列车、机车、车辆、集装箱及所运货物的动态信息，可实现列车、货物追踪管理。只要知道货车的车种、车型、车号，就可以立即从近 10 万 km 的铁路网上流动着的几十万辆货车中找到该货车，还能得知这辆货车现在何处运行或停在何处，以及所有的车载货物发货信息。铁路部门运用这项技术可大大提高其路网及其运营的透明度，为货主提供更高质量的服务。

4.5.2　全球定位系统在物流管理中的应用

全球卫星定位系统（GPS）是美军 20 世纪 70 年代初在"子午仪卫星导航定位"技术上发展起来的具有全球性、全能性陆地、海洋、航空（航天）、全天候优势的导航定位、定时、测速系统，由空间卫星系统、地面监控系统、用户接收系统三大子系统构成，已广泛应用于军事和民用等众多领域。在发达国家，GPS 技术已经开始应用于交通运输和道路工程之中。

采用美国 ROCKWELL 公司的 JUPITER-381 型卫星定位接收装备与汽车行驶记录仪组合，提供每秒一次定位精度小于 10 m，存储量高达 4 MB 的记录仪可连续记录 48 小时的汽车行驶路线和车辆运行参数。配合电子地图和监控中心软件可在计算机屏幕上显示车辆运行的轨迹，时间地点，以及在任何时间地点停留的图像。带通信系统的记录仪还可将信息发回控制中心，存储和显示以及跟踪。带显示屏的记录仪可同时当导航仪使用显示汽车的所在位置和前方与后方的地理状况。以及回放汽车运行的路线和显示，行驶的距离，时间，速度，方向的动态图形。当遇到险情或劫持时可启动暗藏的开关，自动将车牌号、出事地点和时间发送回控制中心报警。控制中心将自动跟踪被劫车辆并在大型显示器上显示被劫车辆的车牌号和车辆所在的地点，还可在控制中心遥控被劫车辆。

1．GPS 在汽车导航和交通管理中的应用

（1）车辆跟踪。利用 GPS 和电子地图可以实时显示出车辆的实际位置，并任意放大、缩小、还原、换图；可以随目标移动，使目标始终保持在屏幕上；还可实现多窗口、多车辆、多屏幕同时跟踪，利用该功能可对重要车辆和货物进行跟踪运输。

（2）提供出行路线的规划和导航。规划出行路线是汽车导航系统的一项重要辅助功能，包括：

● 自动线路规划

由驾驶员确定起点和终点，由计算机软件按照要求自动设计最佳行驶路线，包括最快的路线、最简单的路线、通过高速公路路段次数最少的路线等。

● 人工线路设计

由驾驶员根据自己的目的地设计起点、终点和途经点等，自动建立线路库。线路规划完毕后，显示器能够在电子地图上显示设计线路，并同时显示汽车运行路径和运行方法。

（3）信息查询。为用户提供主要物标，如旅游景点、宾馆、医院等数据库，用户能够在电子地图上根据需要进行查询。查询资料可以文字、语言及图像的形式显示，并在电子地图上显示其位置。同时，监测中心可以利用监测控制台对区域内任意目标的所在位置进行查询，车辆信息将以数字形式在控制中心的电子地图上显示出来。

（4）话务指挥。指挥中心可以监测区域内车辆的运行状况，对被监控车辆进行合理调度。指挥中心也可随时与被跟踪目标通话，实行管理。

（5）紧急援助。通过 GPS 定位和监控管理系统可以对遇有险情或发生事故的车辆进行紧急援助。监控台的电子地图可显示求助信息和报警目标，规划出最优援助方案，并以报警声、光提醒值班人员进行应急处理。

GPS 技术在汽车导航和交通管理工程中的研究与应用目前在中国刚刚起步,而国外在这方面的研究早已开始并已取得了一定的成果。美国研制了应用于城市的道路交通管理系统,该系统利用 GPS 和 GIS 建立道路数据库,数据库中包含有各种现时的数据资料,如道路的准确位置、路面状况、沿路设施等,该系统于 1995 年正式运行,为城市道路交通管理起到了重要作用。

GPS 是近年来开发的最具有开创意义的高新技术之一,必然会在诸多领域中得到越来越广泛的应用。相信随着我国经济的发展,以及高等级公路的快速修建和 GPS 技术应用研究的逐步深入,其在现代物流管理中的应用也会更加广泛和深入,并发挥出更大的作用。

2. GPS 定位型汽车行驶记录仪在公路干线应用的优势

(1)摄像功能,可方便看到汽车前方 500 m 路况信息,及时掌握司机、货物状况。

(2)调度控制,发车单位可方便查询正在行驶途中司机位置,并可根据车辆的速度、方向和离目标的距离,判断货运车辆到达的时间,提前做好接车准备,节约时间成本,大大提高工作效率。

(3)对自己掌管的车队,物流公司可以通过监控中心把最新的市场信息反馈给运输车队,实现异地配载,从而使销售商更好地服务客户,管理库存,加快物资和资金的运转,降低各环节的成本,增强国内物流企业的市场竞争力。

(4)由于本系统可实时监控车辆的运行状况,使运输公司和运输管理部门足不出户,就对目前道路上运行的货运车辆情况了如指掌,

(5)在安全保障方面,通过车载单元的报警和通话装置,可及时处理意外事故,保证行车安全。通过 GPS 和电子地图的结合,货车司机可方便地知道自己目前所在地理位置,即使在陌生的城市也不会迷路,迅速到达目标地点,减少运输时间,提高工作效率。

3. GPS 定位型记录仪同城运输应用优势

利用 GPRS 网络,结合 GPS/GIS 定位和计算机网络技术,实现车辆的智能调度与管理,为建立办公自动化系统奠定基础,提高运营整体效率和效益,树立良好企业形象。

(1)GPS 同城车辆监控调度。车辆分布点及车辆分布,要从操作电子地图上察看所有车辆的分布情况,了解到所有车辆在各区域分布的具体位置、行驶状况,可查看车辆分布状态。通过对该功能的使用,可以查到在某个地域内哪些车辆可供使用,也可以了解公司所有在途运输车货的分布情况以及可供使用的车辆依据。

(2)降低车辆空驶。在物流中可及时进行调度和配载,降低车辆空驶率,可对承运货物的车辆进行全程跟踪以保证其安全性,也可实时掌握车货的所在位置提前完成对应工作的安排,加强对司机的管理,彻底解决私拉乱运问题。

(3)区域看车。可根据车辆预计行驶的范围或路线在电子地图上定一个或多个报警区域,当车辆驶出和驶入该区域时终端就会向系统发出报警信息,报警信息会以手机中文短信的方式发送到车载显示器上,告诉手机的持有者是何时、何地、何车因何原因发生了报警。这项功能可用于车辆按指定路线行驶中。设置车辆行驶路线和定点上报功能,既可用于公司也可开放给客户。

(4)连续监控。可根据实际情况设置对车辆进行监控的时间段和位置点上发生的条件。如:在车辆出发前先预计设置行驶的时间对车辆进行监控的上发条件及时间。这样

可达到对车辆进行全程的监控目的，以使有据可查。

（5）当前位置。通过当前位置的查询可以看出车辆当前准确的位置所在、运行的方向和运行速度。一般这个功能只有在意外或特殊情况发生时才会用到，如有报警信息发生需进行救援、急于查看车辆的具体位置进行实时调度等。

（6）历史轨迹通过对历史轨迹的查询。可以看出车辆在行驶过程中的状态、路线，从而规定行驶线路、中途随意停车。根据该车的行驶轨迹，公司与客户都可对货物在途的运输过程有相应的了解，并可将此作为考评依据。

4. GPS 定位型记录仪三方应用优势

GPS 定位型记录仪通过互联网实现信息共享，实现三方应用，车辆使用方、运输公司、接货方对物流中的车货位置及运行情况等都能了如指掌，透明准确，利用三方协调好商务关系，从而获得最佳的物流流程方案，取得最大的经济效益。

（1）车辆使用方，货运、生产厂家等用车单位。运输公司将自己的车辆信息指定开放给合作客户，让客户自己能实时查看车与货的相关信息，能较为直观地在网上看到车辆分布和运行情况，找到适合自己使用的车辆，从而省去不必要的交涉环节，加快车辆的使用频率，缩短运输配货的时间，减少相应的工作量。在货物发出之后，发货方可随时通过互联网或是手机来查询车辆在运输中的运行情况和所到达的位置，实时掌握货物在途的信息，确保货物运输时效。

（2）运输公司。运输公司通过互联网实现对车辆的动态监控式管理和货物的及时合理配载，以便加强对车辆的管理，减少资源浪费，减少费用开销。同时将有关车辆的信息开放给客户后，既方便了客户的使用，又减少了不必要的环节，提高了公司的知名度与可信度，拓展了公司业务面，提高了公司的经济效益与社会效益。

 小结

现今全球四大核心卫星导航系统分别是美国的 GPS、欧洲的 GALILEO（伽利略）系统、俄罗斯的 GLONASS 以及中国的北斗（COMPASS）导航系统。这些定位系统提供了用户几乎在任何地方都能精确确定自己位置的功能，其在物联网上的应用也将越来越广泛。

 习题

1. 什么是全球定位系统？全球定位系统的原理？
2. 什么是 GPS？GPS 与全球定位系统概念上的差别？
3. GPS 的组成、信号和观测数据各是什么？
4. 什么是 GLONASS？GLONASS 的组成、信号和观测数据各是什么？
5. 什么是北斗导航卫星系统？北斗导航卫星系统的组成、信号和观测数据各是什么？
6. 全球定位系统在物联网中有哪些应用？

第 5 章 图像自动识别技术

学习重点

本章就图像自动识别系统中的不同技术进行讲解。

图像自动识别技术的研究目标是根据观测到的图像，分析其中的物体，做出有意义的判断，利用现代信息处理与计算技术来模拟人类的认识，理解过程。一般而言，一个图像自动识别系统主要由三个部分组成，分别是图像分割，图像特征提取以及分类器的设计。

但现实生活中得到各类图像信号，因为各种不同的原因总会带有一定的噪声。图像噪声的存在，严重地干扰了图像自动识系统的工作性能。因此，在图像处理的前期，先对图像进行滤波和去噪，成为图像自动识别不可缺少的前提步骤。

5.1　图像滤波与去噪

在尽量保留图像细节特征的条件下对目标图像的噪声进行抑制，这就是图像滤波和去噪，是图像预处理中不可缺少的操作，其处理效果的好坏将直接影响到后续图像处理和分析的有效性和可靠性。

数字图像往往会由于成像系统、传输介质和记录设备等的不完善，其形成、传输记录过程中会受到多种噪声的污染。而在图像处理的某些环节，当输入的图像对象并不如预想时也会在结果图像中引入噪声。这些噪声在图像上常表现为孤立像素点或像素块，且有较强视觉效果。一般来说，噪声信号与要研究的对象无关，它以无用的信息形式出现，但会扰乱图像的可观测信息。在数字图像信号上，噪声表现为或大或小的极值，这些极值通过加减作用于图像像素的真实灰度值上，这样会在图像上造成亮、暗点干扰，极大降低图像质量，影响图像复原、分割、特征提取、识别等后继工作。所以，必须考虑上述基本问题，然后构造一种有效抑制噪声的滤波机制，这样才能有效地去除目标和背景中的噪声；同时，能很好地保护图像目标的形状、大小及特定的几何和拓扑结构特征。

近年来，根据实际图像的特点、噪声的统计特征和频谱分布规律，人们提出了各式各样的去噪方法。

5.1.1　空间域滤波去噪

图像的空间域去噪是在原图像上直接进行数据运算，对像素的灰度值进行处理。其中常用到的是线性滤波器和非线性滤波器。

最典型的线性滤波器是均值滤波器。它主要通过一个大小为 $2k+1$ 的滑动窗将位于窗中心的像素灰度值用该窗内的所有像素灰度值的平均值来代替。Coyle 在 1991 年采用此滤波方法很好地滤除了高斯噪声。此外，空间域低通滤波法也是一种线性滤波器，它是通过一个低通卷积模板在图像空间域进行二维卷积来达到去除图像噪声的目的。还有，对同一景物的多幅图像取平均来消除噪声的多幅图像平均法。在数字图像处理的早期研究中，由于线性滤波器的简单表达形式很容易设计实现的优点，它成为了噪声抑制的主要手段，但线性滤波器对椒盐噪声的滤波效果不理想。

由于线性滤波器存在不足，1971 年，出现了一种典型的非线性滤波器——中值滤波器，它是由 Turky 提出的，采用滑动窗口对大小为 $2k+1$ 窗口内的各像素按灰度值大小顺序排序，然后用处于中间位置的像素灰度值代替位于窗口中心的像素灰度值。虽然它能够快速有效地滤除噪声，但对图像的边缘保持能力不理想，使图像的细节变模糊，因此出现了许多基于中值滤波器的改进算法。

对于不同类型的信号和噪声，在实际应用中，非线性滤波器参数必须经过优化才能得到较好的效果，但一般情况下，人们对求这些参数所需的有关信号和噪声统计特性的知识所知甚少，此时，便有了自适应非线性滤波器。1988 年由 Lin 和 Willson 提出的能够在自己的工作过程中自动调整参数的长度自适应中值滤波器，取得了很好的滤波效果。

综上所述，空间域滤波主要有以下三种。

1．非线性滤波

一般说来，如果信号频谱与噪声频谱混叠或信号中含有非叠加性噪声（如由系统非线性引起的噪声或存在非高斯噪声等）在滤除噪声的同时，传统的线性滤波技术（如傅立叶变换）总会通过某种方式模糊图像细节（如边缘等）进而导致图像线性特征的定位精度及特征的可抽取性降低。而非线性滤波器在一定程度上能克服线性滤波器的不足之处，因为其是基于对输入信号的一种非线性映射关系，一般来说，可以把某一特定的噪声近似地映射为零而保留信号的主要特征。

2．中值滤波

1971 年，Turky 提出了中值滤波，它的基本原理是把图像或序列中心点位置的值用该域的中值替代。它是基于次序统计完成信号恢复的一种典型的非线性滤波器，具有运算简单、速度快、除噪效果好等优点，曾被认为是非线性滤波的代表，最初用于时间序列分析，后来被用于图像处理，在去噪复原中取得了较好的效果。然而，中值滤波不具有平均作用，在滤除诸如高斯噪声之非冲激噪声时会严重损失信号的高频信息，使图像的边缘等细节模糊；同时，滤波的滤波效果常受到噪声强度以及滤波窗口的大小和形状等因素的制约，因此，人们提出了许多中值滤波器的改进算法。

标准中值滤波算法的基本思想是将滤波窗口内的最大值和最小值均视为噪声，通过用滤波窗口内的中值代替窗口中心像素点的灰度在一定程度上抑制噪声。但实际上，在一定邻域范围内，除了噪声点，图像中的边缘点、线性特征点等也具有最大或最小灰度值。以此作为图像滤波依据的中值滤波，其结果不可避免地会破坏图像的线段、锐角等信息。因此，既能实现有效滤除噪声，又能完整保留图像细节的滤波机制，仅考虑噪声的灰度特性是难以实现的。

3．形态学滤波

随着数学各分支在理论和应用上的深入，在保护图像边缘和细节方面，以数学形态学为代表的非线性滤波取得了显著进展。形态学滤波器是近年来出现的一类重要的非线性滤波器，该方法充分利用形态学运算所具有的几何特征和良好的代数性质，主要采用形态学开、闭运算进行滤波操作，由早期的二值形滤波器发展为后来的多值（灰度）形态滤波器，广泛应用于形状识别、边缘检测、纹理分析、图像恢复和增强等领域。形态学的开运算就是去掉图像上与结构元素的形态不相吻合的相对亮的分布结构，但保留那些相吻合的部分；而闭运算则填充那些图像上与结构元素不相吻合的相对暗的分布结构但保留那些相吻合的部分，因此对于有效地提取特征和平滑图像，这些方法挺不错的。

值得注意地是，采用形态滤波器时，形状、大小和方向特性这些结构元素应根据不同的目的选择。此外，形态学开、闭运算都具有幂等性的这一特性意味着一次滤波就已将所有特定结构元素的噪声滤除干净，再次重复不会产生新的结果。这是经典方法（如线性卷积滤波、中值滤波）所不具备的性质。形态学运算是从图像的几何形态观点来进行图像处理的，因此这种优良的非线性滤波器能在滤波的同时，保持图像结构不被钝化。

5.1.2　变换域去噪方法

图像变换域去噪方法的基本原理是对图像进行某种变换，将图像从空间域转换到变换域，然后对变换域中的变换系数进行处理，再进行反变换到空间域来达到去除图像噪声的目的。将图像从空域转换到变换域的方法不少，如沃尔什-哈达玛变换、傅里叶变换、余弦变换、Ridgelet 变换、K-L 变换以及小波变换等。实际上，傅里叶变换和小波变换是常用的图像去噪变换方法。

一幅图像经二维离散傅里叶变换后，其低频分量则代表图像的大面积背景区和缓慢变化部分，而高频成分代表图像的边缘、细节、跳跃部分，用频域低通滤波法能去除其高频分量就能去掉噪声，从而使图像得到平滑。设含噪声图像的傅里叶变换 $F(u, v)$，平滑后图像的傅里叶变换 $G(u, v)$，低通滤波器传递函数 $H(u, v)$。可用下式表示：

$$G(u, v)=H(u, v)F(u, v)$$

常见的低通滤波器有理想滤波器、切比雪夫滤波器、巴特沃斯滤波器、椭圆滤波器等。图像经小波变换后，其小波系数在各尺度上会有较强的相关性，特别是在信号的边缘附近，其相关性会更加明显，然而对于噪声来说，其小波系数在尺度上却没有这种明显的相关性。因此，我们可以利用小波系数在不同尺度上对应点处的相关性来区分系数的类别，从而达到去噪的目的。

Mallat 在 1989 年提出了实现小波变换的快速算法 Mallat 算法，其基本原理是将含有噪声的采样值在某一尺度下分解到不同的频带内，然后再将噪声所处的频带置零（强制消噪处理），再利用相应的重构公式进行小波重构，从而达到去噪目的。通过证明，该方法可以基本去除噪声，但对白噪声的去噪效果较差。Mallat 通过进一步研究又提出了小波变换模极大值的去噪方法，该方法能有效去除信号中的白噪声，在去噪的同时具有较好的画面质量。但是仅仅通过这有限个模极大值点直接重构图像，误差会很大。根据小波系数的特点和模极大值的特点，针对模极大值去噪后的信号，改用分段样条插值方法，可以快速高效地重构小波系数。然后结合 Mallat 重构算法，可以得出满意的图像。采用相应的规则对信号和噪声的小波变换系数进行处理的小波域相关性去噪，其实质是减小以至完全去除由噪声产生的系数，同时最大限度地保留有效信号对应的小波系数。

人们结合小波变换和阈值收缩法（研究最为广泛的一种小波变换）提出的小波变换阈值收缩法，在图像滤波领域得到了很好的应用。其去噪的优点是：几乎能完全抑制噪声，且很好地保留了反映原始的特征、尖峰点。

5.1.3　小波变换和图像滤波去噪

被誉为"数学显微镜"的小波变换是在傅里叶变换基础上发展起来的一种具有多分

辨率分析特点的时频分析方法。在时、频域都具有表征信号局部特征的能力和多分辨率分析的特点。其基本思想是通过伸缩、平移运算对信号进行多尺度细化，最终达到高频处时间细分、低频处频率细分的目的，能自适应地聚焦到信号的任意细节。近 20 年来，小波理论得到了不断的发展和完善，已经广泛应用于地质勘探、图像处理、生物工程、人工智能等多个领域，并取得了显著成果。在图像去噪领域．小波变换由于能够在不同尺度下对图像进行去噪，解决了传统滤波器单一尺度去噪所带来的问题，因此很好地推动了图像去噪技术的发展。

Mallat 在 1992 年建立快速小波变换算法即 Mallat 算法，并将其成功应用到图像的分解与重构中。时至今日，在图像去噪应用方面，小波变换大体经历了 5 个阶段。Mallat 与 Meyer 于 1988 年提出了的小波框架的通用方法——多尺度分析，小波变换在各个领域开始发挥独特优势是在 1992 年，Mallat 建立了小波变换快速算法（Mallat 算法），使得在计算上变得可行。基于 Mallat 算法在图像的分解与重构中的成功运用提出的模极大值去噪方法。其原理是根据信号和噪声在小波变换各尺度上的不同传播特性，去除由噪声产生的模极大值点，保留图像所对应的模极大值点，然后利用所余模极大值点重构小波系数，进而恢复图像。但是仅利用有限的模极大值点重构图像，误差很大。为了解决了这个问题，Mallat 等提出了交替投影方法，但计算量很大。需要通过迭代实现，有时不稳定。

1994 年，基于空域相关性，Xu 等提出了一种噪声去除方法。其基本原理是根据信号与噪声的小波变换系数在相邻尺度之间的相关性进行滤波。这种方法的优点是易于实现，缺点是不够精确。在实现过程中，噪声能量的估计非常关键。Pan 等推导出噪声能量阈值的理论计算公式．并给出了一种估计信号噪声方差的有效方法，使得空域相关滤波算法具有自适应性。

1995 年，Donoho 等提出了信号去噪的软阈值方法和硬阈值方法，推导出 VisuShrink 和 SureShrink 阈值公式，并从理论上证明了在均方意义下是渐进最优的。该方法在高斯噪声模型下．基于多维独立正态变量决策理论的。Coifmall 等为了进一步改善去噪效果提出了平移不变小波去噪法。Gao 等对软阈值函数和硬阈值函数进行了改进。提出了 semisoft 和 garrote 阈值函数，研究了不同收缩函数的特性，给出阈值估计的偏差、方差等计算公式，semisoft 阈值方法具有比阈值方法连续性好、比软阈值方法偏差更小等优点。

1997 年，Johnstone 等提出了一种相关噪声去除的小波阈值估计器。Jansen 等采用广义交叉验证（Generalized CrossValidation，GCV）估计器估计小波阈值，对图像中的相关噪声进行去除。

1999 年，为了去除图像的 Poisson 噪声，Nowak 等提出针对光子图像系统的小波域滤波算法。Hsung 等提出一种基于奇异性检测的去噪算法，该方法避免了复杂的重构，几乎不需要噪声的先验信息。与 Mallat 的模极大值去噪方法相似，但它不进行模极大值检测与处理，而是通过计算一个锥形影响域内小波系数模的极值估计信号的局部正则性，从而对小波系数进行滤波。

2000 年，Chang 等提出一种针对图像的 BayesShrink 阈值去噪方法，该方法是在基于无噪图像小波系数服从广义高斯分布的假设前提下，所选阈值可随图像本身的统计特性做自适应的改变，取得良好的去噪效果。

　　小波去噪理论的不断发展使得小波系数统计特性的概率模型被广泛研究。近来提出的隐马尔可夫树结构模型，认为尺度间的小波系数状态具有马尔可夫特性，并且对每个小波系数引入有限个隐状态。小波系数通过尺度间状态的连接可形成一种递阶层次树，将其应用于图像去噪可取得较小的误差平方和。如果将小波与隐式马尔可夫、多尺度随机过程、Bayes 等模型结合起来，去噪效果会更好的。

　　小波去噪方法还有基于小波包分解的去噪算法、基于非正交小波的去噪算法。1994年 Geronimo 等构造了著名的 GHM 多小波，它既保持了单小波所具有的良好的时域与频域的局部化特征，又克服了单小波的缺陷。1998 年 Dowinc 等提出了多小波的通用阈值公式，Bui 等把平移不变小波去噪推广到多小波的情形，于是基于多小波的去噪算法得到迅速发展。

　　目前，人们对小波变换、曲波变换等新理论在图像去噪中的应用有了广泛的研究兴趣。本质上，脊波是小波基函数中添加一个表征方向的参数，所以不仅继承了小波局部时频分析的能力，而且具有很强的方向选择和辨识能力，可以有效检测出图像中具有方向性的边缘同时抑制噪声；曲波本质上是多尺度的局部化脊波，它不仅综合了脊波擅长表示直线特征和小波适合表示点状特征的优点，而且充分利用了多尺度分析的独特优势。对于曲波变换，我们可以看成是一种特殊的滤波过程和多尺度脊波变换组合而成，在实际图像去噪中已经取得了相当好的效果。

　　对于模极大值去噪算法，其理论依据是：图像在不同尺度上小波变换的模极大值集合是小波系数集的一个子集，包含了图像最必要的信息。该算法的基本思想是：根据在不同尺度下信号和噪声的模极大值的不同传播特性（随着尺度的增大，信号和噪声所对应的模极大值分别增大和减小），连续进行若干次小波变换，然后噪声引起的模极大值基本去除，信号模极大值保留，按照尺度从大到小的方向对含噪图像进行去噪。基本步骤是：先对 $g(x,y)$ 做 DWT，一般选取尺度 4 或者 5；然后在每个尺度上找出小波系数模极大值，通过设置阈值去除噪声模极大值点，保留图像模极大值点，最后由各尺度下保留的模极大值点重构图像，从而得到去噪图像。

　　对于小波阈值去噪法，其理论依据是：信号的小波系数幅值大于噪声的系数幅值，根据这个，可以判定幅值比较小的系数很大程度上是噪声。因此设定阈值可以把信号系数保留，噪声系数归零。其图像去噪过程如下：

　　（1）带噪图像在各尺度上进行小波分解，保留大尺度低分辨率下的全部小波系数。

　　（2）对于各尺度高分辨率下的小波系数，设定一个阈值，幅值低于该阈值的小波系数置 0，高于则保留。

　　（3）将处理后获得的小波系数利用逆小波变换进行重构得到去噪后图像。阈值处理的常用方法 2 种：硬阈值法、软阈值法。

　　小波阈值去噪方法实现简单，计算量较小，几乎可以完全抑制噪声。阈值法去噪方法在实际中得到了广泛应用，因为能够得到理想图像的近似最优估计。但该方法本身存在缺点，总存在着恒定偏差，影响了重构信号与真实信号的逼近程度。

　　图像小波域去噪方法最显著的优点是具备良好的局部特性，并且能在不同尺度下对图像进行去噪，而这是传统去噪方法所不具备的。模极大值去噪、相关性去噪、阈值去噪是 3 种基本的图像小波域去噪方法。前 2 种方法在实际应用中受到限制，因为虽然去噪效果较好，但计算量大。阈值去噪方法适用范围广、去噪效果好、计算速度快，在实际图像去噪中得到广泛应用。随着小波理论的不断发展，一些新的理论方法将不断涌现，应用到图像去噪领域，可推动图像去噪技术的不断发展。

5.1.4　基于矢量尺度的图像滤波去噪

滤除图像的噪声是图像处理中的一项重要任务。因为图像在获取或者传输过程中，一般都会被加入大量的噪声，严重影响图像的视觉效果，甚至妨碍人们的正常识别。

我们考虑被加性高斯噪声污染的医学矢量（彩色）图像。医学矢量图像可以是 RGB 图像。它是一个三维矢量，图像中每一像素是由 R、G、B 等 3 个值构成；也可以是多光谱图像，通过核磁共振成像方法得到的 T1、T2 和 PD 加权的图像。矢量图像能够比灰度图像提供更多的图像信息。因此，在灰度图像基础上，人们逐渐对医学矢量图像进行深入的研究。针对矢量图像，学者们已经提出如基本矢量方向滤波器（BVDF）、矢量中值滤波器（VMF）和方向距离滤波器（DDF）等许多有效的滤波方法。这 3 种滤波器运用矢量图像像素矢量间不同的距离算法产生不同的有序统计滤波器。其中 BVDF 使用了矢量间的方向信息，VMF 运用 L1 或 L2 范数来计算两矢量间的空间距离，而 DDF 综合了矢量间空间距离和方向信息。这 3 种滤波器对于一个预先确定的滤波窗口内的所有像素矢量采用 3 种不同的距离算法。寻找 2 个与其他像素矢量距离和最小的像素来替代滤波窗口的中心像素。在这 3 种滤波器的算法中，滤波窗口的大小通常是固定的，这是一个主要的特征。然而很显然的是，这 3 种滤波器没有考虑图像中的结构信息。但是我们知道，图像中有较为平滑的区域，还有丰富的细节或边缘。滤波窗口的固定就意味着在图像的所有不同区域都采用相同的平滑。而滤波窗口尺寸对滤波器去除噪声的性能的影响较大，于是使得在抑制图像噪声和保护细节两方面存在一定的矛盾。这也是说，滤波窗口大，可较好地抑制噪声，但对细节和边缘的保护能力就会降低。滤波窗口小，可较好地保护图像中的细节，但滤除噪声的能力就会受到限制；那么，本书所要讨论的问题就是根据图像本身的结构信息，如何在图像的不同区域自适应地进行相应的平滑，即在区域内部进行较大的平滑，而在图像边缘和细节附近，即区域边界采用较小的平滑。

在本书中，我们引入尺度这个概念。在图像的不同区域，自适应地调节滤波窗口的大小，从而使得既能有效抑制噪声，又能保护图像细节和边缘。我们拿一个由许多张切片组成的三维医学图像来说明，每一张切片可以是一幅 RGB 图像，以一张切片中任一像素为球心能确定一个最大的球，在这球中的所有像素可以认为是与球心所在的这一像素处于同一区域内部。那么，对应于这个像素所在的这个区域（即球），可以用球尺度，即球的半径来表示。根据球尺度这个定义，我们可知，在区域内部的像素所对应的球尺度应该较大，而在图像边缘和细节附近的像素所对应的球尺度应该较小。这样，我们可以对较大的尺度所对应的像素进行较大的平滑（较大的滤波窗口），对较小的尺度所对应的像素执行较小的平滑（较小的滤波窗口），从而实现在区域内部进行较大的平滑，在图像边缘和细节附近，即区域边界进行较小的平滑这个目的。除了基于球尺度的滤波方法，应用在医学（灰度）图像的滤波中的还有基于张量尺度和基于全尺度的滤波方法，这些方法都在滤除噪声的同时，能有效地保留图像中的边缘和细节。

在本书中，我们把基于球尺度的滤波方法推广到矢量（彩色）图像的滤波中。在三维医学图像中，球尺度是用球的半径来定义。在本书中，对于一张切片中的任一像素所对应的球尺度采用圆的半径来定义，这样会更简单些，即在这个圆中的所有像素都是与圆心所对应的中心像素处于同一区域内部。在传统滤波方法（VMF，BVDF 和 DDF）基础上，由于引进球尺度的概念，我们相应地提出了 3 种基于球尺度的矢量滤波器（BSVMF，BSBVDF 和 BSDDF）。新的滤波方法可以根据图像中像素的尺度信息，能够自适应地控制滤波过程，在图像边缘和细节附近，即区域边界执行较小的平滑，而在区域内部进行较大的平滑。通过结果可知，在消除噪声的同时，能够保留图像中的边缘和细节特征方面，我们所提出的滤波方法与传统滤波方法更具优势。

由于图像的多样性、噪声本身的复杂性，迄今为止，没有一种通用的滤波去噪算法能对不同类型的图像噪声都能取得很好的效果，所涉及的大部分滤波去噪方法都是针对特定图像和特定噪声的；同时对于数字图像处理结果的评价缺乏一种统一的衡量标准，而只能由人眼的主观判别。为了在抑制噪声的同时能更好地保持图像的细节边缘。今后去除噪声的研究方向和目标是将具有自适应机制、自组织能力和自学习能力的滤波器与传统的滤波器相结合。

5.2　图像分割技术

在计算机视觉领域中，图像分割（Segmentation）是指将数字图像细分为多个图像子区域（像素的集合，又称超像素）的过程。图像分割的目的是简化或改变图像的表示形式，使得图像更容易理解和分析。图像分割通常用于定位图像中的物体和边界（线，曲线等）。更精确的，图像分割是对图像中的每个像素加标签的一个过程，这一过程使得具有相同标签的像素具有某种共同视觉特性。

图像分割的结果是图像上子区域的集合（这些子区域的全体覆盖了整个图像），或是从图像中提取的轮廓线的集合（例如边缘检测）。一个子区域中的每个像素在某种特性的度量下或是由计算得出的特性（颜色、亮度、纹理）都是相似的。邻接区域在某种特性的度量却有很大的不同。

以图像分割来代表一系列分割图像的活动，分割的方法有可能不同，但是其目的是一样的：找出图像中"感兴趣"部分的紧凑描述。然而，却没有一种综合的图像分割的理论，因为对图像中，"感兴趣"部分的理解很大程度上取决于图像的应用范围。例如，在目标跟踪的图像中，我们对物体的形状及当前位置更感兴趣；而在血细胞测量的图像中，我们对圆形细胞的数量及密度更为感兴趣。尽管目前还没有关于图像分割的统一标准和理论，但是对于更精确分割方法的探索却没有停止过。

在计算机视觉理论中，图像分割、特征提取与目标识别构成了由低层到高层的三大任务。目标识别与特征提取是以图像分割作为基础的，图像分割结果的优劣将直接影响到后续的特征提取与目标识别。

图像分割是将图像中有意义的特征或区域提取出来。这些特征可以是图像的原始特征，如像素的灰度值、物体轮廓、颜色、反射特征和纹理等，也可以是空间频谱等，如直方图特征、图像分割的目的是把图像划分成若干互不相交的区域，使各区域具有一致性，而相邻区域间的属性特征有明显的差别，图像分割的应用非常广泛，几乎出现在有关图像处理的所有领域，并涉及各种类型。

图像分割作为前沿学科充满了挑战，吸引了众多学者从事这一领域研究。本章将图像分割方法（传统的和结合特定理论的方法），主要介绍与特定理论结合的图像分割方法。

5.2.1　图像区域和边缘的分割技术

图像区域的分割方法是以直接寻找区域为基础的分割技术，具体算法有区域生长和区域分离与合并算法。提取方法有两种基本形式：一种是区域生长，从单个像素出发，逐步合并以形成所需要的分割区域；另一种是从全局出发，逐步切割至所需的分割区域。在实际中使用的通常是这两种基本形式的结合。该类算法对某些复杂物体定义的复杂场景的分割或者对某些自然景物的分割等类似先验知识不足的图像分割，效果较理想。

边缘检测的分割方法是通过检测不同区域的边缘来解决问题，通常不同的区域之间的边缘上灰度值的变化往往比较大，这是边缘检测方法得以实现的主要假设之一。它的基本思想是先检测图像中的边缘点，再按一定策略连接成轮廓，从而构成分割区域。其难点在于边缘检测时抗噪性和检测精度的矛盾，若提高检测精度则噪声产生的伪边缘会导致不合理的轮廓；若提高抗噪性则会产生轮廓漏检和位置偏差。

边缘检测能够获得灰度值的局部变化强度，而区域分割能够检测特征的相似性与均匀性。边缘与区域相结合分割的主要思想是结合二者的优点，通过边缘点的限制，避免区域的过分割；同时，通过区域分割补充漏检的边缘，使轮廓更加完整。

5.2.2　基于数学形态学的图像分割技术

数学形态学是由法国数学家 Mathem 和 Serra 于 1964 年创立并在此后多年里得到不断丰富和完善。1982 年 Serra 的专著的问世标志着数学形态学开始在图像处理、模式识别和计算机视觉等领域得到长足的发展。数学形态学以图像的形态特征为研究对象，用具有一定形态的结构元素描述图像中元素与元素、部分与部分之间的关系，以达到对图像分析和识别的目的。数学形态学用于图像分割，既可以与基于边缘的方法结合，也可以和基于区域的方法结合。数学形态学用于基于区域的图像分割最典型的例子就是分水岭（Watershed）方法。经典分水岭方法主要由两个步骤组成："排序"和"淹没"。在"排序"步骤中，主要完成图像灰度级的频率分布计算，根据计算结果对灰度级进行排序，然后将图像中的每一个像素分配到与灰度相对应的存储阵列中去；在"淹没"过程中，使用"先进先出（First In First Out）"的队列计算地理影响区域，通过递归运算实现积水盆地的不断膨胀，最终完成图像的分割。

2007 年，Victor 等提出了一种改进的分水岭算法，该算法通过模拟下雨过程，以像素代替雨滴来计算灰度数字图像的分水岭变换。它尽可能减少了在分水岭变换中最耗时的邻域操作，以及在原始图像上执行的扫描次数。该算法仅用了 4 个简化的队列和一个简单的与输入图像规模一致的输出矩阵，来存储中间计算结果。实验结果表明，针对不同规模的各类数字图像，该算法较同类其他算法可以减少大约 31% 的运行时间；在保证算法运行效率相同的前提下，该算法无论是在执行时间还是占用内存空间方面，都比其他算法有效。

　　2008 年，Parvafi 等提出了一种使用灰度形态学和控制标记符的分水岭变换算法，用来对彩色图像、灰度医学图像和航空图像等进行分割。该算法基于灰度形态学理论，分水岭通过区域增长来完成，并利用前景标记符来避免过度分割。具有前景标记符的分水岭分割算法可以分割包含严重噪声的实时图像，优于标准的分水岭分割算法。该算法的完成基于标记符和简单形态学理论。分水岭容易规则化，同时，算法比较灵活，方便进一步的参数调整。该算法只能对灰度图像分割或提取感兴趣的部分，但是可以结合先进理论（如小波变换等）来提高算法在处理高分辨率图像时的执行效果。

5.2.3　模糊理论和图像分割技术

　　模糊集与系统理论是近年来在工程技术领域中十分活跃的数学分支之一，可以有效地解决模式识别中不同层次的由于信息不全面、不准确、含糊、矛盾等造成的内在不确定性问题，已经成为图像分割的重要数学工具。应用模糊技术进行图像分割的指导思想和出发点是：图像分割的结果应该是定义在像素空间上的模糊子集，而不是分明子集。这是因为，在许多情况下，特别是采用 3×3 或 5×5 尺寸的窗口时，同质性的特征在区域边界处可能没有急剧的变化，很难确定一个像素是否应该隶属于一个区域。此时，对于每一个像素、每一个区域，都指派一个像素隶属于区域的隶属度值，当用隶属程度考虑区域的性质时，就会获得区域性质的更精确的估计。应用模糊技术进行图像分割的基本步骤是，将图像及其相关特征表示成相应的模糊集或模糊概念；经过模糊技术的处理，获得图像的模糊分割和反模糊化后得到图像的分割结果。

　　2008 年，Masooleh 等提出一种改进的模糊算法，使用粒子群优化方法来优化模糊系统，并用于彩色图像分类和分割，具有最少的规则和最小的错误识别率。在该方法中，群中的每一个粒子都被编码成一个模糊规则集，适应度函数则由分类正确率的高低和规则的多少共同决定。在进化阶段，每个粒子不断调整各自的适应值。最后，适应值最高的粒子对应的规则集被选择作为用于图像分割的模糊规则集。该模糊集由 HSL 颜色空间中的 H、S 和 L 三个元素来定义，并以此来建立模仿人类感知颜色能力的模糊模型。该算法用于机器人视觉时表现出良好的特性，机器人在参数只需设定一次的情况下，能适应外界环境的变化。在机器人世界杯大赛上的实验表明该算法对噪音和光线变化有较强的鲁棒性。

　　同年，王彦春等提出一种基于图像模糊熵邻域非一致性的过渡区直接提取算法。该算法利用过渡区和目标区背景区性质上的差异，能够有效地消除椒盐噪声和高斯噪声对过渡区提取的影响，对同时存在椒盐噪声和高斯噪声的过渡区的提取是非常有效的。该算法摆脱了对灰度剪切值的依赖，从而使过渡区能够很好地分布在目标周围。理论分析和实验结果表明，该算法能够有效地提取含有混合噪声图像中的过渡区，从而得到正确的分割阈值和良好的图像分割质量。

5.2.4　基于神经网络的图像分割技术

　　近年来，建立在统计学习理论的 VC 维理论和结构风险最小化原理基础上的支持向量机（Support VectorMachine，SVM）方法，表现出很多优于已有方法的性能，基于支持向量机的图像分割方法引起研究人员的注意和研究兴趣。支持向量机方法已经被看作是对传统学习方法的一个好的替代，特别在小样本、高维非线性情况下，具有较好的泛化性能。应用 SVM 分割图像时，由于输入向量通过非线性映射映射到高维特征空间的分布结构由核函数决定，同时，最优超平面与最近的训练样本之间的最大距离和最小分类误差通过惩罚因子 C 进行折中，因此，核函数设计与惩罚因子 C 的选择将直接影响到图像分割效果。目前常用的核函数有：线性核、多项式核以及高斯径向核等。

2007 年，魏鸿磊等提出了一种采用支持向量机分类的指纹图像分割方法。该方法将指纹图像分块，并根据图像块的对比度特征进行初分割，以去除灰度变化较小的白背景块，对剩下的图像块提取方向偏差和频率偏差，并根据对比度、方向偏差和频率偏差三个特征分割出特征明显的前景块和背景块，采用支持向量机将经前两次分割不能判决的图像块分为前景和背景两类，采用形态学方法进行后处理以减少分割错误。

2008 年，liu 等提出了一种使用支持向量机的多尺度 SAR 图像分割方法。该方法集成了多尺度技术、混合模型和支持向量机等方法。首先，采用多尺度自回归模型提取 SAR 图像中的多尺度特征；然后，将该特征作为支持向量机输入，并对支持向量机进行训练；最后将训练后的支持向量机应用于图像分割。该模型充分利用了 SAR 图像中多尺度序列方面的统计信息和支持向量机的分类能力。实验结果表明，该方法用于图像分割时，具有较好地计算能力。

5.2.5　基于图论的图像分割方法

基于图论的图像分割技术是近年来国际上图像分割领域的一个新的研究热点。该方法将图像映射为带权无向图，把像素视作节点，利用最小剪切准则得到图像的最佳分割。该方法本质上将图像分割问题转化为最优化问题，是一种点对聚类方法，对数据聚类也具有很好的应用前景。

2003 年，Pavan 等提出一种新的用于图像分割的图论聚类理论框架，该方法源自聚类直觉观念与节点显性集之间的类比关系。节点显性集将最大完全子图推广到边缘带权图文中建立了显性集与标准单形的二次极值之间的关系，使得算法可以使用连续最优技术并用于局部交互计算单元的并行网络，显示出某些生物学优势。

2006 年，Bilodeau 等提出一种基于多段图的图像分割方法。在该方法中，首先选择递归最短生成树的有效参数，完成对图像进行初始的粗分割；然后，根据灰度级相似、区域大小和普通边长度等特征，使用多段图按照类似的方法对已经分割出的区域进一步合并成更有意义的结构或物体。通过对胸腔图像的分割实验表明，该方法可以从多种复杂的胸腔图像中将空腔从其他组织中分割出来。相对于采用单一标准的基于图像的分割方法，该方法在空间相关性、边缘准确性和感兴趣区域分割等方面具有较好地效果。

2008 年，刘丙涛等提出一种新的基于图论的 SAR 图像分割方法，证明了算法具有最优解，分析了算法的复杂度，验证了算法具有实时性。该算法通过构造多尺度结构快速找到收缩图以及初始图的子图集合，然后对其分别应用 Gornory-Hu 算法得到对应的等价树，最后根据规则得到初始图的等价树，按照割值由小到大依次去边后，可得到对原图的最优划分，映射回图像则可得分割结果。同年，冯林等人提出了一种融合分水岭变换和图论的图像分割方法，利用图像的局部灰度信息进行分水岭变换后，将图像分割成多个小区域，再结合各小区域的灰度和空间信息从全局角度用 NorrealizedCut 方法在区域之间进行分割，产生最终的分割结果。实验结果表明，该方法可以消除分水岭变换后所产生的过分割现象，是一种有效的图像自动分割方法。

5.2.6　基于粒度计算理论的图像分割方法

粒度计算（Granular Computing，GrC）是信息处理的一种新的概念和计算范式，覆盖了所有有关粒度的理论、方法、技术和工具的研究，主要用于处理不精确的、模糊的、不完整的及海量的信息，也已成为人工智能、软计算和控制科学等领域的研究热点之一。它的理论基础主要有：Zadeh 提出的词计算理论、Pawlak 提出的粗糙集理论和我国学者张玲和张钹提出的商间理论。

由粒度计算理论了解到，图像分割就是图像由粗粒度空间转变成细粒度空间的过程。在对复杂图像进行分割时，经常采用分层方法，先对图像进行粗分割，再向更高层次分析，即粒度由粗到细，逐步细化。图像粗分割后，可以得到图像的一些重要区域特征，如可以获得原图像中区域的个数、区域中心的位置等信息。然后，在细粒度空间上进一步对图像局部进行细化。

2002 年，Pal 等提出了一种多光谱图像分割方法。该方法集成了基于粗糙集理论的知识提取方法、EM 算法和最小生成树聚类方法等。EM 算法实现了数据的统计模型，处理数据的关联措施和不确定性表示；粗糙集理论有助于快速收敛和避免局部极小，从而提高了 EM 算法的性能；最小生成树完成非凸聚类。

2005 年，刘仁金等从商空间粒度理论角度分析图像分割概念，研究已有的图像分割方法，提出了图像分割的商空间粒度原理，用商空间的三元组（x, f, t）等价于（[x], [y], [t]）来描述图像分割过程，阐述基于商空间粒度计算理论的图像分割原理及基于粒度分层、合成及其综合技术下图像分割的方法，并提出了基于粒度合成原理的复杂纹理图像的分割算法。该算法通过分别提取多纹理图像中纹理区域的方向性及粗细度特征，形成图像的不同粒度，然后根据粒度合成原则，对所形成的粒度进行合成，从而实现对纹理图像的分割，实验表明该算法对复杂纹理图像分割是有效的。

2007 年，张向荣等将商空间粒度计算引入 SAR 图像的分类中，结合 SAR 图像特性，提出了一种基于粒度合成理论的 SAR 图像分类方法。该方法首先利用具有良好推广能力的支撑矢量机基于不同纹理特征获得 SAR 图像的不同分类结果，并认为这些分类结果构成不同的商空间，再根据粒度合成理论将这些商空间组织起来得到 SAR 图像的最终分类结果。实验结果验证了这种方法的有效性和正确性以及商空间的粒度计算在 SAR 图像分析中的应用潜力。

2008 年，史忠植等提出了面向相容粒度空间模型的图像分割方法。相容粒度空间模型的基本思想来源于模拟人在特定任务下对资源进行粒度化生成粒度空间从而辅助问题求解的能力，该模型是基于相容关系构建的粒度计算模型，它由四个部分组成：对象集系统，相容关系系统，转换函数和嵌套覆盖系统，主要特点在于对粒的定义以及通过粒度空间的层次嵌套结构进行问题求解的方法。将该模型应用于图像分割时，需要先构建一个嵌套相容覆盖系统，用来定义不同层次的粒和基于对象系统和相容关系系统的粒度化过程。

除了上述提到的结合特定的理论工具的图像分割技术之外，一些研究者还将分形几何、动态规划、组合优化、小波分析理论、遗传算法和偏微分方程等应用于图像分割，并进行了初步探讨。应当指出，上文讨论的传统图像分割方法和本节讨论的方法是从不同的角度对分割方法进行描述，两者紧密相关，而且传统方法都可以和某个理论结合。总之，这些将特定的理论工具与基本的分割方法相结合而形成的图像分割技术，丰富了图像分割的方法，也说明了跨学科交叉应用的重要意义。

5.2.7 图像分割技术的发展趋势

随着神经网络、模糊集理论、统计学理论、形态学理论、免疫算法理论、图论以及粒度计算理论等在图像分割中的广泛应用，图像分割技术呈现出以下的发展趋势：

（1）进一步提高算法的性能。现有的多数图像分割算法只能针对某一类图像或者已经进行初步分类的图像库，其效率不高，也不具有通用性。为此，可以通过多种特征的融合（原始灰度特征、梯度特征、几何空间特征、变换特征和统计特征等）和多种分割方法的结合两个方面来提高现有算法的效率和通用性。

（2）新理论与新方法的研究。新的分割方法的研究主要以自动、精确、快速、自适应和鲁棒性等几个方向作为研究目标。随着图像分割研究不断深入，图像分割方法将向更快速、更精确的方向发展，图像分割方法的研究需要与新理论、新工具和新技术结合起来才能有所突破和创新。

（3）面向专门领域的应用。目前，随着图像分割在医学、遥感、电子商务、专利检索和建筑设计等领域得到了广泛应用，人们不断寻找新的理论和方法来提高图像分割的效果。随着不同学科研究人员对图像分割的日益关注，新的理论和方法会不断应用到更多领域中去。

当前，图像分割已成为图像理解领域关注的一个热点。未来的发展需要研究者借鉴数学、统计学、神经学、认知心理学、计算机科学等领域的成果及其综合运用，不断引入新的理论和方法。过去几年，研究人员不断将相关领域出现的新理论和新方法应用到图像分割中，虽然取得了一定的效果，但仍未出现一种令人满意的高效的通用的方法。其主要原因是人类对视觉系统还没有充分的认识，已有的模型只是从功能上来模拟，而不是从结构上来实现。作者下一步的研究方向是进一步研究视觉认知的原理，结合智能科学的最新理论，对图像分割作更深一步的研究。

5.3 特征提取

如今图像处理技术已得到了深入、广泛和迅速的发展。图像的特征提取是图像处理过程中最重要的环节，因此本节对图像的特征提取进行必要的介绍。

图像特征提取的好坏，关系到图像的分类性能的优劣。图像特征有很多种，但是纹理特征是图像的基本特征。本节结合了纹理图像的特点和框架小波变换的方法，处理过程中充分考虑图像各尺度间的依存关系以及不同频带中所包含的图像纹理信息，利用支撑矢量机作为分类器，对标准纹理库中的图像进行仿真实验。

在研究图像特征的基础上，有时需要在复杂背景中的目标检测，我们采用特征提取和形态学处理的目标检测方法。通过对图像进行预处理，将目标集中在一个含有较少背景的区域中，从而能够减小目标检测时背景的影响。

5.3.1　图像特征提取的分类

下面是一些常用的图像特征分类方法：

（1）形状（结构）特征。只有当图像具有较高的对比度，并且在一定距离范围内时，才可以获得目标的形状（结构）特征，一般来说目标图像的形状（结构）特征都是基于二值图像来获取的，这些二值图像都是经过图像分割处理之后得到的物体区域图像，或者是经过边缘提取处理所得到的物体边界。而对于形状（结构）特征的表示又有两种方式：一类是数字特征表示，另一类是用字符串和图等表示的句法语言等。

（2）运动特征。通过建立目标运动模型，可以获得目标的运动特征，从而对运动目标进行检测和识别，但是目标运动模型的建立一般比较困难。对于运动目标的检测，大致又分为两种方法：特征识别法和基于运动的识别法特征识别法包括两个步骤：

① 从相继两幅或多幅不同时刻的图像中抽取特征（如角特征点、特征线等），并且建立对应；

② 依据这些特征之间的对应来计算物体的结构（形状、位置等）和运动。其优点是可以获取三维运动信息，对目标运动速度无限制，缺点在于难于确定和提取特征。而基于运动的识别法与它有很大不同，它把运动作为目标的首要特征，一般采用的方法有提取光流场，帧间差分，减背景等。

（3）灰度分布特征。在原始物体图像的基础上，分析物体表面灰度变化的规律，可以获得物体的纹理特征等灰度分量特征。对于纹理特征的获取与分析，主要有以下一些方法：

① 基于算子图像纹理特征提取。最有名的是通过算子推导的纹理特征是 LAWS 纹理能量测量。用一个小的（如 5×5）的算子模板和图像进行卷积，对卷积后图像每个像素的邻域进行统计量计算（如邻域内的方差等）。将此统计量作为原始图像中对应像素点的纹理特征值，在此特征值的基础上进行纹理分割。

② 基于统计方法的纹理特征提取。基于灰度空间共发矩阵提取纹理特征的方法已经有了很长的研究历史，它是一种重要的纹理分析方法。灰度共发矩阵定义了一系列的特征僵如：能量（角度二阶矩）、嫡、自相关、局部平稳度、惯性矩、聚类萌、聚类突等。这些特征已经被证明可以成功地震于纹理分割及纹理分板。

③ 基于空频域的特征提取。时频变换是在特征提取中常常用到的工具，自从小波变换的概念提出来后，由于其具有多分辨率分析的特点，而且在时频两域都具有表征信号局部特征的能力，是一种时间窗和频率窗都可以改变的时频局部分析方法，在图像特征提取方面得到越来越广泛的应用。它的某些性能优于统计方法。空间频域方法可以表示空间局部区域频域的分布情况，克服了传统傅立叶方法的不足，并且这种方法在频域和

空间域都有较高的分辨率，和人的视觉方式有相似性。但是，我们知道单一特征不能够完全地描述一个物体的特性，共且这些特征大多不能反映目标的本质特征，特别是当图像发生变化或者周围环境发生变化时，它们就会随之而改变。这也就给我们特征提取提出了更高的要求。

因此我们认为，良好的特征向量应该具有 4 个特点：

- 可区别性：对于不同类别的对象来说，他们的特征向量应具有明显的差异。
- 可靠性：对同类的对象特征值应该比较相近。
- 独立性：所用的各特征之闻应彼此不相关。
- 维数较低：系统的复杂程度随特征向量的维数迅速增长，尤其重要的是用来训练分类器和测试结果的样本数量随特征向量的维数呈指数关系增长，所以特别要求对特征向量维数的控制。

5.3.2　Gabor 小波特性的提取

Gabor 变换属于加窗傅里叶（Fourier）变换，Gabor 函数可以在频域不同尺度、不同方向上提取相关的特征。Gabor 变换是短时 Fourier 变换中当窗函数取为高斯函数时的一种特殊情况。Gabor 变换的本质实际上还是对二维图像求卷积。

Gabor 小波变换具有如下特点：

（1）Gabor 变换最符合人类的视觉机理，人的视觉系统对图像的观察是非均匀和非线性的，对频率的感知是对数特性的，小波函数与 Gabor 滤波器相对应，这一点优于小波变换和其他方法。

（2）一个好的纹理特征提取算法是必须提供多尺度多方向性的，Gabor 变换已被证明在 2D 测不准的情况下，对信号空间域和频率域的最佳描述。这些滤波器可以当作方向和尺度都可以变化的边缘和直线检测器，实现对纹理特征的精细分析和提取。

（3）Gabor 变换可将图像分解为一系列频道，充分利用各个分解层次上的精确描述信息，形成有效的特征矢量。

总而言之，Gabor 小波是纹理提取方法的一种，它能够针对人的视觉更加有效地刻画出纹理的特性，在图像处理方面得到了广泛的应用。Gabor 变换已被公认为信号处理和图像表示的最好方法之一，比如应用于高分辨率雷达目标识别等。Gabor 小波变换也广泛用于图像特征的提取，在图像检索领域内非常有效。

5.3.3　主分量分析和特征提取

主分量分析法（Principal Component Analysis，PCA）是统计学中分析数据的一种有效方法。主分量分析法是在数据空间中找出一组向量来解释数据的方差，将数据从原来的 n 维空间降到 m 维（$n \gg m$），在降维后保存了数据中的主要信息，从而使数据更易于处理。它是根据 K-L 变换从最大信息压缩方向获得模式在低维空间的信息表达，所以用 PCA 方法所获得的知识空间就是原模式空间的一个最优低维逼近。

在数学上，特征提取就是从测量空间 R^n 到特征空间 R^m 的映射。映射通常要遵守两个准则：特征空间必须保留测量空间中的主要分类信息，特征空间的维数应大大低于测量空间的维数。

主分量分析法是满足上述准则的一种数据压缩方法，其基本原理是：根据 K-L 变换在测量空间中找到一组正交向量，这组数据能最大范围的表示出数据的方差，将原模式矢量从 n 维空间投影到这组正交矢量张成的 m 维子空间上，其投影系数构成模式的特征矢量，从而完成维数的压缩。

这里选用自协方差矩阵来度量模式的可分性，其中 w_1 表示模式空间能量最大（或方差最大）的方向，模式矢量 x_k 在该方向的投影称作最大主分量；w_2 表示与 w_1 相垂直的模式子空间上信号能量的最大方向，模式矢量 x_k 在该方向的投影称作第二主分量；依此类推，w_n 表示与 w_i（$i=1,2,\cdots,m-1$）都垂直于模式子空间上信号能量的最大方向。模式矢量 X_k，在该方向的投影称作第 m 主分量，其投影系数组成的矢量称为该模式的主特征 $Y=[Y_1，Y_2，\cdots，Y_n]$，由各个主特征构成的空间称为模式空间。主分量分析的主要步骤为：

（1）原始数据样本集 $k\times m$（其中 k 为样本数，m 为输入维数）的标准化。

（2）建立相关矩阵，根据 K-L 变换求矩阵的特征值和特征向量。利用标准化值计算变量之间的相关系数，由 m 可建立 m 阶相关矩阵，由该矩阵可获得特征值 λ_i（$i=1,2,\cdots,m$），m 个特征值对应 m 个特征向量，每一特征向量包括 m 个分量。

（3）选取主分量。计算第 i 个主分量对总方差的贡献率，按贡献率由大到小的顺序对 m 个主分量进行排序，贡献率最大的主分量称为第一主分量，其次的分量称为第二主分量，依此类推。选取主分量的个数取决于主分量的累计方差贡献率，通常使累计方差贡献率大于 85% 所需的主分量数能够代表 K 个原始变量所能提供的绝大部分信息。

（4）建立主分量方程，计算主分量值。根据各主分量值方程算出对应于特征值，特征向量的分量，计算出所需要的各主分量值，形成新的训练样本集和测试样本集。

5.4　分类器设计和识别

当今国际上图像分类技术的发展研究一般有三个方向：

第一，利用从图像数据中提取的新信息和新特征进行分类。

第二，应用新理论进行分类，如基于分形理论、共生矩阵理论、小波理论、曲波理论的图像纹理信息提取或基于模糊理论的混合像元分解方法等。

第三，设计新的分类方法，其实现途径千差万别，但一般从两个方向入手。

（1）改进经典算法：由于经典算法仍存在不足之处，因此对其进行改进是发展新的分类算法的有效途径。

（2）构造新算法：随着人们对理论知识的深入研究，我们可以将新的理论应用于解决问题和创造算法。构造新算法既可以完全抛弃旧算法，从头开始，也可以借鉴旧算法的优点，抛弃其缺点，逐步改进。

总的来说，图像分类研究目前正朝着精确、快速的方向发展。

针对模式特征的不同选择及不同的判别决策方法，模式识别主要有以下方法：统计模式识别、结构模式识别、模糊模式识别等。但是三种模式方法用于图像识别中有各自的优点，同时也有不足的地方，所以根据当前许多图像识别领域的需要，许多学者提出和应用许多新的识别方法，如基于模板匹配的图像识别方法、基于人工神经网络的图像识别方法、基于决策理论的判别方法等。模式识别的最后步骤是识别和分类过程。

分类器设计，利用样本数据来确定分类器的过程称为分类器设计。该过程表示为对于目标 x 的 d 个特征$(x_1,x_2,\cdots,x_d)^{\mathrm{T}}$，即 x 的 d 维空间，如果要将其分为两类，则要在两类之间设计出临界面，用于目标 x 的归类。

图像分类的理论根据是：图像中的同类景物在相同的条件下应具有相同或类似的光谱信息特征和空间信息特征，从而表现出同类景物间某种内在的相似性，即同类景物像元的特征向量将聚类于同一特征的空间区域，而不同景物由于其光谱信息特征和空间信息特征不同将聚类于不同特征的空间区域。从统计决策理论来看，图像分类在数学上就是对呈现统计可变的数据做出决策的过程。

分类过程分为设计和决策两个阶段。设计是指用一定数量已知类别信息的样本（训练集或学习集）进行分类器的设计，决策是指用设计好的分类器对未知类别信息的样本进行分类。理想的分类器应具有几种性质：

（1）分类过程的可重复性：由其他测试者采用相同数据能够获得相同的结论。

（2）健壮性：分类器对输入数据的微小变化不敏感，即输入的微小变化或噪声干扰不会影响输出结果的有效性。

有时特征不能直接输入分类器，而需要预先对数据进行特殊处理，比如对数据进行归一化，消除或减少数据中的噪声，增强有用信息等。如一个分类问题有 x 个待分类样本，d 个特征值，则数据矩阵表示如下：

$$x = \begin{pmatrix} x_{11} & x_{12} & \dots & x_{1d} \\ x_{21} & x_{22} & \dots & x_{2d} \\ \vdots & \vdots & & \vdots \\ x_{n1} & x_{n2} & \dots & x_{nd} \end{pmatrix}$$

如果矩阵中 d 个特征指标的量纲和数量级不同，直接利用原始数据进行计算就可能过分突出某些特别大的量值特征对分类的影响，而降低或忽略某些数量级较小的特征指标的作用，从而导致某些特征相对微小的改变就会明显影响分类结果。所以有必要先对原始数据进行无量纲化处理，即数据归一化处理。对特征指标进行归一化，可以有效提高某些算法如支撑矢量机算法和模糊 C 均值分类算法的分类准确度。

将一个 Ⅳ 维的特征向量记为 $F=(f_1,f_2,\cdots,f_n)$，如用 $I_1,I_2,\cdots,I_M$ 代表图像库中的图像，则对其中任一幅图像 I_1，其相应的特征向量为 $F=(f_1,f_2,\cdots,f_n)$，下面是几种常见的数据归一化方法：

（1）标准差归一化。对于第 j 个分量 f_1，假设特征分量序列 $(f_{1,j},f_{2,j},\ldots,f_{m,j})$ 服从高斯分布，计算

其均值 μ 和标准差 σ_j，用下式对 $f_{i,j}$ 进行归一化：

$$f'_{1,j} = \frac{f_{1,j}-\mu_j}{\sigma_j}$$

归一化后，$f_{i,j}$ 被转变为 $f'_{1,j}$，$f'_{1,j}$ 服从均值为 0、方差为 1 的正态分布。

（2）极大值归一化：

$$f'_{1,j} = \frac{f_{1,j}}{f_{j\max}}$$

$$f_{j\max} = \max(f_{1,j}, f_{2,j}, \cdots, f_{m,j})$$

（3）均值归一化：

$$f_{1,j} = \frac{f_{1,j}}{\mu_j}$$

一个好的归一化处理方法可以在实现无量纲化的同时保持原有各指标的分辨力。

分类器的设计包括建立分类器的逻辑结构和分类规则的数学基础。通常对每个所遇到的对象，分类器计算出表示该对象与每类典型之间的相似程度，这个值是该对象特征的一个函数，用来确定该对象属于那一类。大多数分类器的分类规则都转换成溺值规则，将测量空间划分成互不重叠的区域，每一个类对应一个（或多个）区域。如果特征值落在某一个区域里，就将该对象归入相应的类别中。在某些情况下，一些区域对应于"无法确定"一类。

一旦分类器的基本决策规则确定了以后，需要确定划分类别的阈值。一般的做法是用一组已知的对象来训练分类器。训练集是由每个类别中已经被正确识别的一部分对象组成的。对这些对象进行特征提取，并将特征向量用决策面划分成不同的区域，使得对训练样本集的分类准确性最高。当训练分类器时，可以采用简单的规则，诸如将分类错误的总量降低至最小值。如果希望某些错误分类要少于其他的错误分类，可以借助使用损失函数，对不同的错误分类采用适当的加权。决策规则则变为使分类器操作的整个风险达到最低。

目前所出现的分类算法主要有：线性判别函数、非线性判别函数、近邻法、经验风险最小化和有序风险最小化法、非监督学习法、基于人工精神网络的模式识别法、模糊模式识别法、统计学习和支持向量机法等。其中支持向量机来源于在两类问题中具有最大区间的最优超平面具有最好推广能力的思想，支持向量机分类是小训练样本下的分类，可以将低维空间中线性不可分的数据集通过映射变为高维中线性可分的数据集，这样就把低维空间中复杂的不容易分类的问题变为高维空间中比较简单的分类问题。

5.5　图像自动识别技术在物联网中的应用

信息的载体是物联网中物流信息的管理和应用首先涉及的。过去对于物流信息进行采集、记录、处理、传递和反馈，多采用单据、凭证、传票为载体，手工记录、电话沟通、人工计算、邮寄或传真等方法，这样不仅极易出现差错、信息滞后，也使得管理者对物品在流动过程中的各个环节难以统筹协调，不能系统控制，更不能实现系统优化和实时监控，从而造成效率低下和人力、运力、资金、场地的大量浪费。

在现实生活中，各种各样的活动或者事件都会产生包括人的、物质的、财务的，也包括采购的、生产的和销售的这样或者那样的数据，这些数据的准确采集与分析对于我们的生产或者生活决策来讲是十分重要的。

在计算机信息处理系统中，信息系统的基础是数据的采集，然后对采集到的数据进行系统的分析和过滤，最终成为影响决策的信息。

在信息系统早期，我们一般都是通过人工手工输入数据进行数据处理，这样不仅数据量十分庞大，劳动强度大，而且数据误码率较高，同时也失去了实时的意义。为了解决这些问题，各种各样的图像自动识别技术就应运而生，于是人们从繁重、重复但又十分不精确的手工劳动中解放出来，这样提高了系统信息的实时性和准确性，从而为生产的实时调整，财务的及时总结以及决策的正确制订提供正确的参考依据。

在当前比较流行的物流研究中，基础数据的自动识别与实时采集更是物流信息系统（Logistics Management Information System，LMIS）的存在基础，因为物流产生的实时数据比其他任何工况都要密集，数据量都要大，其过程比其他任何环节更接近于现实的"物"。图像自动识别技术是一种高度自动化的信息或者数据采集技术，是以计算机技术和通信技术的发展为基础的综合性科学技术，它是信息数据自动识读、自动输入计算机的重要方法和手段。

近几十年来，图像自动识别技术在全球范围内得到了迅猛发展，初步形成了一个包括条形码技术、磁条磁卡技术、光学字符识别、IC 卡技术、射频技术、声音识别及视觉识别等集计算机、光、磁、机电、物理、通信技术为一体的高新技术学科。

一般来讲，在一个信息系统中，数据的采集（识别）完成了系统的原始数据的采集工作，而图像自动识别技术作为一种革命性的高新技术，正迅速为人们所接受，解决了人工数据输入速度慢、误码率高、劳动强度大、工作简单重复性高等问题，为计算机信息处理提供了快速、准确地进行数据采集输入的有效手段。图像自动识别系统通过中间件或者接口（包括软件的和硬件的）将数据传输给后台处理计算机，由计算机对所采集到的数据进行处理，最终形成对人们有用的信息。而有的时候，中间件本身就具有数据处理的功能，可以支持单一系统不同协议的产品的工作。

完整的自动识别计算机管理系统包括图像自动识别系统（Auto Identification System，AIDS）、应用程序接口（Application Interface，API）或者中间件（Middleware）和应用系统软件（Application Software）。

各系统的分工如下：图像自动识别系统完成系统的采集和存储工作，应用系统软件完成对图像自动识别系统所采集的数据进行应用处理的工作，而应用程序接口软件则提供图像自动识别系统和应用系统软件之间的通信接口包括数据格式，将图像自动识别系统采集的数据信息转换成应用软件系统可以识别和利用的信息并进行数据传递。

本节就以智能网络检测系统为例来讲述图像自动识别技术在物联网中的应用。

图像监测广泛地应用于各种领域，然而目前已经安装上的图像监测系统大约 60% 沿用早期的摄像头加电视和录像带，并采用有线模拟视频传输技术构成。这种方案存在很多不足，如图像质量低、录像带不易保管、资源容易删改、录像机磁鼓寿命短、需专人看管换带、数据的存储量大、查询取证检索和图像压缩后期处理困难等。另一方面，有线模拟视频监测存在很多技术缺陷，如无线联网、只能以点对点的方式监视现场、布线工程量极大、对距离十分敏感、不能为远程实时监测和中心联网监测提供可扩展性等。本节介绍一种不仅实现了图像信号数据采集，而且数据传输速率和稳定性高，不仅灵活性好、成本低，而且具有网络化、智能化等优点的系统，该系统是一种采用 FPGA 和 CMOS 数字传感器实现前端数据采集，利用单片机进行图像鉴别和压缩，通过以太网控制器实现图像数据传输的图像监测系统。

1. 系统组成和工作原理

整个图像监测系统由本地服务器和多台智能图像采集前端组成分布式系统，采用的是 C/S 架构。图像采集前端和本地服务器在实现时使用的是自成局域网的方案，采用 UDP 传输协议和分时轮循管理模式。客户端采集数据，本地服务器处理数据，通过广域网连接，采用 FTP 传输协议发送数据。系统网络连接如图 5-1 所示。

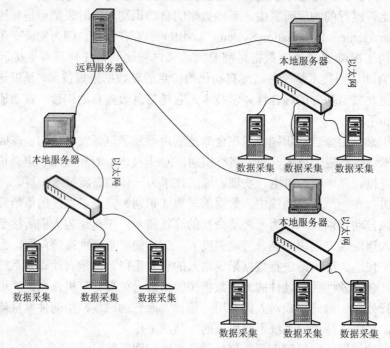

图 5-1　系统网络连接图

首先，采集来的数据由嵌入式 CPU 进行识别处理，然后有效的图像数据通过以太网卡控制器被发送到本地服务器，最后本地服务器进行图像处理，并向各个终端发送控制信息。同时，本地服务器还可以决定是否将处理过的数据发送到广域网上。

2. 图像采集传输系统

图像采集传输系统包括图像采集存储模块、输入/输出模块、电源设计模块、通信模块、红外检测模块和有效图像识别模块以及其他的附属单元。其基本过程如下：图像信号在前端采集，然后被转化为数字信号，最后由 CPU 通过网络上传到服务器，以供服务器进行图像处理或显示等。同时，服务器也通过网络同图像采集前端发送控制信号、显示信息，向终端查询设备状态、设备信息以及发布网络的辅助协议数据包等。

3. 图像采集存储模块

系统的图像传感器选择的是 CMOS 型高分辨率、高速率彩色图像传感器 OV7620。如果用 CPU 直接从 CMOS 芯片中采集数据，CPU 的速度跟不上，存在着高速外设与低速 CPU 之间不匹配的问题，为了克服这个问题，如图 5-2 所示，FPGA 内部可以分为内存分配、产生 SRAM 的读写时序和地址、为网卡和 CMOS 提供主频、键盘扩展、产生 LCD 的控制时序等几部分以及其他附属模块，FPGA 实现了图像传感器和 CPU 之间的速度匹配。

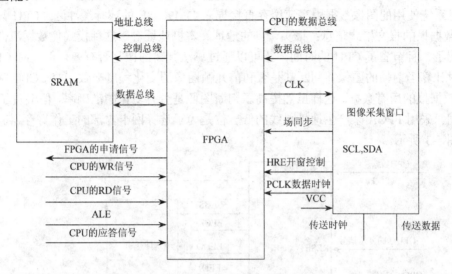

图 5-2　用 FPGA 采像的机构图

FPGA 会根据 CPU 的读写信号和 CMOS 的输出信号产生缓存的读写时序和地址信号。当一帧图像采集完成时，为了表示缓存里面有一帧数据可以进行读取，FPGA 向 CPU 发出一个申请信号，如果 CPU 不应答，表示这帧数据可以丢弃。这时 FPGA 重新根据 CMOS 图像传感器的输出信号向缓存输送一帧数据，如此循环。一旦 CPU 给出应答信号，FPGA 停止向缓存输送数据，等待 CPU 发送读信号。当 CPU 发出读信号时，FPGA 把 CPU 的读信号转化为内存的读信号。即 FPGA 首先根据 CMOS 的输出数据转化为内存的读信号。

4. 人机界面设计

键盘采用 4×4 矩阵键盘，键的功能定义分为数字键和功能键，数字键为 0～9，系统的功能键主要有 CLR（清除键）、OK（确认键）、MENU（主菜单键）、上翻键、下翻键、查询系统 IP 地址键。液晶显示器选用信利公司的产品，其分辨率为 128×32 点阵。

5. 红外检测和图像识别模块

红外检测和有效图像识别模块能够减轻网络的负载，使在实际网络中传输的任何连续两帧图像数据不会重复。采用嵌入式 CPU 进行图像的模式识别，判断连续两帧图像是否有变化。

6. RS-422 通信模块

系统挂接一套全双工总线式 RS-422 串口通信模式接口电路，使图像采集前端和其他设备能够进行网际互联，解决了传输速率不太高、传输距离远的问题。在实际传输中系统选用的波特率为 19 200 Bd，多机通信模式，一帧数据长度为 11 位。

7. 嵌入式系统

以太网控制器 DM9008F 的数据总线是与系统 CPU 的数据总线直接相连的，可通过红外检测的方式判断图像是否有效。为了提高图像数据的导入速度，图像数据不经过 CPU，系统使用的图像数据由高速缓存直接导入 DM9008F 的环行缓冲区。CPU 只产生 UDP 数据报的报文格式信息：报头、目的地址、本机地址等。这种模式使数据流向显得简单明了，且节省了 CPU 的时间。还可以通过算法判断图像是否有效，但此时 CPU 必须实时计算当前帧的图像并判断其是否和前几帧图像的变化程度一致，这时 CPU 应产生 UDP 数据报的所有数据。这样虽然提高了判断图像是否有变化的准确率，但浪费了 CPU 的时间。采用 FPGA 来产生地址总线的低五位是为了选择网卡内部的工作寄存器。其框图如图 5-3 所示。

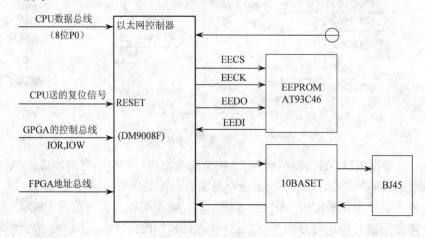

图 5-3   以太网接口控制器框图

8. 系统软件设计

系统软件包括单片机应用软件、服务器管理软件以及它们之间的通信协议。单片机应用软件由主程序、键盘扫描程序、配置 CMOS 参数子程序、网卡读取数据模块、数据包处理模块、数据包发送模块等组成，采用 C51 和汇编语言联合编写的方式。单片机的嵌入式软件主要包括网卡控制器 TCP/IP 软件的实现、键盘识别、对图像的读写和计算处理、配置 CMOS 参数、液晶驱动的编写、RS-422 串行通信软件的编写以及与服务器之间协议的实现等部分。

服务器软件主要完成图像数据的读取和扫描指令及控制信息的下发。为了调试方便，服务器管理软件采用 Delphi 编写。Delphi 4.0 以上的版本都支持两种组件，对 WinSocket 进行细分，即 ClientSocket 和 ServerSocket。它们分别作为客户端和服务器端的组件。实现通信只需要通过这两种组件之间的通信，再加上辅助的应用程序代码即可。

智能化、网络化、数字化图像监测系统已经是国内外发展的趋势。实验证明：该系统不仅实现了网络传递图像数据等大容量信息，而且也可以上传上位机对终端的控制、信息获取及图像采集前端对上位机的数据和实现信息回复等一套完整灵活的双向通信协议。在图像采集的设计中，FPGA 技术的应用，较好地解决了高速外设与低速 CPU 之间不匹配的问题，使图像采集可以在 8 位嵌入式系统中实现。图像采集传输系统采用了以太网这种高速数据传输方式，使系统的传输速率高且稳定可靠。红外检测和有效图像识别模式优先图像，减轻了网络传输的负荷，使整套系统传输效率更高。

小结

图像技术在人们生活中的应用将越来越广泛，以下引用几个例子来简单说明。

1. 计算机图像生成

以计算机图形学和"视算"为基础的计算机图像生成技术，在 21 世纪将有很大的发展。在大型飞行、航海仿真训练系统中的应用已见成效，目前已深入民用。在广告制作、动画制作中已有令人叹为观止的杰作。在 21 世纪初，"全仿真人造演员"领衔主演的动画片的表情几可乱真，计算机图像生成技术的完善及廉价化对人类文化将开辟一片新天地。在民用衣饰、发型的设计、歌舞动作设计、外科整容预测、公安机构根据目击者叙述的罪犯追忆造型等诸多方面都有广泛应用。

立体电视也将在计算机图像生成的基础上与电视技术相结合而诞生。

2. 图像传输与图像通信

以全数字式图像传输的实时编码——压缩—解码为中心的图像传输技术将得到巨大的发展。以宽度约 1 m，高度约 60 cm 的高清晰度彩色荧光屏为中心的多媒体将成为每个家庭文化生活和教育的中心，图文声像并茂的"图文电视"将成为纵览世界、本国、本市、本社区的新闻、交通、商业采购最新消息的随时更新、自由翻阅的"电视画报"。以"图文电视"多媒体光盘等为手段的多种课程的进修、学习将可随时在空余时间内完成并将成绩汇总评阅。据估计，HDTV 及相应的家庭、多媒体中心将成为 21 世纪前 30 年最为影响国民经济的举足轻重的龙头产品，相关产值可达 5 000 亿美元，目前已成为工业先进国家争夺的目标，可视电话及电话图像传真将成为家庭的必备品。可视数据将成为家庭中随时可查可录的图书馆和资料库，这种广泛的信息来源，图文声像并茂的"多媒体文化"将形成很好的文化环境，深入到每个家庭，成为影响人们生活、教育、文化、娱乐、乃至工作方式的高新技术。

3. 机器人视觉及图像测量

随着生活水平的日益提高，危、重、繁、杂的体力劳动将逐渐被智能机器人及机器人生产线所取代，随着机器人在工业、家庭生活中日益广泛的应用，高智能的机器人视觉是关键的一环。三维摄像机——直接摄取空间像素的灰度及"深度"的摄像将会诞生。以"三维机器视觉"分析成果为中心，配有环境理解的机器视觉将在工业装配、自动化生产线控制、救火、排障、引爆等应用乃至家庭的辅助劳动、炊事烹饪、洗衣、清洁、老年人及残障病人的监护方面发挥巨大的作用。

与机器视觉相并行，以三维分析为基础的图像测量传感将成为通用的智能化测量技术而得到长足的发展。

4. 办公室自动化

以图像识别技术和图像数据库技术为基础的办公室自动化将付诸实用。语音输入和音控设备现已在高速发展之中。口授打字，即屏编辑将把作家、教师、科技人员从爬格子编写文稿、书籍、讲义的工作中解放出来，代替以前的"剪刀+糨糊"的手稿工作并立即提供印刷样本。图像数据库使图文并茂的报表的编制成为十分愉快的工作，将秘书和档案人员的工作推向现代化。

5. 图像跟踪及光学制导

20世纪70年代以来，图像跟踪及光学制导技术在战略武器的末制导中发挥了极大的作用，其特点是高精度与高智能化。虽然目前国际局势趋向缓和，大国之间毁灭性战斗的可能性似在减少，但局部战争与恐怖活动仍然有增无减。小巧精确的智能式战术武器是必不可少的。

以图像匹配，特别是具有"旋转、放大、平移"不变特征的智能化图像匹配与定位技术为基础的光学制导将得到进一步发展，例如，类似于毒刺、爱国者、灵巧炸弹等图像制导战术武器将会不断推出，这些地—地、地—空战术武器将改变战术作战的概念。"硅片打败钢铁"已是被海湾战争印证了的事实。

在测控技术中，"光学跟踪测控"也是最紧密的测控技术之一。

6. 医用图像处理与材料分析中的图像分析系统

以"图像重叠"技术为中心的医用图像处理技术将更趋完善。以医用超声成像、X光造影成像、X光断影成像、核磁共振断层成像技术为基础的医用图像处理将实现医学界"将人体变为透明"的目标。

医疗"微观手术"使用微型外科手术器械进行血管内、脏器内的微观手术，其中一个基础就是医用图像。特制的图像内窥镜、体外X光监视和测量保证了手术中的安全和正确。不仅如此，术前的图像分析和术后的图像监测都是使手术成功的保证。

利用图像重叠技术进行无损探伤也应用在工业无损探伤和检验中。智能化的材料图像分析系统将有助于人类深入了解材料的微观性质，促进新型功能材料的诞生。

7. 遥感图像处理和空间探测

以多光谱图像的综合处理和像素区的模式分类为基础的遥感图像处理是对地球的全体环境进行监控的强有力的手段。它同时可为国家计划部门提供精确、客观的各种农作物生长情况、收获估计、林业资源、地质、水文、海洋等各种宏观的调查、监测资料。

空间探测和卫星图像侦察均已成为搜集情报的常规技术。21世纪人类发射的分析空间探测火箭将到达太阳系边缘、给我们送来那遥远的太阳系姐妹行星的资料。

8. 图像变形技术

1941年，在影片《狼人》中，影片中的人物Lonchaney由人变成了狼。这一特殊技巧现在称之为"变形"。仅仅半个世纪之后，先进的数字图像处理技术就使这一古老的戏法梦想成真，逼真地呈现在人们眼前。同时，变形技术作为一种新的计算机动画的处理方式脱颖而出，成为计算机动画领域中一个崭新的分支，并成为现今国际上研究的热门课题之一。

目前，所研制的动画软件中还未包含变形处理功能，而利用变形技术，特别是三维变形技术，所描述的细节更丰富，能更好地体现自然景观，即产生更加奇特和新颖的画面，变形技术在动画制作及画面表示方面所具有的独特效果，是开创性的，在 21 世纪，必将具有广泛的应用。

从所列举的图像技术的多方面应用及其理论基础可以看出，它们无一不涉及高科技的前沿课题，充分说明了图像技术是前沿性与基础性的有机统一。

可以预期，在 21 世纪，图像技术将经历一个飞跃发展的成熟阶段，为深入人民生活创造新的文化环境，成为提高生产的自动化、智能化水平的基础科学之一。图像技术的基础性研究，特别是结合人工智能与视觉处理的新算法，从更高水平提取图像信息的丰富内涵，成为人类运算量最大、直观性最强，与现实世界直接联系的视觉和"形象思维"这一智能的模拟和复现，是一个很难而重要的任务。"图像技术"这一 20 世纪后期诞生的高科技之花，其前途不可限量。

 习题

1. 图像自动识别系统主要由哪几部分构成？并分别作简要介绍。
2. 图像中往往会有不同程度的噪声，试列出当前比较流行的几种去噪方法，并对其做适当的说明。
3. 什么是图像分割？
4. 简述基于区域和边缘的图像分割技术的要点。
5. 说明模糊理论和图像分割技术的联系。
6. 什么是粒度计算理论？它和图像分割有什么关系？
7. 随着神经网络、模糊集理论、统计学理论、形态学理论、免疫算法理论、图论以及粒度计算理论等在图像分割中的广泛应用，图像分割技术的发展趋势是什么？
8. 什么特征是图像特征的基本特征？
9. 图像特征提取的分类方法。
10. 简要说明 Gabor 小波变换的特点。
11. 什么是 PCA？
12. 当今国际上图像分类技术的发展研究分为哪三个方向？
13. 分类器的设计过程和设计原则是什么？
14. 列举分类器中用到的分类的算法有哪些？
15. 总结图像自动识别技术在物联网中的应用。
16. 简述智能网络图像监测系统的工作原理。

第6章 图像配准与融合技术

学习重点

　　本章6.1节、6.2节主要分析了图像配准和融合技术，6.3节介绍了图像配准和融合的软件，最后对本章进行了总结。

目前，数字图像处理已成为计算机科学、信息科学、统计学、医学等领域学习和研究的对象和热点，涉及各种图像处理技术，包括图像增强、图像分割、图像配准、图像去噪、图像显示等。其中图像配准就是将不同时间、使用不同传感器或不同条件下获取的两幅或多幅图像进行匹配、叠加的过程。使用不同图像传感器获取的图像数据在几何、光谱、时间和空间分辨率等方面存在明显的局限性和差异性。图像融合技术就是将不同传感器获取的图像数据综合起来，达到对目标有一个更全面、更清晰、更准确的理解和认识的目的。图像特征信息的提取、图像理解是图像信息的挖掘基础，将为物联网的发展提供更加丰富的信息。

6.1　图像配准

同一物体可能出现在多幅图像的不同位置，如何以该物体作为依据，计算不同图像之间的变换关系，从而实现将多幅图像进行拼接、融合等目的，是图像配准的主要研究问题。

6.1.1　图像配准简介

图像配准就是将不同时间、使用不同传感器（成像设备）或不同条件下（天候、照度、摄影位置和角度等）获取的两幅或多幅图像进行匹配、叠加的过程。其流程如下：首先对两幅图像进行特征提取得到特征点；通过进行相似性度量找到匹配的特征点对，然后通过匹配的特征点对得到图像空间坐标变换的参数；最后由坐标变换参数进行图像配准。从上述过程可以看到，特征提取是图像配准技术中的关键步骤，只有准确提取才能为特征匹配的成功提供保障。因此，寻求具有良好不变性和准确性的特征提取方法，对于匹配的精度至关重要。

使用不同图像传感器获取的图像数据在几何、光谱、时间和空间分辨率等方面存在明显的局限性和差异性。医学图像如 X 射线影像、CT 影像、MRI 影像、SPECT 影像、PET 影像、超声影像、SPOT 影像等，这些影像因成像原理的不同（传感器的不同）而使各自的影像具有各自不同的特征[114, 115]。在实际应用中，可能一种图像数据难以满足实际需求。为此，可以采用图像融合技术将不同传感器获取的图像数据综合起来，达到对目标有一个更全面、更清晰、准确的理解和认识的目的。但在此之前要进行图像配准，消除图像间存在的差异，因此，图像配准是图像融合的关键技术之一，图像配准与融合的过程如图 6-1 所示。

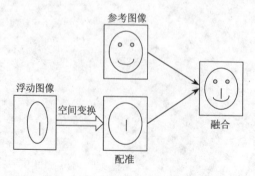

图 6-1　图像配准过程示意图

在遥感领域，大量不同波段的遥感图像融合和拼接为更为方便、更为全面地认识环境和自然资源提供了可能，其成果广泛应用于大地测绘、植被分类、农作物生长态势评估、天气预报、自然灾害监测等方面[135]。

总之，随着成像技术的发展，人们对高质量的图像的需求越来越大，使得图像配准技术有了很广阔的应用前景。

6.1.2　图像配准的原理

1．图像配准的数学定义

把 xOy 实平面分为网格，每一网格中心的坐标就是笛卡儿积 Z^2 的一对元素，Z^2 是所有有序元素对（z_i，z_j）的集合，z_i 和 z_j 是 Z 中的整数。令（x，y）为 Z^2 中的整数，f 为把灰度级值 R 赋予每个坐标对（x，y）的函数，则 f（x，y）就表示一幅数字图像。

若约定原点坐标值（x，y）=（1，1），则 $M×N$ 的数字图像 f（x，y）可用矩阵表示为

$$f(x,y) = \begin{pmatrix} f(1,1) & f(1,2) & \cdots & f(1,N) \\ f(2,1) & f(2,2) & \cdots & f(2,N) \\ \vdots & \vdots & & \vdots \\ f(M,1) & f(M,2) & \cdots & f(M,N) \end{pmatrix} \tag{6-1}$$

图像配准过程可由图 6-1 表示。数字图像可以用一个二维矩阵表示，如果用 I_1（x，y）、I_2（x，y）分别浮动图像和参考图像在点（x，y）处的灰度值，那么图像 I_1、I_2 的配准关系可表示为

$$I_2(x,y) = gI_1(f(x,y)) \tag{6-2}$$

其中，f 代表二维的几何变换函数，g 表示一维的灰度变换函数。

配准的主要任务就是寻找最佳的空间变换关系 f 与灰度变换关系 g，使两幅图像实现最佳对准。由于空间变换是灰度变换的前提，而且有些情况下灰度变换关系的求解并不是必需的，所以寻找空间几何变换关系 f 便成为配准的关键所在，于是式（6-2）可改为更为简单的表示形式

$$I_2(x,y) = I_1(f(x,y)) \tag{6-3}$$

2．图像配准的基本框架

前面已经提到过图像配准的流程，从中可以看出，图像配准的基本框架可以由以下四个部分组成：特征空间、搜索空间、搜索策略和相似性测度。

1）特征空间

特征空间是指从参考图像和浮动图像中提取的可用于配准的特征。在基于灰度的图像配准方法中，特征空间为图像像素的灰度值；而在基于特征的图像配准方法中，特征空间可以是点、边缘、曲线、曲面、不变矩等。

特征空间的选取对图像配准有着重要的意义，因为特征空间不仅直接关系到图像中的哪些特征对配准算法敏感和哪些特征被匹配，而且大体上决定了配准算法的运行速度和健壮性。

理想的特征空间应该满足以下几个条件：

（1）特征提取简单快捷；

（2）特征匹配运算量小；

（3）特征数据量合适；

（4）不受噪声、光照度等因素影响；

（5）对各种图像均能使用。

2）搜索空间

搜索空间是指在配准过程中对图像进行变换的范围及变换方式。图像的变换范围可以分为三类：全局的、局部的和位移场的。全局变换是指在图像配准过程中整个图像的空间变换都可以用相同的变换参数表示。局部变换是指在图像的不同区域可以有不同的变换参数，通常做法是在区域的关键点位置上进行参数变换，其他位置进行差值处理。位移场变换是指对图像中的每一像素点独立地进行参数变换，通常使用一个连续函数来实现优化和约束。

3）相似性度量

相似性度量是衡量每次变换结果优劣的准则，用来对变换结果进行评估，为搜索策略的下一步动作提供依据。

相似性度量和特征空间、搜索空间紧密相关，不同的特征空间往往对应不同的相似性度量；而相似性度量的值将直接决定配准变换的选择，以及判断在当前所取的变换模型下图像是否被正确匹配了。通常配准算法的抗干扰能力是由特征提取和相似性度量共同决定的。

常用的相似性度量有互信息、归一化互信息、联合熵、相关性、欧式距离、梯度相关性等。

4）搜索策略

搜索策略的任务是在搜索空间中找到最优的配准参数，在搜索过程中以相似性度量的值作为判优依据。

由于配准算法往往需要大量的运算，而常规的贪婪搜索法在实践中是无法被接受的，因此设计一个有效的搜索策略显得尤为重要。搜索策略将直接关系到配准进程的快慢，而搜索空间和相似性度量也在一定程度上影响了搜索策略的性能。

常用的搜索策略有黄金分割法、Brent 法、抛物线法、三次插值法、Powell 法、遗传算法、蚁群算法、牛顿法、梯度下降法、粒子群法等。

6.1.3　图像配准的分类

由于图像的成像设备不同，以及本身特点和所包含的内容不同，可以将图像配准技术按以下 8 种方法分类[114]。

1. 按图像的维数分类

按图像的空间维数可分为 2D/2D，2D/3D，3D/3D 图像配准。2D/2D 是指两幅二维空间图像间的配准，在医学影像上主要应用于相同或不同断层扫描数据的不同片层之间的配准，是目前应用最为广泛的图像配准。2D/3D 是指二维空间图像和三维空间图像的配准，主要应用于空间数据和投影数据之间的配准，如手术过程中的二维 X 射线影像和手术前的三维 CT 影像间的配准，还有是 2D 片层扫描数据和 3D 空间数据的配准。3D/3D 是指两幅三维空间图像的配准，一般应用于两个断层扫描数据的配准。当 2D 扩展到 3D 时，参数个数和图像数据量会急剧增大，配准过程也会变得更加复杂。如果在空间维数的基础上再加上时间维数，则原来的 2D、3D 就分别变成了 3D、4D，在临床医学上可用来观察儿童骨骼发育、跟踪肿瘤变化、监视窗口愈合等。

2. 按成像模式分类

按成像的模式不同可分为单模态图像配准和多模态图像配准。单模态图像配准是指浮动的两幅图像是同一种成像设备获取的，主要用于不用的 MRI 加权像间的配准、电镜图像序列的配准、fMRI 图像序列的配准。例如 MRI 图像包含有 T1、T2 加权像及质子密度（PD）加权像，不同参数加权的图像的信息具有互补性。临床上，他们之间互相配准后结合利用可以提供更全面得诊断信息，可用于脑组织灰、白质的分类等过程。fMRI 是一种研究人脑功能的新技术，由于它既不需要增强剂，也没有辐射损伤，所以在神经科学的认知研究领域中得到越来越多的重视。fMRI 测量大脑在活动过程中由于氧摄取量与脑血流间的不平衡所引起的脑血管周围 MRI 信号改变。但是这种信号很弱，为了得到足够的信号强度，就需要做多个时间序列，然后实现图像之间的精确配准，最后通过平均的办法来提高信噪比。

多模态图像配准是指浮动的两幅图像来源于不同的成像设备。如 CT 和 MRI 图像间配准后，可以同时得到高分辨率的骨组织和软组织图像；又如，将反映人体的功能和代谢信息的 SPECT 和 PET 图像与 CT 或者 MRI 图像配准后，可以同时提供高分辨率的机构信心和功能信息，具有更好的临床应用价值[116, 120]。由于成像设备的原理不同，扫面参数条件各异，所以两种断层图像间不存在简单的点与点对应关系。

3. 按图像的来源和成像的部位分类

按照配准图像的来源，可以分为同一个体的图像配准、不同个体之间的图像配准、个体和图谱之间的配准。对于同一病人在不同时间获得的同一器官或者解剖部位的图像配准，可以用于纵向对比研究，从而监视疾病的发展及治疗过程。将患者的图像与典型正常人相同部位的图像对比，可以确定患者是否正常。此外，图像与标准图谱配准可以实现图像的自动分割，这属于不同个体之间的配准。不同个体间的图像配准，由于个体解剖结构之间的差异，显然要难于个体自身图像间的配准。一般的做法是通过模拟一定的弹性力学过程，如薄板样条、黏弹性流体等，将一幅图像通过非线性形变使它最终能与另外一个图像实现最佳匹配。

4. 按控制点分类

按照控制点分类，可以分为基于外部控制点的配准和基于内部控制点的配准。基于外部控制点的配准在成像前需要在感兴趣的解剖点人工设立标记，只要标记配准了整幅图像也就配准了。对标记物的材料和形状设计要求是，在需要配准的所有图像模态中均能清楚可视和精确检测。解决方法一般是在不同图像模态的成像过程时，向标记物里灌入不同的显影物质。基于外部特征的配准方法所求的参数可以明确求解，无需复杂的优化算法，因此配准实现比较容易。但最大缺点是必须在图像的成像阶段使用标记物，对人不太友好，无法实现图像的回溯式配准。

外部控制点又可分为侵入式和非侵入式。临床上常用的侵入式标记物是立体框架和植入式螺丝。基于立体框架的配准方法在所有的方法中精度最高，可以作为其他配准方法检验的金标准。在实际操作中将参考框架用螺丝旋入头骨的方式紧紧的固定在患者的外颅表面，在成像过程中用头架上的 N 或 V 标记来确定每一层的位置和方向，同时也用来计算研究对象在二维框架空间中的位置，刚性变换的六个参数由框架上标记点/植入式螺丝的位置坐标来确定。但是立体框架和植入螺丝给患者带来极大的不适，并且在手术过程中限制了医生的操作。因此各种对患者友好的非侵入标记物被使用，其中应用最为广泛的是在皮肤上设置一些标记。最常用的方法是，将 3～6 个中空的小球粘贴在皮肤上作为标记物，这要求标记处的皮肤有近似的刚性，因此仅限于在头颅部位的皮肤，配准精度在 4 mm 左右。基于外部特征信息的配准方法不涉及与患者相关信息的图像信息，配准变换被限制为仅有平移、旋转、尺度缩放的仿射变换，只能用于同一患者的不同影像模式之间的配准，不适用于患者之间和患者与图谱之间的配准研究，主要用于神经外科和整形手术中。

基于内部控制点的图像配准方法取决于患者图像的内在信息，可以是一些有限的可明显识别的点集，或者是分割出的结构线、曲面，或者是直接从图像灰度计算得到的统计量。

点特征可以是在解剖形态上明显可见的标记点，例如耳蜗尖端拐点和血管的分叉或相交点，也可以是几何标记点，在一些几何特性的最优值轨迹上，例如局部曲率极值。特征点可以由用户交互式识别，也可以采用自动方式识别。基于点特征的图像配准方法主要求解刚性或仿射变换，如果点特征数目足够多，也可以用来做更复杂的弹性变换。

基于结构分割的配准算法是从图像中分割出具有一定语义结构的线段和曲面，并以此作为基准配准整幅图像。其中最著名的配准方法是 1989 年由 Pelizz 提出的"头帽法"，从一幅图像轮廓提取的点集称作帽（hat），从另一幅图像轮廓提取的表面模型称做头（head）。一般用体积较大的病人图像，或在图像体积大小差不多时用分辨率高的图像来产生头表面模型。Powell 搜索算法被用来寻求所需的几何变换，使得帽和头表面内所有的点之间距离的平均值最小。许多学者对该算法作了重要改进，例如用多分辨率金字塔技术克服局部极值问题；用距离变换拟合两幅图像的边缘点，斜面匹配技术可有效地计算距离变换。

基于图像灰度的统计量可以分为两类，一类是将图像灰度简约成典型的矢量集，然后对这些矢量进行配准，如图像的主轴和矩；另一类是配准全过程都使用图像灰度信息，常用的方法有灰度方差最小化法、互相关法和互信息法等。这类方法不需要对图像进行分割，因此可以实现图像自动化配准，但对图像数据的缺失较为敏感。

5. 按空间变换模型分类

图像配准中的变换函数可以分为四类：刚性变换（Rigid）、仿射变换（Affine）、投影变换（Projective）和非线性变换（Non-linear）（弹性变换）。如果仅存在坐标轴的旋转和平移，则图像变换是刚性的，这时平行直线映射成平行直线，相互垂直的直线映射成相互垂直的直线。如果只能将平行直线映射成平行直线，垂直性不能保持，图像的坐标变换是仿射的。如果只能将直线映射成直线，平行性和垂直性都不能保持时，图像的坐标变换是投影变换。如果直线映射成曲线，图像的变换就是非线性的（弹性变换）。每一类变换都包含它前面一类变换，这四类变换依次包含，即弹性变换包含投影变换，投影变换包含仿射变换，仿射变换包含刚性变换。多个变换组合时，最终的变换是复杂度最高的变换，例如，投影变换和仿射变换的组合是投影变换。

（1）刚性变换是指对刚体进行的变换。刚体是指物体内部任意两点间的距离保持不变，或者认为物体在外力作用下没有形变或者形变可以忽略。刚性变换只允许有平移和旋转两种运动。这种变换不仅将平行线映射为平行线，而且还保证两条直线间的夹角保持不变。人体的头部由坚硬的颅骨支撑，通常将人体头部看作是一个刚体。处理人脑图像时，常使用刚性变换。刚性变换可以分解为旋转和平移

$$Y = AX + b \tag{6-4}$$

式中，$Y=(y_1, y_2, y_3)$ 和 $X=(x_1, x_2, x_3)$ 是体素的空间位置坐标，A 是 3×3 的旋转矩阵，b 是 3×1 的平移向量。矩阵满足约束条件

$$A^T A = I, \det A = I \tag{6-5}$$

式中，A^T 是矩阵 A 的转置，I 是单位矩阵。如果使用齐次坐标的形式，则可写为

$$\begin{pmatrix} y_1 \\ y_2 \\ y_3 \\ y_4 \end{pmatrix} = \begin{pmatrix} r & | & t \\ \hline p & | & w \end{pmatrix} \begin{pmatrix} x_1 \\ x_2 \\ x_3 \\ x_4 \end{pmatrix} \tag{6-6}$$

式中，t 是平移矢量，p 是投影矢量，在刚性变换中 $p=(0, 0, 0)$，w 是产生整体比例变换，在刚性变换中 $w=1$，r 是 3×3 的旋转矩阵：

$$r_{ij} = r_{ij}^{(1)} r_{ij}^{(2)} r_{ij}^{(3)} \tag{6-7}$$

$$r_{ij}^{(1)} = \begin{pmatrix} 1 & 0 & 0 \\ 0 & \cos\alpha_1 & -\sin\alpha_1 \\ 0 & \sin\alpha_1 & \cos\alpha_1 \end{pmatrix} \tag{6-8}$$

$$r_{ij}^{(2)} = \begin{pmatrix} 1 & 0 & 0 \\ 0 & \cos\alpha_1 & -\sin\alpha_1 \\ 0 & \sin\alpha_1 & \cos\alpha_1 \end{pmatrix} \tag{6-9}$$

$$r_{ij}^{(3)} = \begin{pmatrix} 1 & 0 & 0 \\ 0 & \cos\alpha_1 & -\sin\alpha_1 \\ 0 & \sin\alpha_1 & \cos\alpha_1 \end{pmatrix} \tag{6-10}$$

式中，α_1、α_2、α_3 分别代表绕三个坐标轴旋转的角度。

（2）仿射变换函数将直线映射为直线，并保持平行性。当式（6-5）的约束条件不满足时，式（6-4）描述的是仿射变换。三维情况下的仿射变换函数 $p: (x, y, z) \rightarrow (x', y', z')$

可以表示为

$$x' = t_{xx}x + t_{xy}y + t_{xz}z + t_x$$
$$y' = t_{yx}x + t_{yy}y + t_{yz}z + t_y \qquad\qquad (6\text{-}11)$$
$$z' = t_{zx}x + t_{zy}y + t_{zz}z + t_z$$

同样，也可以表示为式（6-3）的齐次坐标形式，但是矩阵 *r* 没有限制。

仿射变换具体表现可以是各个方向变换系数一致的均匀尺度变换或变换系数不一致的非均匀尺度变换及剪切变换等。均匀尺度变换多用于使用透镜系统的照相图像，在这种情况下，物体的图像和该物体与成像的光学系统间的距离有直接的关系，一般的仿射变换可用于校正由 CT 台架倾斜引起的剪切或 MR 梯度线圈不完善产生的畸变。

（3）投影变换。与仿射变换相似，投影变换将直线映射为直线，但不再保持平行性质。在式（6-6）中 *p* 和 *w* 不再维持 *p*=(0，0，0)，*w*=1。投影变换主要用于二维投影图像与三维体积图像的配准。

（4）非线性变换又称弹性变换（Elastic Transformation），它把直线变换为曲线。使用较多的是多项式函数，一般为二次、三次函数以及径向基函数，如高斯函数、薄板样条函数、Multiquadrics 和 B 样条等。非线性变换多用于使解剖图谱变形来拟合图像数据，或者头部以外的有全局性形变的胸、腹部脏器图像的配准。

6. 按配准过程分类

按配准过程可以分为基于特征的图像配准和基于灰度的图像配准。这两者的主要区别在于是否包含分割步骤。基于特征的方法包括图像的分割过程，用于提取图像的特征信息，然后对图像的显著特征进行配准。其变换参数是对两幅图像中获得的对应数据使用联立方程组而直接计算得到。

基于灰度的配准方法无需进行图像的分割与特征提取，直接用图像的统计信息作为配准的相似性度量。这样配准问题就转化为参数寻优的问题，即是由变换参数表示的能量函数（一般是逆凸和非线性的，能用标准的优化算法求解极值）的极值求解问题。目前采用的优化算法有：Powell 法、下山单纯行法、Marquadrt-Levenberg 法、梯度下降法、遗传算法、模拟退火法、粒子群优化法和组合方法。在实际应用中，经常使用附加的多分辨率和多尺度方法，目的是加速收敛速度、降低需要求解的变换参数的数目、避免局部最小值，并且多种优化算法混合使用，即开始时使用粗略的快速算法，然后使用精确的慢速算法。

7. 按交互性分类

按配准过程中的交互性可分为人工配准、半自动配准和全自动配准。人工配准完全由人工凭借经验进行，输入计算机后实现的只是显示工作，不需要复杂的配准计算法；半自动配准过程需要人工给出一定的初始条件，如人工勾画轮廓、控制优化参数等；全自动配准不需要人工干预，由计算机自动完成。

8. 按变换函数作用域分类

根据空间几何变换函数的作用域，配准可以分为全局变换和局部变换。全局变换是指将两幅图像之间的空间对应关系用同一个函数表示，大多数图像配准方法采用此变换。局部变换是两幅图像中不同部分的空间对应关系用不同的函数表示，适用于在图像中存在非刚性形变的情形。通常当全局变换不能满足需求时，需要采用局部变换。

有文献中将这几种分类归纳综合成了 4 个主要标准进行分类，即对象属性、依据来源、变换函数、优化过程。其中对象属性包含了维数、成像模式、所属个体等，即前三种分类方法。

还有人提出了新的分类方法，即以图像融合为目标和以运动估计为目标的分类。运动估计是指对多幅相似图像或者视频序列中的图像中的像素的位移量做出估计。运动估计是图像配准领域的一个重要问题，在众多研究理论成果中也有相当一部分是以对图像做出精确地运动估计（亚像素级的运动估计）为目的的。这类图像配准的主要任务是对图像做出精确的、亚像素级的运动估计，为后续的图像其他处理方面工作做好铺垫。

典型的运动估计算法有块匹配法，其原理是将图像序列的当前帧划分为若干像素大小相同的图像块，到前一帧图像（参考帧）的一定搜索区域，按照一定的匹配准则，搜索与当前帧的每一图像块最为相似的匹配块（称为最佳匹配块）参考帧中的最佳匹配块相对于当前块的位移，即为当前块的运动矢量，从而得到图像序列的运动估计位移量。由于块匹配的过程需要不断地搜索，那么搜索策略的选取，就决定了运动估计效果的好坏。一种综合搜索策略的运动估计算法，利用块运动的类型确定搜索起点，再用小的十字模板与块的梯度下降搜索法相结合的方法，来进一步提高搜索速度和运动估计效果，这也是当前来讲较新的一种块匹配运动估计算法。光流法，物体在运动时，物体在图像上对应点的亮度模式也在运动，由此提出了光流概念，即图像亮度模式的表观运动，它表现了图像的变化，包含了物体的运动信息，因此，我们可以利用光流的运动信息来估计物体运动的位移量，即利用运动着的图像序列中的灰度图像数据随时间的变化情况和相关性，来估计图像像素的运动情况。在光流方法的基础上，后续发展并提出了基于纹理流的图像序列稠密运动估计算法，它与常规的光流运动估计方法相比具有更好的准确性，在假设图像纹理特征不变的基础上，推导得出运动估计方程和运动向量。

基于融合的图像配准。这类图像配准主要是以图像融合为目的，为最终结果，对两幅或多福图像进行运动估计，精确的配准、匹配后，再进行图像融合，其结果是实现多幅图像的融合，因此常把图像配准与图像融合在某种程度上等同。图像融合主要分为三个层次：像素级（数据级）、特征级、决策级。在这类以图像融合为最终目的的图像配准中，常用的算法有基于灰度的配准，基于特征的配准，基于互信息的配准，这些方法与图像融合的方法相似，也可以在某种程度上将二者等同。

6.1.4　图像特征提取算子

图像特征的提取是图像配准的关键，因而特征的提取显得尤为重要，下面介绍下一些特征的提取。

1. 点特征提取

点特征是影像最基本的特征，它是指那些灰度信号在二维方向上都有明显变化的点，如角点、圆点等。点特征可以应用于诸如图像的配准与匹配，目标描述与识别，光束计算，运动目标跟踪与识别和立体像对 3D 建模等众多领域。使用点特征进行处理，可以减少参与计算的数据量，同时又不损害图像的重要灰度信息，在匹配运算中能够较大地提高匹配速度，因而受到人们的关注。提取点特征的算子称为兴趣算子或有利算子（Interest Operator），即利用某种算法从影像中提取人们感兴趣的，即有利于某种目的的点。在影像分析和计算机的视觉领域，根据不同应用目的选择有效的点特征提取算子是非常重要的[125]。

目前已有的点特征提取算子的方法，大致可以归为两大类：一类是基于模板的方法；另一类是基于几何特征的提取方法。前一种方法可归纳为：首先设计一系列点模板，然后计算模板与所有图像子窗口的相似性，以相似性判断位于子窗口中心的像元是否为特征点。由于该算法计算耗时大，而且模板定义复杂，在实践中较少使用。后一种方法基于几何特征的提取算法，依赖点不同几何特性进行提取，计算简便，因而得到广泛使用。

在摄影测量中，有一些较为著名的点特征提取算子，如 Moravec 算子、Forstner 算子与 Hannah 算子等[124]。

Moravec 算子是 Moravec 于 1977 年提出利用灰度方差提取点特征的算子。Moravee 算子是在 4 个主要方向上，选择具有最大、最小灰度方差的点作为特征点。基本思想是，以像元的 4 个主要方向上最小灰度方差表示该像元与邻近像元的灰度变化情况，即像元的兴趣值，然后在图像的局部选择具有最大的兴趣值得点（灰度变化明显得点）作为特征点（见图 6-2），具体算法如下：

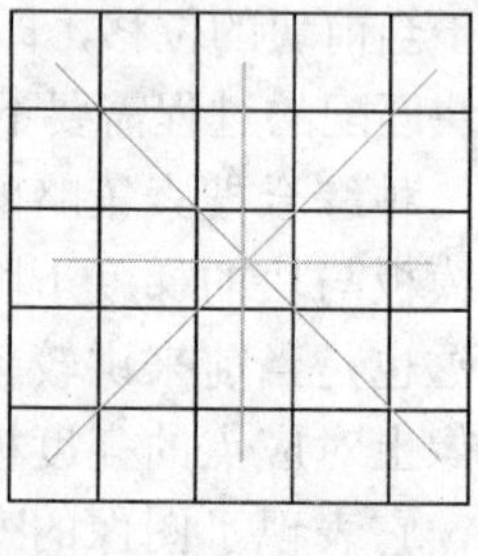

图 6-2　Moravec 算子 4 个方向

（1）计算各像元的兴趣值 IV（Interest Value），例如计算像元（c，r）的兴趣值，先在以像元（c，r）为中心的 $n×n$ 的影像窗口中，计算四个主要方向相邻像元灰度差的平方和，为

$$v_1 = \sum_{l=-k}^{k-1} (g_{c+i,r} - g_{c+i+1,r})^2$$

$$v_2 = \sum_{l=-k}^{k-1} (g_{c+i,r+1} - g_{c+i+1,r+1})^2$$

$$v_3 = \sum_{l=-k}^{k-1} (g_{c,r+i} - g_{c,r+i+1})^2 \tag{6-12}$$

$$v_4 = \sum_{l=-k}^{k-1} (g_{c+i,r-1} - g_{c+i+1,r-i+1})^2$$

式中，$k=\text{int}(n/2)$。取其中最小者为像元（c，r）的兴趣值 $\text{IV}(c, r)=\min\{v_1, v_2, v_3, v_4\}$。

（2）根据给定的阈值，选择兴趣值大于改阈值的点作为特征点的候选点。阈值得选择应以候选点中包括需要的特征点，而又不含过多的非特征点。

（3）在候选点中选取局部极大值点作为需要的特征点。在一定大小的窗口内（可不同于兴趣值计算窗口），去掉所有不是最大兴趣值的候选点，只留下兴趣值最大者，该像素即为一个特征点。

Forstner 算子是从影像中提取点（角点、圆点等）特征的一种较为有效的算子。Foratner 算子通过计算各像素的 Robert 梯度和以像素（c，r）为中心的一个窗口的灰度协方差矩阵，在影像中寻找具有尽可能小而且接近圆的点作为特征点，它通过计算各影像点的兴趣值并采用抑制局部极小点的方法提取特征点。具体步骤如下：

（1）计算各像素的 Robert's 梯度：

$$g_u = \frac{\partial g}{\partial u} = g_{i+1,j+i} - g_{i,j}$$

（6-13）

$$g_v = \frac{\partial g}{\partial v} = g_{i,j+i} - g_{i+1,j}$$

（2）计算 $l \times l$（如 5×5 或更大）窗口中灰度的协方差矩阵：

$$Q = N^{-1} = \begin{pmatrix} \sum g_u^2 & \sum g_u g_v \\ \sum g_v g_u & \sum g_v^2 \end{pmatrix}$$

（6-14）

$$\sum g_u^2 = \sum_{i=c-k}^{c+k-1} \sum_{j=r-k}^{r+k-1} (g_{i+1,j+1} - g_{i,j})^2$$

$$\sum g_v^2 = \sum_{i=c-k}^{c+k-1} \sum_{j=r-k}^{r+k-1} (g_{i,j+1} - g_{i+1,j})^2$$

$$\sum g_u g_v = \sum_{i=c-k}^{c+k-1} \sum_{j=r-k}^{r+k-1} (g_{i+1,j+1} - g_{i,j})(g_{i,j+1} - g_{i+1,j})$$

式中，$k = \text{int}(l/2)$，

（3）计算兴趣值 q 与 w。

$$q = \frac{4\text{Det}N}{(\text{Tr}N)^2}$$

（6-15）

$$w = \frac{1}{\text{Tr}Q} = \frac{\text{Det}N}{\text{Tr}N}$$

（6-16）

式中，$\text{Det}N$ 代表矩阵 N 的行列式，$\text{Tr}N$ 为矩阵 N 的迹。可以证明，q 是像素（c，r）对应的误差椭圆的圆度为

$$q = 1 - \frac{(a^2 - b^2)^2}{(a^2 + b^2)^2}$$

（6-17）

式中，a 与 b 为椭圆的长、短半轴。如果 a, b 中任一为零，则 $q = 0$，表明该点可能位于边缘上；如果 $a = b$，则 $q = 1$，表明为一圆，w 为该像元的权。

（4）确定待选点。如果兴趣值大于给定的阈值，则该像元为待选点。阈值为经验值，可参考下列值：

$$\left. \begin{array}{l} I_q = 0.5 \sim 0.7 \\ T_w = \begin{cases} f\overline{w} & (f = 0.5 \sim 1.5) \\ cw_c & (c = 5) \end{cases} \end{array} \right\}$$

（6-18）

式中，w 为平均值；w_c 为权的中值。当 $q > T_q$ 且 $w > T_w$ 时，该像元为待选点。

（5）选取极值点。以权值 w 为依据，选择极值点，即在一个适当窗口中选则 w 最大

的待选点，而去掉其余的点。

由于 Forstner 算子较复杂，可首先用一简单的差分算子提取初选点，然后采用 Forstner 算子在 3×3 窗口计算兴趣值，并选择备选点最后提取的极值为特征点。

在现在的一些图像处理中还有一些其他的点特征提取算子，如 Harris 算子和 SIFT 算子等。

（1）Harris 算子是 C.Harris 和 J.Stephens 在 1988 年提出的一种基于信号的点特征提取算子，是对 Moravec 算子的改进。Harris 算子用高斯函数替代二值窗口函数，对离中心点越近的像素赋予越大的权重，以减少噪声影响，同时用 Taylor 展开去近似任意方向。

给定一个图像坐标点 (x, y) 及其局部图像平移量 $(\Delta x, \Delta y)$，局部图像的自相关函数定义为

$$c(x, y) = \sum_w [I(x_i, y_i) - I(x_i + \Delta x, y_i + \Delta y)]^2 \tag{6-19}$$

式中，$I(., .)$ 表示图像函数，(x_i, y_i) 是以坐标 (x, y) 为中心的局部图像窗口中的坐标。当局部图像的平移量 $(\Delta x, \Delta y)$ 很小时，局部平移图像可以用一阶泰勒级数来近似如下：

$$I(x_i + \Delta x, y_i + \Delta y) \approx I(x_i + y_i) + [I_x(x_i, y_i) \quad I_y(x_i, y_i)]\begin{bmatrix} \Delta x \\ \Delta y \end{bmatrix} \tag{6-20}$$

式中，$I_x(x_i, y_i)$ 和 $I_y(x_i, y_i)$ 分别表示图像在 x 方向和 y 方向上的导数。将式（6-20）代入到式（6-19）中可得

$$
\begin{aligned}
c(x, y) &= \sum_w \left([I_x(x_i, y_i) \quad I_y(x_i, y_i)]\begin{bmatrix} \Delta x \\ \Delta y \end{bmatrix} \right)^2 \\
&= [\Delta x \quad \Delta y] \begin{bmatrix} \sum_w (I_x(x_i, y_i))^2 & \sum_w I_x(x_i, y_i)I_y(x_i, y_i) \\ \sum_w I_x(x_i, y_i)I_y(x_i, y_i) & \sum_w (I_y(x_i, y_i))^2 \end{bmatrix} \begin{bmatrix} \Delta x \\ \Delta y \end{bmatrix} \\
&= [\Delta x \quad \Delta y] M(x, y) \begin{bmatrix} \Delta x \\ \Delta y \end{bmatrix}
\end{aligned} \tag{6-21}
$$

式中，$M(x, y)$ 反映了图像坐标点 (x, y) 局部邻域的图像灰度结构。假设矩阵 $M(x, y)$ 的特征值分别为 λ_1 和 λ_2，这两个特征值反映了局部图像的两个主轴的长度，而与主轴的方向无关，因此形成一个旋转不变描述。这两个特征值可能出现三种情况：

① 如果 λ_1 和 λ_2 的值都很小，这时的局部自相关函数是平滑的（例如，任何方向上 $M(x, y)$ 的变化都很小），局部图像窗口内的图像灰度近似为常数。

② 如果一个特征值较大而另一个较小，此时局部自相关是像山脊一样的形状。局部图像沿山脊方向平移引起的 $M(x, y)$ 变化很小，而在其正交方向上平移引起的 $M(x, y)$ 较大，这表明该位置位于图像中的边缘。

③ 如果两个特征值都较大，这时局部自相关函数是尖锐的峰值。局部图像沿任何的平移都将引起 $M(x, y)$ 较大的变化，表明该点为特征点，如图 6-3 所示。

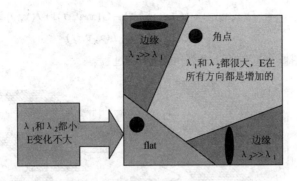

图 6-3　特征向量分类

为了避免求矩阵 M 的特征值，可以采用 Tr（M）和 Det（M）来间接代替 λ_1 和 λ_2。如果假设：

$$M(x,y) = \begin{pmatrix} A & C \\ C & B \end{pmatrix} \tag{6-22}$$

则矩阵 M（x，y）的行列式和迹为

$$\begin{aligned} \mathrm{Tr}(M) &= \lambda_1 + \lambda_2 = A + B \\ \mathrm{Det}(M) &= \lambda_1 \lambda_2 = AB - C^2 \end{aligned} \tag{6-23}$$

利用式（6-23），Harris 使用有如下特征点响应函数：

$$R = \mathrm{Det} - K\mathrm{Tr}^2 \tag{6-24}$$

式中，K 是常数因子，Harris 推荐取为 0.04～0.06。只有当图像中像素的 R 值大于一定的阈值，且在周围的 8 个方向上是局部极大值时才认为该点是角点。图像中特征点的位置最后通过寻找特征点响应函数的局部极值来获得。

（2）SIFT 算子。David G. Lowe 在 2004 年总结了现有的基于不变量技术的特征检测方法，并正式提出了一种基于尺度空间的、对图像缩放、旋转具有不变性的图像局部特征描述算子——SIFT 算子，其全称是 Scale Invariant Feature Transform，即尺度不变特征变换[121]。该方法包括两大部分。一个部分是基于高斯差分尺度空间的特征点检测，另一个部分是特征点的局部不变特征描述与匹配。这里我们首先分析其中的第一个部分，尺度不变特征点检测。Lowe 的尺度不变特征点检测方法有三个主要过程：建立高斯差分尺度空间、极值检测、边缘像素剔除。

① 建立高斯差分（DOG）尺度空间。Lowe 提出的尺度不变特征变换特征点检测方法是基于图像尺度空间理论的方法。图像的尺度空间定义为一个函数 L（x，y，σ），这个函数是由可变尺度高斯函数 G（x，y，σ）与输入图像 I（x，y）卷积得到：

$$L(x,y,\sigma) = G(x,y,\sigma) * I(x,y) \tag{6-25}$$

式中

$$G(x,y,\sigma) = \frac{1}{\sqrt{2\pi}\sigma} e^{-(x^2+y^2)/(2\sigma^2)} \tag{6-26}$$

为了在尺度空间中检测稳定的特征点，Lowe 提出了在利用高斯差分函数与原始图像卷积得到的尺度空间中寻找极大值的方法。高斯差分尺度空间 D（x，y，σ）定义为存在常数乘性尺度因子 k 的相邻尺度高斯函数的差分与原始图像卷积。用公式可以表达如下：

$$D(x, y, \sigma) = (G(x, y, k\sigma) - G(x, y, \sigma)) * I(x, y)$$
$$= L(x, y, k\sigma) - L(x, y, \sigma) \tag{6-27}$$

图 6-4 描述了图像高斯差分尺度空间的建立过程。

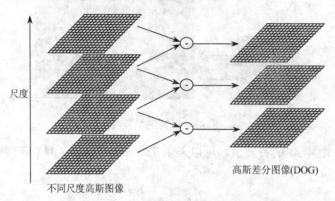

图 6-4　图像高斯差分尺度空间

② Lowe 在图像二维平面空间和 DOG（Difference of Gaussian）尺度空间中同时检测局部极值作为特征点，以使特征具备良好的独特性和稳定性。差分高斯尺度图像的极值检测如图 6-5。为了检测图像高斯差分空间 D（x，y，σ）的局部极大值和极小值，在检测尺度空间极值时，图 6-5 中标记为叉号的像素需要跟包括同一尺度的周围邻域 8 个像素和相邻尺度对应位置的周围邻域 9×2 个像素总共 26 个像素进行比较，以确保在尺度空间和二维图像空间都检测到局部极值。检测出的极值点所在的尺度为该像素点的特征尺度。因此 SIFT 方法可以同时检测出特征点的坐标位置与该点的特征尺度。

③ 边缘像素剔除。高斯差分函数在图像的边缘也会产生很强的响应，因此必须去除图像中检测出的边缘像素点。Lowe 采用 2×2 的海森矩阵来消除边缘像素点。在上面检测出的特征尺度图像中极值点位置计算 2×2 的海森矩阵。其定义为

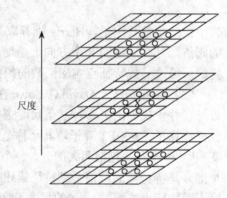

图 6-5　DOG 尺度空间局部极值检测

$$H = \begin{pmatrix} D_{xx} & D_{xy} \\ D_{xy} & D_{yy} \end{pmatrix} \tag{6-28}$$

式中，D_{xx}，D_{yy} 表示图像在 x 方向和 y 方向上的二阶导数，D_{xy} 表示先对 x 方向求导然后再对 y 方向求导数。式中的导数使用邻域的差分来估计。海森矩阵 H 的特征值反映了高斯差分图像的曲率。Lowe 采用和 Harris 相似的方法，利用海森矩阵 H 的行列式和迹来避免直接求解矩阵 H 的特征值。假设矩阵 H 的较大特征值为 α，较小特征值为 β，则矩阵的行列式和迹为

$$\text{Tr}(\boldsymbol{H}) = D_{xx} + D_{yy} = \alpha + \beta \tag{6-29}$$

$$\text{Det}(\boldsymbol{H}) = D_{xx}D_{yy} - (D_{xy})^2 = \alpha\beta \tag{6-30}$$

假设 r 为较大特征值与较小特征值的比，即有 $a=r\beta$。r 代表了两个主曲率的比，当 r 接近 1 时，表明两个主曲率相近，这时该点可以判定为一个特征点。为了判定 r，Lowe 采用间接方法。由式（6-29）和式（6-30）有：

$$\frac{\mathrm{Tr}(\boldsymbol{H})^2}{\mathrm{Det}(\boldsymbol{H})} = \frac{(\alpha+\beta)^2}{\alpha\beta} = \frac{(r\beta+\beta)^2}{r\beta^2} = \frac{(r+1)^2}{r} \tag{6-31}$$

$(r+1)^2/r$ 在两个特征值相等的时候，即 $r=1$ 时有最小值，并随 r 的增大而增大。这样要判断 r，只需要判断：

$$\frac{\mathrm{Tr}(\boldsymbol{H})^2}{\mathrm{Det}(\boldsymbol{H})} < \frac{(r+1)^2}{r} \tag{6-32}$$

主曲率比通常取为 $r=10$。当小于这个门限的就认为是特征点。这样就消除了曲率比大于 10 的像素点，主要是图像中的边缘像素。

当然还有一些其他的方法，如对 Harris 算子和 SIFT 算子等改进的方法，这里就不再一一详细介绍了。

2．边缘特征的提取

边缘检测是图像局部特征不连续性（灰度突变、纹理结构突变等）的反映，它标志着一个区域的终结和另一个区域的开始。边缘的特征是沿边缘走向的像素变化平缓，而垂直于边缘方向的像素变化剧烈。

在图像边缘的较小领域中的像素集，它们的灰度值是不连续的，会有较大的跃变。因此，可以通过导数来判别图像中的灰度是否存在突变，从而检测出边缘。一般可以使用一阶导数和二阶导数来实现[128]。

1）基于一阶导数的边缘检测

（1）检测原理。设 $f(x)$ 是一个离散的一元函数，则其一阶导数可定义为

$$\frac{\partial f}{\partial x} = f(x+1) - f(x) \tag{6-33}$$

由于图像的灰度值函数 $f(x, y)$ 是一个离散的二元函数，因此通常用梯度来表示图像的一阶导数。所谓梯度就是有两个一阶导数组成的向量，即

$$\boldsymbol{G} = \begin{pmatrix} G_x \\ G_y \end{pmatrix} = \begin{pmatrix} \dfrac{\partial f}{\partial x} \\ \dfrac{\partial f}{\partial y} \end{pmatrix} \tag{6-34}$$

梯度向量的模值大小为

$$G = \mathrm{mag}(\boldsymbol{G}) = \sqrt{G_x^2 + G_y^2} = \sqrt{\left(\frac{\partial f}{\partial x}\right)^2 + \left(\frac{\partial f}{\partial y}\right)^2} \tag{6-35}$$

梯度向量的方向角大小为

$$\alpha(x, y) = \arctan\left(\frac{G_x}{G_y}\right) \tag{6-36}$$

基于一阶倒是的边缘检测的基本原理是：令坐标为 (x, y) 的像素的梯度值为 $G(x, y)$，若满足

$$G(x, y) \geqslant T \tag{6-37}$$

则（x，y）就是边缘上的点所在的位置。式中，T 是一个真的阈值，G（x，y）由式（6-35）计算得出。

在实际的应用中，像素的梯度由式（6-38）表示。式中的 $f(x+1, y)-f(x, y)$ 可用图 6-6（a）所示的掩模与点（x，y）对应领域内；见图 6-6（c）] 的像素进行空间卷积得到，同理来计算 $f(x, y+1)-f(x, y)$。这样一个像素的梯度即可求出，而要计算所有像素的梯度，就需要在图像上移动掩模，依次进行卷积操作。

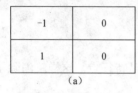 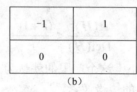 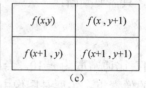

图 6-6　计算梯度的掩模及相应邻域

（2）常用的一阶边缘检测算子。常用的基于一阶导数的边缘检测算子有 Roberts 算子、Prewitt 算子、Sobel 算子、Robinson 算子和 Kirsch 算子，它们的实现机理与前面介绍类似，最主要的区别在于实现导数的方法和掩模的选取不同。

① Roberts 算子。Roberts 算子使用下面式子计算一阶导数：

$$G_x = f(x+1, y+1) - f(x, y)$$
$$G_y = f(x+1, y) - f(x, y+1)$$
（6-38）

其对应的掩模及邻域如图 6-7 所示。

② Prewitt 算子。Prewitt 算子使用下面式子计算一阶导数：

$$G_x = z_7 + z_8 + z_9 - z_1 - z_2 - z_3$$
$$G_y = z_3 + z_6 + z_9 - z_1 - z_4 - z_7$$
（6-39）

其对应的掩模及邻域如图 6-8 所示。

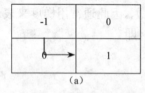

-1	0		0	-1		$f(x,y)$	$f(x,y+1)$
0→	1		1	0		$f(x+1,y)$	$f(x+1,y+1)$
(a)			(b)			(c)	

图 6-7　Roberts 的掩模及相应邻域

-1	-1	-1		-1	0	1		z_1	z_2	z_3
0	0	0		-1	0	1		z_4	z_5	z_6
1	1	1		-1	0	1		z_7	z_8	z_9
(a)				(b)				(c)		

图 6-8　Prewitt 的掩模及相应邻域

③ Sobel 算子。Sobel 算子使用下面式子计算一阶导数：

$$G_x = z_7 + 2z_8 + z_9 - z_1 - 2z_2 - z_3$$
$$G_y = z_3 + 2z_6 + z_9 - z_1 - 2z_4 - z_7$$

其对应的掩模及邻域如图 6-9 所示。

④ Robinson 算子。Robinson 算子使用下面式子计算一阶导数：

$$G_x = z_1 + z_2 + z_3 + z_4 - 2z_5 + z_6 - z_7 - z_8 - z_9$$
$$G_y = -z_1 + z_2 + z_3 - z_4 - 2z_5 + z_6 - z_7 + z_8 + z_9$$
（6-40）

其对应的掩模及邻域如图 6-9 所示。

1	1	-1
1	-2	0
-1	-1	-1

(a)

-1	1	1
-1	-2	1
-1	1	1

(b)

z_1	z_2	z_3
z_4	z_5	z_6
z_7	z_8	z_9

(c)

图 6-9　Robinson 的掩模及相应邻域

⑤ Kirsch 算子。Kirsch 算子使用下面式子计算一阶导数：

$$G_x = 3z_1 + 3z_2 + 3z_3 + 3z_4 + 3z_6 - 5z_7 - 5z_8 - 5z_9$$
$$G_y = -5z_1 + 3z_2 + 3z_3 - 5z_4 + 3z_6 - 5z_7 + 3z_8 + 3z_9$$
（6-41）

其对应的掩模及邻域如图 6-10 所示。

3	3	3
3	0	3
-5	-5	-5

(a)

-5	3	3
-5	0	3
-5	3	3

(b)

z_1	z_2	z_3
z_4	z_5	z_6
z_7	z_8	z_9

(c)

图 6-10　Kirsch 的掩模及相应邻域

2）基于二阶导数的边缘检测

（1）检测原理。设 $f(x)$ 是一个离散的一元函数，其二阶导数可定义为

$$\frac{\partial^2 f}{\partial x^2} = \frac{\partial[f(x+1) - f(x)]}{\partial x}$$
$$= f(x+1) + f(x-1) - 2f(x)$$
（6-42）

对于二元的图像灰度函数 $f(x, y)$，其二阶导数一般使用 Laplacian 算子进行计算。Laplacian 算子定义为

$$\nabla^2 f(x,y) = \frac{\partial^2 f(x,y)}{\partial x^2} + \frac{\partial^2 f(x,y)}{\partial y^2}$$
（6-43）

由上式，有

$$\frac{\partial^2 f(x,y)}{\partial x^2} = f(x+1,y) + f(x-1,y) - 2f(x,y)$$
$$\frac{\partial^2 f(x,y)}{\partial y^2} = f(x,y+1) + f(x,y-1) - 2f(x,y)$$
（6-44）

结合上面 3 个式子，可以得到

$$\nabla^2 f = f(x+1,y) + f(x-1,y) + f(x,y+1) + f(x,y-1) - 4f(x,y)　　　（6-45）$$

基于二阶导数的边缘的基本原理：在边缘两侧的像素点，其二阶导数符号相反，它们连线的中点就是边缘的中心。或者说，在二阶导数零交叉的地方就是边缘中心。图 6-11 给出了几种 Laplacian 常用掩模。其中，图 6-11（e）中的 α 表示锐化程度，取值范围为 [0, 1]。

（2）二阶导数零点交叉检测技术。从检测原理可以看出，基于二阶导数的边缘检测包含两部分处理过程：一是计算二阶导数，二是寻找零交叉点。由于二阶导数对噪声相当敏感，因此在计算前需要对图像进行平滑处理。在选择平滑滤波器时，需要满足两个标准：第一，滤波器应该是平滑的且在频域中大致是有限带宽的，以便减少会导致函数变化的可能频率数；第二，空间定位的约束要求滤波器的响应需要来自于图像中的邻近点。这两个标准是矛盾的，但是通过使用高斯分布可以同时得到优化。高斯函数的基本形式为

$$h(x, y) = e^{-\frac{x^2+y^2}{2\sigma^2}}　　　（6-46）$$

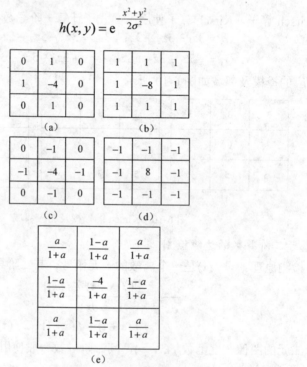

图 6-11　Laplacian 的掩模及相应邻域

其中 (x, y) 为图像坐标，σ 为标准差，与滤波器操作邻域的大小成正比。离算子中心越远的像素影响越小，离中心超过 3σ 的像素的影响可以忽略不计。式（6-46）的二阶导数为

$$\nabla^2 h(x, y) = \left(\frac{x^2+y^2-\sigma^2}{\sigma^4} \right) e^{-\frac{x^2+y^2}{2\sigma^2}}　　　（6-47）$$

　　该公式通常称为高斯型的拉普拉斯算子（LOG，Laplacian of a Gaussian），由于其图形形状的原因，该算子也被称为墨西哥草帽（Mexicanhat）。

　　根据前面讨论，可以得到计算图像二阶导数的一种方法：先用式（6-46）与图像进行卷积，然后计算平滑后的图像的二阶导数。可用式 $\nabla^2[h(x,y)*f(x,y)]$ 表示。

　　由于二阶导数是线性运算，所以卷积运算与微分运算的顺序可以交换，即

$$\nabla^2[h(x,y)*f(x,y)]=[\nabla^2 h(x,y)]*f(x,y) \tag{6-48}$$

　　也就是说，可以使用另一种方法来实现图像的平滑及二阶导数的计算：先用式 6-47 计算高斯平滑函数的二阶导数，然后将得到的结果与图像进行卷积运算。这两种方法得到的效果相同，但具体实现的过程不同。前者需要用到 2 个掩模（一个实现平滑滤波，一个实现二阶导数计算。可用图 6-11 所示的掩模实现），后者只需要使用 1 个掩模，如图 6-12 所示的掩模就可实现。

0	0	-1	0	0
0	-1	-2	-1	0
-1	-2	16	-2	-1
0	-1	-2	-1	0
0	0	-1	0	0

图 6-12　LOG 掩模(5×5)

　　通过这两种方法可以得到图像二阶导数对应的 LOG 图像，下面介绍两种零交叉点的方法：

　　第一种方法，设置 LOG 图像的所有正值区域为白色，负值区域为黑色；在白色与黑色之间的就是零点交叉。这种方法实现简单，但会出现空心粉效应。

　　第二种方法，使用一个 2×2 的窗口检测零交叉点，当两种极性的 LOG 图像数值同时出现在该窗口内时，就将边缘标签任意给一个角点；当窗口内的数值都是正或负时，就不给边缘标签。这种方法灵敏度很高，会检测到非常弱的边缘的零交叉点，因此一般需要通过一阶导数来消除这些点。

　　边缘检测方法还不只这些，还有 Canny 算子、小波变换的方法、形态学的方法、模糊理论的方法、神经网络的方法、遗传学的方法等。在 Matlab 有些边缘特征的提取有函数可以直接调用，因而可以比较方便地实现。

　　还有一些其他的特征，如面特征，线特征等，但都不如点特征和边缘特征典型，因而这两种特征在实际应用中也较多。

6.1.5　图像配准的应用

　　图像配准来源于实际的图像处理中的需要，主要有两个方面，一是医学图像处理以及临床中，另一方面是在遥感图像的处理上。

1. 在医学图像处理中的应用

医学图像配准和融合具有很重要的临床应用价值。对使用各种不同或相同的成像手段所获得的医学图像进行配准和融合不仅可以用于医疗诊断，还可用于外科手术计划的制订、放射治疗计划的制订、病理变化的跟踪和治疗效果的评价等各个方面。

了解病变与周围组织的关系对制订手术方案，对手术是否成功至关重要。如对脑肿瘤患者，一般是采用外科手术切除肿瘤。患者的生存时间和生活质量与病灶（如肿瘤、血肿等）的切除程度密切相关。如果对病灶过度切除，会造成对病灶周围重要功能区域的损害，而这种损害是不可逆转的，严重影响患者的生活质量；反之如果对病灶切除不够，残余病灶会严重影响患者的生存时间。最大限度地切除病灶，同时使主要的脑功能区域（如视觉、语言和感知运动皮层等）得以保留是神经外科手术的目标。为此，在手术前，一般要利用 CT 或 MRI 获取患者的脑肿瘤结构信息，利用 PET 或 fMRI 获取患者脑肿瘤周围的脑功能信息，通过对结构成像和功能成像的配准、融合，对脑肿瘤及其周围的功能区进行精确定位，在此基础上制订出外科手术计划，是对患者进行精确手术的基础[129,130]。

近年来，图像配准技术在手术导航中也有一定的应用，如上海交通大学马文娟和刘允才等人利用立体配准技术实现红外手术导航；复旦大学的张翼、宋志坚等人在脊柱外科手术导航中使用了图像配准技术[121,122]。

2. 遥感图像中应用

由于遥感是目前为止能够提供全球范围的动态观测数据的唯一手段，具有空间上的连续性和时间上的序列性，在航空、航天、军事侦察、灾害预报等很多军事及民用领域有着举足轻重的地位。现代遥感技术正在进入一个能快速、及时提供多种对地观测遥感数据的新阶段。随着现代遥感技术的发展，由各种卫星传感器对地观测获取同一地区的多源遥感图像数据越来越多，可以提供包括多时相、多光谱、多平台和多分辨率的图像。它们为资源调查、环境监测等提供了丰富而又宝贵的资料，从而构成了用于全球变化研究、环境监测、资源调查和灾害防治等多层次应用。

各种单一的遥感手段获取的图像数据在几何、光谱、时间和空间分辨率等方面存在明显的局限性和差异性，而在现实应用中为了满足不同观测和研究对象的要求，这种局限性和差异性还将长期存在，导致其应用能力的限制。所以仅仅利用一种遥感图像数据是难以满足实际需求的，同时为了对观测目标有一个更加全面、清晰、准确的理解与认识，人们也迫切希望寻求一种综合利用各类图像数据的技术方法。因此把不同的图像数据的各自优势和互补性综合起来加以利用就显得非常重要和实用[133,134]。

遥感图像和图像配准技术结合起来，有很广泛的应用，归纳起来有两个方面：

（1）增加图像内容的信息。遥感图像融合是将单个或多个传感器在同一时间（或不同时间）获取的关于某个场景的在不同谱段、不同现场图像或者图像序列信息加以综合，生成一个新的有关此场景的解释，而这个解释是从单一图像中无法得到的。其目的是通过综合不同数据所含信息的优势和互补性，得到最优化的信息，以减少或抑制对被感知对象或环境解释中可能存在的多义性、不完全性、不确定性和误差，最大限度地利用各种信息源提供的信息。例如，多光谱图像含有较丰富的光谱信息，但其空间细节的表达能力较差；全色图像一般具有较高的空间分辨率，但所包含的光谱信息十分有限。如果将两者进行有效融合，就可以得到同时保持了多光谱图像光谱特征和全色图像较高空间细节表现能力的融合图像，从而更有利于分类、识别、定位等后续研究工作的开展。

地面上的各种资源对应的遥感图像的波段不一样，因而就可借助遥感图像来研究资源，在国土探测与规划、农业产量评估、环境保护和灾情检测与预报等方面都有着重要的应用。

（2）提高图像的分辨率。图像融合可以提高数据的空间分辨率，譬如，用高分辨率全色图像与低分辨率多光谱图像进行融合，在保留了多光谱信息的同时，图像的空间分辨率得到了提高，这意味着更多的图像细节可以显示，如将 SPOT-XS/SPOT-PAN 或 LANDSAT-TM/SPOT-PAN 进行的融合。同一传感器不同波段间的图像融合，同样可以提高图像的空间分辨率，如将 TM 的第 6 波段（热红外波段）与 TM 的其他波段融合可以提高 TM6 的分辨率。

再有，遥感图像的拼接。现在遥感图像可以拍摄很广的范围，但还是有一定的局限性。如果增加拍摄的范围，那么就会降低图像的分辨率。可以使用图像拼接技术，将较小范围但分辨率高的图像拼接在一起就可以增大图像的范围，同时保留了遥感图像的高分辨率。

6.2　图像融合

随着对信息获取、处理和应用的需求，多传感器数据融合在众多领域受到了很大的重视。其目的就是要有效地利用不同传感器的优点，生成一幅新的影像，新影像的信息量比已有任意一幅影像的信息量更大。

6.2.1　图像融合概述

数据融合技术是多源信息综合处理的一项核心技术，它对多源数据和数据库中的相关信息进行综合利用，得到比只用单源数据更精确和更安全的估计和判决。图像融合作为数据融合的一个重要分支，它可以将两幅或多幅图像中的信息综合到一幅图像中，使一幅图像能更完整、更精确地体现两幅或多幅图像中的信息，使人们能够更加准确地加以判断或改善单一成像系统所形成的图像质量。Pohl 和 Genderen 对图像融合做了如下定义：图像融合就是通过一种特定算法将两幅或多幅图像合成为一幅新图像[148]。对图像进行融合的目的主要有：

（1）图像锐化；

（2）提高几何校正精确度；

（3）为立体摄影测量提供立体观测能力；

（4）增强原单一传感器图像数据源中不明显的某些特征；

（5）改善检测、分类、理解、识别性能，获取补充的图像数据信息；

（6）利用多时域数据序列检测场景、目标的变化情况；

（7）利用来自其他传感器的图像信息，代替、弥补某一传感器图像丢失、故障信息；

（8）克服目标提取与识别中图像数据的不完整性等。图像融合技术最早应用于卫星遥感领域，美国陆地资源卫星（LANDSAT）用多幅光谱图像进行简单的数据合成计算，取得了一定的噪声抑制和区域增强效果。目前图像融合技术已广泛应用于军事、遥感、机器视觉和医学图像处理等领域。

随着微电子技术、信号检测与处理技术、计算机技术、网络通信技术以及控制技术的飞速发展，各种面向复杂应用背景的多传感器系统大量涌现。这就满足利用计算机技术对获得的多传感器信息在一定准则下加以自动分析、优化综合以完成所需的估计与决策的要求——多传感器信息融合技术得以迅速发展。多传感器信息融合的基本原理就像人脑综合处理信息一样，充分利用多源信息，通过对这些多源的观测信息的合理支配和使用，把多源信息在空间或时间上的冗余或互补依据某种准则来进行组合，以获得被测对象的一致性解释或描述。作为多传感器信息融合中一个重要分支——可视部分的融合，这一概念起源于 20 世纪 70 年代后期。它是指将多个传感器在同一时间（或不同时间）获取的关于某个具体场景的图像或图像序列信息加以综合，生成一个新的有关此场景的解释，而这个解释是从单一传感器获取的信息中无法得到的。它是综合了传感器、图像处理、信号处理、计算机和人工智能等多种学科的现代高新技术。近年来，这一技术得到迅速发展，在信息加密、机器视觉、遥感、军事、交通、医学、公安、生物学等领域都有重大的应用价值。例如，在医学上，多传感器图像融合可通过对 CT 和核磁共振图像的融合，以帮助医生对疾病的准确诊断。它还可以用于计算机辅助显微手术；在图像和信息加密方面，通过图像融合可以实现图像的隐藏及数字水印的植入；在遥感领域，多传感器图像融合可以综合合成孔雷达（ASR）和各种光学遥感图像数据，以及 SPOT 全色与其多光谱图像和 TM 图像的优势，提高图像应用处理和解译水平，减少识别目标的模糊性和不确定性，从而为快捷、准确地识别和提取目标信息奠定基础。可以相信，随着多传感器图像融合技术研究的不断深入，图像融合技术必将得到更广泛的应用[140,141]。

本质上讲，多传感器图像融合与单图像传感器相比具有以下几大优势：

（1）从多个视点获取信息；

（2）扩大了时空的传感范围；

（3）综合了各种传感器的优势；

（4）提高了准确率；

（5）具有良好的稳健性和容错性。

由于图像数据源的丰富和复杂性，加之各类应用目的的不同，因此很难建立一个统一的图像融合理论和方法系统，每一种融合方法都有各自的局限性。图像融合涉及复杂的融合方法、概念、实时图像数据库技术和高速、大吞吐量数据处理等软、硬件支撑技术。如果神经网络计算机成为可能，神经网络的图像融合方法也可能成为一种最有前途的图像融合方法。目前应该结合实际应用，充分利用相关电子技术成果，利用高速数字信号处理（DSP）来实现图像融合。图像融合有待进一步解决的关键技术问题包括：

（1）图像的空间配准在整个图像融合中具有十分关键的地位，同时，该领域还有许多需要解决的问题，配准的一般方法是特征选取、特征配准、建立映射关系、插值等。

（2）建立融合的数学模型是对不同层次的多传感器图像融合建立相应的数学模型，

然后综合利用这些模型完成融合任务或者归纳现有方法，建立一个总的空间模型，以简化现有方法的繁杂性。

（3）传统的多源数据关联和状态融合方法不仅需要较多的先验知识，而且当传感器和被观测地物目标数目增多时，在计算上会出现 N-P 完全复杂性问题。

（4）当信息源和目标数目增大时，由于多平台通信网络的带宽限制，网络通信呈现信息阻塞和饱和现象，进而影响到融合系统的全局优化。

（5）在复杂地物干扰下，当背景强烈畸变时，传统的识别方法难以达到较高的识别准确度，且当传感器和被观测地物目标数增大时，在计算上同样会出现 N-P 完全复杂性计算组合爆炸问题。

（6）利用图像融合得到图像 3D 信息，将图像融合的结果与计算机图形学、多媒体技术、虚拟现实技术相结合，对数字信息进行可视化处理。

（7）主观与客观相结合的图像融合质量的评价准则的确定，可能的途径是将人工智能和专家系统的方法用于融合效果评价等。

多传感器图像融合未来的研究重点和发展方向可能是：

（1）开展多传感器图像融合系统的理论研究，建立基本理论框架，寻求广义的融合模型/准则和方法，最终确定融合系统的设计和评估方法。

（2）由于图像的特殊性，在设计图像融合方法时，一定要考虑到计算的时间复杂度和空间复杂度，如何得到实时、可靠、稳定、实用的融合方法和硬件电路是目前研究的一个热点。

（3）图像融合技术评价标准的建立。

（4）近年来发展起来的 Ridgelet、Curvelet、Bandlet 等理论是小波理论的重要分支，代表了多尺度几何分析这一大类型。它们不但和小波一样具有局部时频分析能力，而且还具有很强的方向选择和辨识能力，可以非常有效地表示信号中具有方向性的奇异性特征，如图像的直线或曲线轮廓灯。此外，与小波变换相比具有更好的"稀疏"表达能力，变换后能量更加集中，更有利于分析和跟踪图像的重要特征，因此将它们引入图像融合可以更好地提取原始图像的特征，为融合提供更多的信息，这也是未来发展的热点之一。

（5）GIS 是遥感探测成果评价和空间分析的有力工具，而遥感则为 GIS 数据库更新提供了现时信息源，多传感器（特别是遥感图像）与 GIS 数据库基于特征级的 融合方法研究是当前一个重要的研究方向；遥感数据与专家系统的决策级结合研究，借助于人工智能工具，将专家知识引入到遥感图像分类处理中，将成为遥感专家系统中一个重要的研究领域。

（6）由于从卫星平台上获取地面信息能力大幅提高，由此生成的遥感数据量也呈几何级数增加，这对下行传输速度影响很大。目前，美国等国家对此采用星上预处理的方法，即先在卫星上进行数据初步融合处理，这是一个值得重视并很有前途的研究方向。

目前，图像融合领域虽然已经有了长足的发展。但是，总的来说图像融合技术的研究依然刚刚起步，还有许多问题需要解决。首先，图像融合技术还没有形成一个统一的数学模型理论框架，建立统一的理论框架是图像融合的一个发展方向。其次，许多图像融合的应用都在实时的环境中，这就要求提高图像融合的处理速度。虽然目前有很多针对不同应用的融台处理技术，但这些算法的处理速度都无法达到"实时"这个标准。因此，设计一种高效实时的处理算法仍然是图像融合技术的发展方向。此外，由于图像融合中需要对数据进行大吞吐量的处理，这就对硬件环境提出了较高的要求；研究实时、可靠，稳定、实用的融合算法接口硬件电路是目前包括将来研究的一个热点。

6.2.2　图像融合的原理

图像融合的主要思想就是采用一定的算法，把两个或多个图像融合成一个新的图像，从而使融合的图像更适应人眼感知或计算机后续处理，如图像分割、目标检测跟踪等。图像融合不是简单的叠加，它产生新的蕴含更多有价值信息的图像[134,135]。由于每一种传感器都是为了适应某些特定的环境和使用范围设计的，具有不同特征或不同视点的多传感器获取的图像间，既存在冗余信息，又存在互补信息，通过对其进行融合，能够扩大传感器的范围，提高系统的可靠性和图像信息的利用效率。它是一门综合了传感器、信号处理、图像处理和人工智能等技术的新兴学科。

一般多源图像融合应用系统的处理流程主要有：图像配准、图像融合、特征提取以及识别与决策。依据融合在处理流程中所处的阶段、按信息抽象的程度，从目标识别层上，即从属性分类或者身份估计层次上划分，多源图像融合一般可分为 3 个层次：

（1）数据级图像融合（数据层融合）；

（2）特征级图像融合（特征层融合）；

（3）决策级图像融合（决策层融合）。

1．数据级图像融合

数据层融合又称像素层融合，它是直接在采集到的原始数据层上进行的融合，在各种传感器的原始测报未经预处理之前就进行数据的综合与分析[133, 141]。数据层融合一般采用集中式融合体系进行融合处理过程。这是低层次的融合，如成像传感器中通过对包含若干像素的模糊图像进行图像处理和模式识别来确认目标属性的过程就属于数据层融合。数据层融合的主要优点是能保持尽可能多的现场数据，提供其他融合层次所不能提供的细微信息，但局限性也是很明显的：

（1）它所要处理的传感器数据量太大，故处理代价高，处理时间长，实时性差。

（2）这种融合是在信息的最低层次进行的，传感器原始信息的不确定性、不完全性和不稳定性要求在融合时有较高的纠错能力。

（3）进行图像融合时，要求各传感器信息之间具有精确到一个像素的配准精度。

（4）数据通信量较大，抗干扰能力较差。

数据层融合通常用于多源图像复合、图像分析与理解，同质雷达波形的直接合成等。多源图像复合是将由不同传感器获得的同一场景的图像经配准、重采样和合成等处理后，获得一幅合成图像的技术，以克服各单一传感器图像在几何、光谱和空间分辨率等方面存在的局限性和差异性，提高图像融合的质量。图像分析与理解方面主要研究利用高分辨率扫描传感器的输出，演绎出所观察情景的三维模型问题。数据层的融合技术包含经典的检测、估计方法和多分辨率方法等。

2. 特征级图像融合

特征级图像融合是对源图像进行预处理和特征提取后获得的特征信息进行综合。特征级融合是在中间层次上进行的信息融合，它既保留了足够数量的重要信息，又可对信息进行压缩，有利于实时处理。融合结果能最大限度地给出决策分析所需要的特征信息。特征层融合可分为两大类：一类是目标状态融合；另一类是目标特征融合。

（1）目标状态融合。目标状态融合主要应用于多传感器目标跟踪领域，目标跟踪领域的大量方法都可以修改为多传感器目标跟踪方法。融合系统首先对传感器数据进行预处理以完成数据配准。在数据配准后，融合处理主要实现参数关联和状态矢量估计。参数关联把来自多传感器的观测与传感器各自的观测对象联系起来，各传感器观测分别组合在一起以保证这些观察分别属于各自的观察对象。一旦关于同一对象的各个观察相互关联后，就可以应用估计技术来融合这些关联后的数据，以得到估计问题的解。由于计算上的好处，常见的是序贯估计技术，其中包括卡尔曼滤波和扩展卡尔曼滤波。目前该领域发展所遇到的核心问题是如何针对复杂环境来建立具有良好稳健性及自适应能力的目标机动和环境模型，以及如何有效控制和降低数据关联及递推估计的计算复杂性。

（2）目标特性融合。特征层目标特性融合就是特征层联合识别，它实质上是模式识别问题。多传感器系统为识别提供了比单传感器更多的有关目标的特征信息，增大了特征空间维数。具体的融合方法仍是模式识别的相应技术，只是在融合前必须先对特征进行关联处理，把特征矢量分类成有意义的组合。

对目标进行的特征融合识别，就是基于关联后的联合特征矢量进行模式识别。具体实现技术包含参数模板法、特征压缩和聚类散发、K 阶最近邻、人工神经网络、模糊积分等。特征层理论无论在理论上还是应用上都逐渐趋于成熟，已形成了一套针对问题的具体解决方法。由于在特征层已建立了一整套行之有效的特征关联技术，可以保证融合信息的一致性，所以特征层融合有着良好的应用与发展前景。专家系统方法、人工神经网络等。另外，决策层融合还采用一些启发式的信息融合方法，来进行融合判决。

3. 决策级图像融合

决策层融合通过不同类型的传感器观测同一个目标，每个传感器在本地完成基本的处理，其中包含预处理、特征抽取、识别或判决，以建立对所观察目标的初步结论。然后通过关联处理进行决策层融合判决，最终获得联合推断结果。从理论上说，决策层融合输出的联合决策结果比任何单传感器决策更为精确或更为准确。但是，除非各传感器的信号是相互独立的，否则决策层融合的分类性能可能低于特征层融合。决策层所采用的主要方法有贝耶斯理论、D-S 证据理论、模糊集理论等。

决策层融合的主要优点有：

（1）具有很高的灵活性。

（2）系统对信息传输带宽要求较低。

（3）能有效地反映环境或目标各个侧面的不同类型信息。

（4）当一个或多个传感器出现错误时，通过适当的融合，系统还能获得正确的结果，所以具有较好的容错性。

（5）通信量小，抗干扰能力强。

（6）对传感器的依赖性小，传感器可以是同质的，也可以是异质的。

（7）融合中心处理代价低。

4．三种层次机构之间的比较

按照信息抽象的 3 个层次，融合过程可分为数据层融合、特征层融合以及决策层融合，它们各有优缺点及使用范围。如果传感器数据相匹配，那么原始数据就能直接在数据层进行融合。相反，如果传感器数据不匹配，数据就要在特征层或者决策层进行融合。数据层融合和特征层融合都需要对多源信息进行关联和配准，决策层融合仍需要对数据进行关联。只是它们进行相关联和识别的顺序不同，数据层融合直接对原始数据进行配准和关联，特征层融合对特征向量进行配准和关联，然后再进行识别，而决策层融合则是先进行识别，再对各个决策结果进行关联，得到融合的判决结果。如果能恰当地对多源数据进行关联和配准，从理论上说，数据融合能得到最好的融合效果，因为它保持了尽可能多的原始数据。决策层融合对传感器依赖性较小，传感器可以是同质的，也可以是异质的。除非传感器的信号是独立的，否则，决策层融合的分类性能可能低于特征层融合。对于特定的应用选择在哪一个层次进行融合是一个系统工程问题，需要综合考虑通信带宽、信源的特点、可以用的计算资源等方面的因素影响。不存在能够适应所有情况或应用的普遍结构[135]。图 6-13、图 6-14 和图 6-15 分别细化了数据级图像融合、特征级图像融合和决策级图像融合。

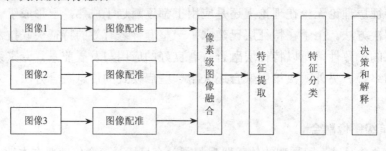

图 6-13　数据级图像融合

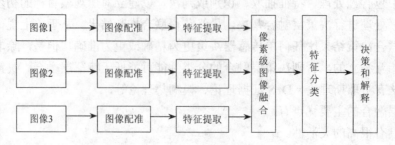

图 6-14　特征级图像融合

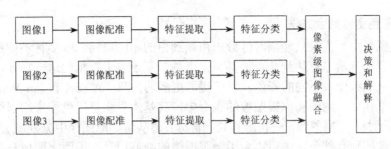

图 6-15 决策级图像融合

6.2.3 图像融合算法

本小节介绍几类典型的数字图像融合理论与方法。

1. 加权平均法

加权平均法是一种简单的图像融合方法，该算法不对参加融合的源图像进行变换分解，而是直接对其像素的灰度值进行加权平均后合成一幅新的图像。加权平均法直观，实现简单但抗干扰性能较差，可用于实时性能要求较高、精度要求较低的场合，以便实时处理低级数据。数学表示为

$$C(i,j) = w_A(i,j)A(i,j) + w_B(i,j)B(i,j)$$
$$w_A(i,j) + w_B(i,j) = 1$$

(6-49)

2. 彩色空间变换法

彩色空间变换法利用彩色空间 RGB（红、绿、蓝）模型和 HIS（色调、明度和饱和度）模型各自在显示与定量计算方面的优势，将图像的 RGB 模型转换成 HIS 模型。在 HIS 空间，对 3 个相互独立且具有明确物理意义的分量 I, H, S 进行运算，也就是进行多幅图像的融合，再将融合结果反变换回 RGB 空间进行显示。当融合低分辨的多光谱图像和高分辨的全色图像时，彩色空间变换法会使光谱分辨率降低。若将小波变换和彩色空间变换法结合起来就既可保留空间信息又可保留光谱信息。

3. 基于卡尔曼滤波的图像融合方法

如果把 2 幅图像上的对应像素点当作是 2 个传感器在时刻 1 和时刻 2 的测量值，就可用卡尔曼滤波给出以统计方法得到的最优融合结果卡尔曼滤波方法实际上一种加权处理，权值的选择在最小方差意义下是最优的。将卡尔曼滤波推广到多尺度空间，就可以得到多尺度卡尔曼滤波图像融合算法。1990 年 12 月在第 29 届 IEEE 控制与决策会议上，MIT 的 A.S.Willsky 教授、法国数学家 A.Benvensite 和 B. R.Nikoukhah 首先提出了多尺度系统理论。他们利用小波逆变换中尺度与时间的相似性，将卡尔曼滤波和 Rauch-Tung-Striebel 平滑算法推广到多尺度状态空间，给出了一维信号的多尺度估计与融合算法。

意大利的 G.Simone 等人将这一算法推广到二维图像处理，用于多分辨率 SAR 图像的融合。在文献[147]中，作者将分辨率不同的 4 幅图像对应于 4 个不同尺度上的测量，基于这 4 个测量对事物的状态进行估计，也就是得到最小方差意义下的最优融合图像。

4. 假彩色图像融合方法

在灰度图像中，人眼只能同时区分出由黑到白的 10 多种到 20 多种不同的灰度级，而人眼对彩色的分辨率可达到几百种甚至上千种。基于人眼视觉的这一特征，可以将图像中的黑白灰度级变成不同的彩色，以便提取更多的信息。A.Toet 和 Jan Walraven 将假彩色技术用于热成像图像和电视图像的融合中，其基本思想是用色差来增强图像的细节信息。例如，对于 2 幅图像，先找出其共同部分；再从每幅原图像中分别减去共同部分，得到每幅图像的独有部分；最后，为了增强图像的细节信息，用两幅图像分别减去另一幅图像的独有部分，并将所得的结果送入不同的颜色通道进行显示，从而得到假彩色融合图像。前面介绍的基于灰度图像的融合技术中，当各幅原图像的灰度特性差异很大时，融合图像就会出现拼接痕迹。而 Toet 提出的假彩色图像融合算法正是利用原始图像中的灰度差形成色差，从而达到增强图像可识别性的目的。但是，用假彩色图像融合算法得到的融合图像反映的并不是事物的真实色彩，所以融合图像的色彩不是很自然。

另一种假彩色图像融合算法是 MIT 的 A.M.Waxman 等人提出的，这种算法利用了较为准确的人眼彩色视觉模型，即人眼视觉感受的中心与周边型模型、彩色视觉的单颉颃和双颉颃模型。图 6-16 给出了算法融合 SAR、可见光、红外线 3 种模式的图像时的结构图。首先，用一个 ON 中心/ OFF 周边的非线性图像处理算子对 3 幅图像进行增强；接着再用相同的算子对不同频带间的图像进行对比增强，分离出不同图像的互补信息；最后的处理结果被送到 YIQ 彩色空间，再映射到 RGB 空间进行显示。其中的 Y 代表亮度，I 代表红绿对比，Q 代表蓝黄对比。这种算法的结构非常灵活，适用性广泛，可根据图像传感器的模式和数目对算法结构进行调整。针对假彩色合成图像色彩不自然这一情况，作者对融合后的颜色进行了重新映射，取得了很好的视觉效果。算法的另一个优点是可进行实时处理。经实验证明，A.M.Waxman 的算法在性能上比 A. Toet 的算法要好提高了目标识别的准确率。

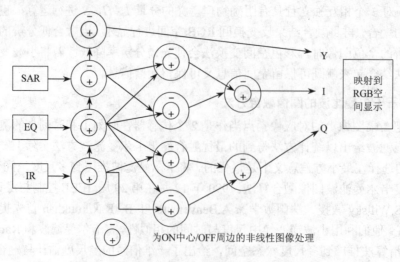

图 6-16　假彩色多传感器图像融合算法结构

5. Laplacian 金字塔分解融合算法

图像的 Laplacian（拉普拉斯）金字塔变换是一种多尺度、多分辨率图像处理方法。

基于图像的 Laplacian 金字塔分解的图像融合方法是将图像分解到不同尺度、不同分辨率，然后对其分别进行融合。基于 Laplacian 金字塔变换的图像融合基本框架，如图 6-17 所示。融合的基本步骤如下：

（1）对每幅源图像分别进行 Laplacian 金字塔分解，建立各图像的 Laplacian 金字塔。

（2）对分解得到的图像金字塔各层分别进行处。

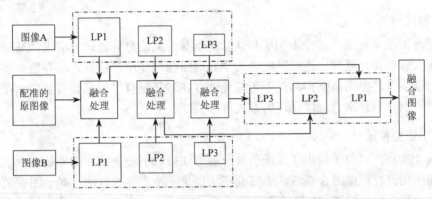

图 6-17　Laplacian 金字塔分解融合算法

6. 主成分分析法

主成分分析法的几何意义是把原始特征空间的特征轴旋转到平行于混合集群结构轴的方向去，得到新的特征轴。实际操作是将原来的各个因素指标重新组合，组合后的新指标是互不相关的。在由这些新指标组成的新特征轴中，只用前几个分量图像就能完全表征原始集群的有效信息，图像中彼此相关的数据被压缩，而特征得到了突出。

7. 演化计算法

演化计算法是模拟自然界生物演化过程产生的随机优化策略与技术。它具有稳健性，通用性等优点和自组织、自适应、自学习等职能特征，下面是几种常用的演化计算方法：

（1）遗传算法。遗传算法（GA）的基本思想是基于达尔文进化论和孟德尔遗传学说的。所以在算法中要用到进化和遗传学的概念，比如串（在算法中为二进制串，对应于遗传学中的染色体）、群体（个体的集合，串是群体的元素）、基因（串中的元素，如有一个串 S=1001，其中 1，0，0，1 这 4 个元素分别成为基因）、基因位置、串结构空间、参数空间、非线性、适应度等。

（2）粒子群算法。粒子群优化算法（PSO）是一种进化计算技术，源于对鸟群捕食的行为研究。设想有这样一个场景：一群鸟在随机搜索食物，在这个区域里只有一块食物，所有的鸟都不知道食物在哪里，但是它们知道当前的位置离食物还有多远，那么找到食物的最优策略是什么呢？最简单有效的方法就是搜寻目前离食物最近的鸟的周围区域。PSO 从这种模型中得到启示并用于解决优化问题。PSO 中，每个优化问题的解都是搜索空间中的一只鸟，称为"粒子"。所有的粒子都有一个由被优化的函数决定的适应值，每个粒子还有一个速度决定它们飞翔的方向和距离，然后粒子们就追随当前的最优粒子在解空间中搜索。PSO 初始化为一群随机粒子（随机解），然后通过迭代找到最优解。

（3）蚁群算法。蚁群算法（ACO），又称蚂蚁算法，是一种用来在图中寻找优化路径的几率型技术。它由 Marco Dorigo 于 1992 年在他的博士论文中引入，其灵感来源于蚂蚁在寻找食物过程中发现路径的行为。蚁群算法是一种求解组合最优化问题的新型通用启发式方法，该方法具有正反馈、分布式计算和富于建设性的贪婪启发式搜索的特点。

8．神经网络法

神经网络法是在现代神经生物学和认知科学对人类信息处理研究成果的基础上提出的，它有大规模并行处理、连续时间动力学和网络全局作用等特点，将存储体和操作合二为一。现实世界中图像噪声总是不可避免地存在，甚至有时信息会有缺失，在这种情况下，神经网络融合法也能以合理的方式进行推理。

9．小波变换法

自从 1989 年 Mallat 提出了二维小波分解方法后，小波变换在图像处理中迅速得到了广泛的应用。在图像融合领域，小波变换法也是一种重要的方法。对于图像融合，在频率域进行比在时间域进行更为有效，融合算法的设计必须把融合的技术目的和图像的频率域表现结合起来考虑。

10．模糊图像融合

模糊性是指客观事物在形态及类属方面的不分明性，其根源是在类似事物间存在一系列过渡状态，它们互相渗透，互相贯通，使得彼此之间没有明显的分界线。图像融合模糊算法的基本原理是利用模糊隶属度函数量化不同目标类型和相应像素值之间的关系。

11．基于 Contourlet 变换的图像融合

Contourlet 变换的产生是为了解决二维或更高维奇异性问题。其基本思想之一是：如果某个基函数能与被逼近的函数较好地匹配，且具有方向性，则其相应的投影系数较大，变换的能量集中性也较高，有助于提高边缘以及纹理的表示效率。

6.2.4　图像融合的应用

1．数码照相机的应用

光学传感器（如数码照相机）在某一场景进行成像时，由于场景中不同目标与传感器的距离可能不同甚至有很大的差异，这时想使所有目标都成像清晰是非常困难的，而采用图像信息融合技术能够达到这样的目的，即针对不同的目标，得到多幅聚焦不同目标的成像，经过融合处理，提取各自的清晰信息综合成一幅新的图像，便于人眼观察或计算机进一步处理。多聚焦图像融合技术能够有效地提高图像信息的利用率以及对目标探测识别的可靠性。图 6-18（a）和图 6-18（b）给出了一对包含两个目标（花盆与座钟）的图像，由于它们与照相机的距离不同，两幅图像中分别聚焦不同的目标，而在图 6-18（c）所示的融合结果中，两个目标都很清晰。

（a）聚焦右边时钟　　　　　　（b）聚焦右边时钟　　　　　　（c）融合效果

图 6-18　图像融合应用

2．医学诊断

在放射科手术计划中，计算机 X 射线断层造影术成像（Computerized Tomography，CT）具有很高分辨率，骨骼成像非常清晰，对病灶的定位提供了良好的参照，但对病灶本身的显示较差，而核磁共振成像（Magnetic Resonance Imaging，MRI）虽然空间分辨率比不上 CT，但是它对软组织成像清晰，有利于对病灶范围的确定，可是它又缺乏刚性的骨组织作为定位参照。可见，不同模态的医学图像均有各自的优缺点。如果能把它们之间的互补信息综合在一起，把它们作为一个整体来表达，那么就能为医学诊断、人体的功能和结构的研究提供更充分的信息。在临床上，CT 图像和 MRI 图像的融合已经应用于颅骨放射治疗、颅骨手术可视化中。图 6-19（a）（b）（c）中的 3 幅图像分别为人脑的 CT 图像、MRI 图像和二者的融合结果。

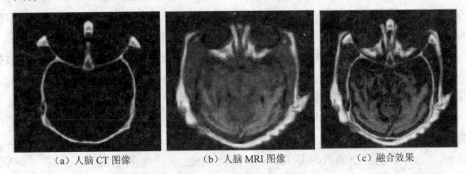

（a）人脑 CT 图像　　　　　　（b）人脑 MRI 图像　　　　　　（c）融合效果

图 6-19　图像融合应用

3．军事应用

多传感器图像融合在军事领域也有广泛的应用。在文献[144]中，作者提出了一个安装在 NASAF/A.18 上的非实时彩色传感器融合系统，用来融合电荷耦合器件（Charge-coupled device，CCD）图像和长波红外图像，实际结果表明该彩色融合系统能够提高目标的检测能力。美国 Lawrence Livermore 国家实验室的研究人员开发了基于多传感器图像融合的地理检测系统。夜间红外图像与夜间可见光图像融合，可以很清楚地看到全貌，这在军事上可以用做夜间作战监测。

6.3　图像匹配和图像融合的处理系统

本节将主要介绍图像匹配和图像融合的常用处理系统，主要包括 ERDAS、VirtuoZo 等。

6.3.1　ERDAS

ERDAS IMAGINE 是美国 ERDAS 公司开发的遥感图像处理系统[156]。它以其先进的图像处理技术，友好、灵活的用户界面和操作方式，面向广阔应用领域的产品模块，服务于不同层次用户的模型开发工具以及高度的 RS/GIS（遥感图像处理和地理信息系统）集成功能，为遥感及相关应用领域的用户提供了内容丰富而功能强大的图像处理工具，代表了遥感图像处理系统未来的发展趋势。

ERDAS IMAGINE 是以模块化的方式提供给用户的，可使用户根据自己的应用要求、资金情况合理地选择不同功能模块和不同组合，对系统进行裁剪，充分利用软硬件资源，并最大限度地满足用户的专业应用要求。ERDAS IMAGINE 面向不同的用户需求，对于系统的扩展功能采用开放的体系结构，以 IMAGINE Essentials、IMAGINE Advantage、IMAGINE Professional 的形式提供了低、中、高三档产品架构，并有丰富的功能扩展模块供用户选择，使产品模块的组合有极大的灵活性。

1．IMAGINE Essentials 级

该级是一个花费极少的，包括有制图和核心化功能的图像工具软件。无论是独立工作还是企业协同计算的环境下，都可以借助 IMAGINE Essentials 完成二维/三维显示、数据输入、排序与管理、地图配准、专题制图以及简单的分析。可以集成使用多种数据类型，并在保持相同的易于使用和易于裁剪的界面下升级到其他的 ERDAS 公司产品。

可扩充模块分为：Vector 模块——直接采用 GIS 工业界领袖 ESRI 的 ArcInfo 数据结构 Coverage，可以建立、显示、编辑和查询 Coverage，完成拓扑关系的建立和修改，实现矢量图形和栅格图形的双向转换等；Virtual GIS 模块——功能强大的三维可视化分析工具，可以完成实时三维飞行模拟，建立虚拟世界，进行空间视域分析，矢量与栅格的三维叠加，空间 GIS 分析等；Developer's Toolkit 模块——ERDAS IMAGINE 的 C 语言开发工具包，包含了几百个函数，是 ERDAS IMAGINE 客户化的基础。

2．IMAGINE Advantage 级

该级是建立在 IMAGINE Essentials 基础之上的，增加了更丰富的栅格图像 GIS 分析和单张图像正射校正等强大功能的软件。IMAGINE Advantage 为用户提供了灵活可靠的用于栅格分析、正射校正、地形编辑以及图像拼接工具。简而言之，IMAGINE Advantage 就是一个完整的图像地理信息系统。可扩充模块分为：Radar 模块——完成雷达图像的基本处理，包括亮度调整、斑点噪声消除、纹理分析、边缘提取等功能；OrthoMAX 模块——全功能、高性能的数字航测软件，依据立体像对进行正射校正、自动 DEM 提取、立体地形显示及浮动光标的 DEM 交互编辑等；OrthoBase 模块——区域数字摄影测量模块，用于航空影像的空三测量和正射校正；OrthoRadar 模块——可对 Radarsat，ERS 雷达图像进行地理编码、正射校正等处理；StereoSAR DEM 模块——采用类似于立体测量

的方法，从雷达图像中提取 DEM；IFSAR DEM 模块——采用干涉方法，以像对为基础从雷达图像中提取 DEM；ATCOR 模块——用于大气因子校正和雾曦消除。

3．IMAGINE Professional 级

该级是面向从事复杂分析，需要最新和最全面处理工具，经验丰富的专业用户。Professional 是功能完整丰富的图像地理信息系统。除了包含 IMAGINE Essentials 和 IMAGINE Advantage 中的功能之外，还提供轻松易用的空间建模工具（使用简单的图形化界面），高级的参数/非参数分类器，知识工程师和专家分类器，分类优化和精度评定以及雷达图像分析工具。可扩充模块：Subpixel Classifier 模块——子像元分类器利用先进的算法对多光谱图像进行信息提取，可达到提取混合象元中占 20%以上物质的目标。

4．IMAGINE 动态链接库

ERDAS IMAGINE 中支持动态链接库（DLL）的体系结构。它支持目标共享技术和支持目标的设计开发，提供一种无需对系统进行重新编译和链接而向系统加入新功能的手段，并允许在特定的项目中裁剪这些功能。

具体细化的动态链接库有：

（1）图像格式 DLL——提供对多种图像格式文件无需转换的直接访问，从而提高易用性和节省磁盘空间。支持的图像格式包括：IMAGINE GRID、LAN/GIS、TIFF(GeoTIFF)、GIF、JFIF（JPEG）、FIT 和原始二进制格式。

（2）地形模型 DLL——提供新类型的校正和定标（Calibration），从而支持基于传感器平台的校正模型和用户裁剪的模型。这部分模型包括 Affine、Polynomial、Rubber Sheeting、TM、SPOT、Single Frame Camera 等。

（3）字体 DLL——提供字体的裁剪和直接访问，从而支持专业制图应用、非拉丁语系国家字符集合商业公司开发的上千种字体。

5．ERDAS 图像匹配处理

图像匹配是指通过一定的匹配算法在两幅或多幅图像之间识别同名点，如二维图像匹配中通过比较目标区和搜索区中相同大小的窗口的相关系数，取搜索区中相关系数最大所对应的窗口中心点作为同名点。其实质是在基元相似性的条件下，运用匹配准则的最佳搜索问题。

ERDAS IMAGINE 有影像自动匹配配准模块，该模块是一个快速高效的影像自动匹配模块。利用自动点量测技术进行影像的自动、快速纠正和匹配。以最小数量的控制点或连接点甚至无量测点完成影像的自动纠正和边界配准，大大减小动态监测、信息融合等不同时相、分辨率影像精确配准的工作量。

6．ERDAS 图像融合处理

ERDAS 图像融合即分辨率融合，是对不同空间分辨率遥感图像的融合处理，使融合后的遥感图像既具有较好的空间分辨率又具有多光谱特征，从而达到图像增强的目的。操作过程比较简单，关键是融合前两幅图像的配准（Rectification）及融合过程中融合方法的选择。

ERDAS 图标面板菜单条：Main→Image Interpreter→Spatial Ehancement→Resolution Merge 对话框；

ERDAS 图标面板工具条：单击 Interpreter 图标→Spatial Ehancement→ Resolution Merge 对话框；

在 Resolution Merge 对话框中，需要设置下列参数：

确定高分辨率输入文件（High Resolution Input File）；

确定多光谱输入文件（Multispectral Input File）；

定义输出文件（Output File）；

选择融合方法（Method）：比如主成分变换法（Principle Component），乘积方法（Multiplicative）和比值方法（Brovey Transform）；

选择重采样方法（Resampling Techniques）：比如 Bilinear Interpolation；

输出数据选择（Output Option）；

输出波段选择（Layer Selection）；

OK（关闭 Resolution Merge 对话框，执行分辨率融合）。

以上便是对于 ERDAS IMAGINE 软件系统在图像匹配和图像融合方面的一些简单介绍。

6.3.2　VirtuoZo

VirtuoZo 是基于 Windows NT 的全数字摄影测量系统，利用数字影像或数字化影像完成摄影测量作业。由计算机视觉（其核心是影像匹配与影像识别）代替人眼的立体测量与识别，不再需要传统的光机仪器。VirtuoZo 从原始资料、中间成果及最后产品等都是以数字形式，克服了传统摄影测量只能生产单一线画图的缺点，可生产出多种数字产品，如数字高程模型、数字正射影像、数字线划图、景观图等，并提供各种工程设计所需的三维信息、各种信息系统数据库所需的空间信息。VirtuoZo NT 不仅在国内已成为各测绘部门从模拟摄影测量走向数字摄影测量更新换代的主要装备，而且也被世界诸多国家和地区所采用[157]。

VirtuoZo NT 的运行环境及软件模块。

1．运行环境及配置

VirtuoZo NT 基于 Windows NT（4.0 以上版本）平台运行，基本配置为：Pentium II 300/128MB 内存/9GB 硬盘/20X CD-ROM；17 英寸彩色显示器，1 024×768 像素分辨率，刷新频率大于 100Hz。另外还应有数字化影像获取装置（例如高精度扫描仪）、成果输出设备以及立体观察装置等附属配置。其中立体观察装置有偏振光、闪闭式、立体反光镜、互补色（红绿镜）等 4 种。

2．主要软件模块

VirtuoZo NT 基本软件功能有：

● 解算定向参数；

● 自动空中三角测量；

- 核线影像重采样；
- 影像匹配；
- 生成数字高程模型；
- 制作数字正射影像；
- 生成等高线；
- 制作景观图、DEM 透视图；
- 等高线叠加正射影像；
- 基于数字影像的机助量测；
- 文字注记；
- 图廓整饰。

3. 作业方式

自动化与人工干预。系统在自动化作业状态下运行不需要任何人工干预。人工干预是作为自动化系统的"预处理"与"后处理"，如必要的数据准备、必要的辅助量测等和已经自动化过但无法解决的问题。人工干预不同于人工控制操作，而是尽可能达到了半自动化。

VirtuoZo 系统的具体操作流程主要分为七步：数据准备、参数设置、定向、核线采集与匹配、DEM 与 DOM 以及等高线的生成、数字化测图、拼接与出图。下面选择一些重要操作加以介绍。

（1）数据准备。数字摄影测量所需资料：相机参数，应该提供相机主点理论坐标 X、Y，相机焦距 f，框标距或框标点标；控制资料，外业控制点资料及相应的控制点位图；航片扫描数据，符合 VirtuoZo 图像格式及成图要求扫描分辨率的扫描影像数据，VirtuoZo 可接受多种影像格式，如 TIFF、BMP、JPEG 等，一般选用 TIFF 格式。

数据准备工作具体过程为：外业实测或内业加密数据得到控制点坐标，通过相机检校文件获取信息，由航片结合表得到航摄负片，再通过扫描得到数字化原始航片，再由以上三者获取原始资料作为数据。数据包括：6 个影像文件（*.tiff）、控制点文件（*.ctl 文件）、相机检校文件（*.cmr）、每个控制点位图以及一个数据说明文件，里面给出了数据处理所必需的测区信息。

（2）建立测区与模型的参数设置。要建立测区与模型，VirtuoZo 系统需要设置许多参数，这些参数需要在参数设置对话框上逐一设置，如测区（Block）参数、模型参数、影像参数、相机参数、控制点参数、地面高程模型（DEM）参数、正射影像参数、等高线参数等。其中有些参数在 VirtuoZo 中有固定的数据格式，需要安装 VirtuoZo 规定的格式填写，如相机参数、控制点参数等。

建立测区与模型，设置参数的简易过程：建立测区→设置控制点文件、转入原始影像、设置相机参数文件→建立立体模型→设置立体模型生成产品的参数。具体操作为：

第一步，数据准备完善后，进入 VirtuoZo 主界面，首先要新建一个测区，通过文件→打开测区，新建文件后后缀名为 blk，默认保存在系统盘下的 Virlog 文件夹里。

第二步，进入设置→相机文件，找到刚才在设置测区对话框中新建的相机检校文件，双击进入参数设置界面，相机参数可以直接通过输入按钮输入。

第三步，进入设置→地面控制点，可逐点输入控制点文件，或者通过输入按钮直接读取一个控制点文件。

第四步，参数设置完以后还要对影像文件进行转换，将各种影像文件转换成 VirtuoZo 支持的影像格式。

第五步，进行模型的设置，通过文件→打开模型，可建立一个新模型，系统会自动弹出一个参数设置对话框，可根据需要自行设置模型参数。

（3）定向，有航片的内定向、相对定向和绝对定向等。

内定向：建立影像扫描坐标和像点坐标的转换关系，求取转换参数；VirtuoZo 可自动识别框标点，自动完成扫描坐标系与相片坐标系间变换参数的计算，自动完成相片内定向，并提供人机交互处理功能，方便人工调整光标切准框标。

相对定向：通过量取模型的同名像点，解算两相邻影像的相对位置；VirtuoZo 利用二维相关，自动识别左右像片上的同名点，一般可数十至数百个同名点，自动进行相对定向。

绝对定向：通过量取地面控制点和内业加密点对应的像点坐标，解算模型的外方位元素，将模型归入大地坐标系。

（4）核线采集与匹配。影像匹配是数字摄影测量系统的关键技术，VirtuoZo 中的影像匹配主要是指同名核线影像的采集与匹配。核线有非水平核线与水平核线两种。非水平核线：非水平核线重采样是基于模型相对定向结果，遵循核线原理对左右原始影像沿核线方向保持 X 不变在 Y 方向上进行重采样。水平核线：水平核线重采样使用了绝对定向结果，将核线置平。两种核线的区别：非水平核线重采样所生成的核线影像保持了原始影像同样的信息量和属性，因此当原始影像发生倾斜时，核线影像也会发生同样的倾斜，而水平核线则避免了这个倾斜情况。两种不同的核线形式匹配结果是迥然不同的。在实际作业时，一定要保证每个作业步骤使用的是同一种核线影像（建议一个测区使用同一种采样方式）。

生成核线影像：完成了模型的相对定向后就可生成非水平核线影像，但是要生成水平核线影像就要先完成模型绝对定向。核线影像的范围可由人工确定，也可由系统自动生成最大作业区。影像按同名核线影像进行重新排列，形成按核线方向排列的核线影像。以后的处理，如影像匹配，则都将在核线影像上进行。

然后是影像匹配：按照参数设置确定的匹配窗口大小和匹配间隔，沿核线进行影像匹配，确定同名点。计算机进行自动匹配的过程中，有些特殊地物或地形匹配可能出现错误。比如影像中大片纹理不清楚的区域或没有明显特征的区域，如湖泊、沙漠、雪山等区域可能出现大片匹配不好的点，需要对其进行手工编辑；由于影像被遮盖或阴影等原因，使得匹配点不在正确位置上，需要对其进行手工编辑；城市中的人工建筑物，山区中的树林等影响，它们匹配的点不是地面上的点，而是地物表面上的点，需要对其进行手工编辑；大面积平地、沟壑和比较破碎的地貌等区域的影像，需要对其进行手工编辑。匹配结果会影响以后生成的 DEM 质量，所以进行匹配结果编辑是很必要的。

具体操作步骤：

① 生成核线影像：

第一步，定义一个作业区。在相对定向界面右击，在弹出菜单中选择全局显示，界面显示模型的整体影像，然后再弹出菜单，选择定义作业区，然后用鼠标在影像上拖出一个作业区，作业区用绿色的线条显示其边框（注意保证自定义区内有影像，即不超过最大作业区）。也可以选择自动定义最大作业区，程序将自动定义一个最大作业区。

第二步，生成核线影像。右击后弹出菜单，选择生成核线影像→非水平核线，程序依次对左右影像进行重采样，生成模型的核线影像。

第三步，退出。右击后弹出菜单，选择保存退出。

② 影像匹配：

第一步，匹配预处理：

A．选择"处理→匹配预处理"命令，进入匹配预处理模块，利用该模块，用户可以打开有待自动匹配的模型，并在模型中加测一些特征点、特征线和特征面以辅助系统进行自动匹配，从而获得更好的匹配结果，大大减少对匹配结果编辑的工作量。

B．在匹配预处理窗口中选择"文件→打开模型"命令，在系统弹出的"打开模型"对话框中选择需要匹配预处理的立体模型文件，然后单击打开，通过立体显示功能，通过立体眼镜观察显示，从而使测标切准地面，进行特征地物的描绘。

C．根据地物的不同，选择不同的特征表现方式（如特征点、特征线、特征面），对于一些特殊地形数据（如山脊、沟谷、大片居民区或水域等影像），仅仅依靠系统的自动匹配，可能得到的匹配结果较差，会大大增加匹配结果编辑工作量。这就需要在匹配预处理时利用特征点、线、面，切准地形，绘制相应的特征文件，在系统自动匹配过程中参与影像匹配，并干预匹配结果。

D．保存匹配结果并退出。

第二步，影像匹配。影像匹配的过程是全自动的，选择"处理—影像匹配"命令，程序自动完成该过程。

第三步，匹配结果编辑：

A．选择"处理—匹配结果编辑"命令，进入匹配结果编辑界面，如图 6-20 所示。

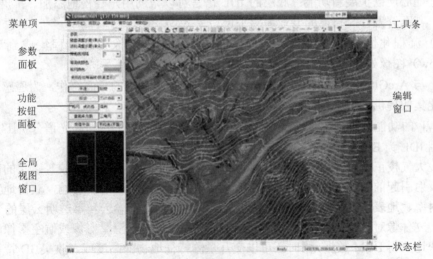

图 6-20　图像匹配界面

B．对一些容易出现匹配错误的地物，选择相应的编辑方式进行编辑，使匹配点切准地面。在编辑窗口右击，可以看到很多设置，方便查看匹配有问题的区域。当发现匹配有错误的时候，首先要选择这个区域，选择方式很多，如可以用鼠标拖动一个矩形框来选择，也可以用右击的菜单功能定义作业区（或按空格键），然后依次单击鼠标左键，待选择完后右击的结束定义作业区（或按空格键），选取完成。区域选好以后，将该区域的匹配点选中，这样就可以用上图左边的编辑工具进行相应的编辑。

C. 一般需要编辑的情况有以下几种：由于影像中常有大片不清晰的影像，如河流、雪山、沙漠等匹配不好的点，则需要编辑；由于影像的不连续、被遮盖、阴影等原因，使得匹配点没切准目标而需要进行编辑；城区的人工建筑物、山区的树林等，使得匹配点不是地面上的点，而是物体表面上的点，则需要编辑；大面积平地、沟壑、破碎的地貌需要进行编辑。

6.3.3　其他系统

除了以上介绍的用于图像匹配和图像融合的处理系统外，还有其他一些比较常用的图像处理系统，如 ENVI 图像处理系统。

ENVI 是一个完整的遥感图像处理平台，它是由遥感领域的科学家采用交互式数据语言 IDL（Interactive Data Language）开发的一套功能强大的遥感图像处理软件，其软件处理技术覆盖了图像数据的输入/输出、图像定标、图像增强、纠正、正射校正、镶嵌、数据融合以及各种变换、信息提取、图像分类、基于知识的决策树分类、与 GIS 的整合、DEM 及地形信息提取、雷达数据处理、三维立体显示分析。

ENVI 具有以下几个优势：

（1）先进、可靠的影像分析工具：全套影像信息智能化提取工具，全面提升影像的价值。

（2）专业的光谱分析：高光谱分析一直处于世界领先地位。

（3）随心所欲扩展新功能：底层的 IDL 语言可以帮助用户轻松地添加、扩展 ENVI 的功能，甚至开发订制自己的专业遥感平台。

（4）流程化图像处理工具：ENVI 将众多主流的图像处理过程集成到流程化（Workflow）图像处理工具中，进一步提高了图像处理的效率。

（5）与 ArcGIS 的整合：从 2007 年开始，与 ESRI 公司的全面合作，为遥感和 GIS 的一体化集成提供了一个最佳的解决方案。

ENVI 的功能十分强大，它提供了专业可靠的波谱分析工具和高光谱分析工具。还可以利用 IDL 为 ENVI 编写扩展功能。其扩展模块有：

（1）大气校正模块（Atmospheric Correction）：校正了由大气气溶胶等引起的散射和由于漫反射引起的邻域效应，消除大气和光照等因素对地物反射的影响，获得地物反射率和辐射率、地表温度等真实物理模型参数，同时可以进行卷云和不透明云层的分类。

（2）立体像对高程提取模块（DEM Extraction）：可以从卫星影像或航空影像的立体像对中快速获得 DEM 数据，同时还可以交互量测特征地物的高度或者收集 3D 特征并导出为 3D Shapefile 格式文件。

（3）面向对象空间特征提取模块（ENVI EX）：根据影像空间和光谱特征，从高分辨率全色或者多光谱数据中提取特征信息，包括一个人性化的操作平台、常用图像处理工具、流程化图像分析工具、面向对象特征提取工具（FX）等。

（4）正射纠正扩展模块（Orthorectification）：提供基于传感器物理模型的影像正射

校正功能，一次可以完成大区域、若干影像和多传感器的正射校正，并能以镶嵌结果的方式输出，提供接边线、颜色平衡等工具，采用流程化向导式操作方式。

（5）高级雷达处理扩展模块（SARscape）：提供完整的雷达处理功能，包括基本 SAR 数据的导入、多视、几何校正、辐射校正、去噪、特征提取等一系列基本处理功能；调焦模块扩展了基础模块的调焦功能，采用经过优化的调焦算法，能够充分利用处理器的性能实现数据快速处理；提供基于 Gamma/Gaussian 分布式模型的滤波核，能够最大限度地去除斑点噪声，同时保留雷达图像的纹理属性和空间分辨率信息；可生成干涉图像、相干图像、地面断层图。主要功能包括 SLC 像对交叠判断、多普勒滤波、脉冲调节、干涉图像生成、单列干涉图生成等；对极化 SAR 和极化干涉 SAR 数据的处理；永久散射体模块能用来确定特征地物在地面上产生的 mm 级的位移。

（6）NITF 图像处理扩展模块（Certified NITF）：读写、转化、显示标准 NITF 格式文件。

ENVI 建立于一个强大的开发语言——IDL 之上。IDL 允许对其特性和功能进行扩展或自定义，以符合用户的具体要求。这个强大而灵活的平台，可以让您创建批处理、自定义菜单、添加自己的算法和工具，甚至将 C++和 Java 代码集成到您的工具中。

用 ENVI 软件来进行图像融合。图像融合是将多幅影像组合到单一合成影像的处理过程。它一般使用高空间分辨率的全色影像或单一波段的雷达影像来增强多光谱影像的空间分辨率。具体的操作步骤如下所示。

1．数据说明及读取

本专题使用的数据是伦敦地区的 TM 和 SPOT 影像，都是二进制的文件，含有 ERMapper 的头文件，它们能够自动地被 ENVI 的 ERMapper 程序读取。

选择 File→Open External File→IP Software→ER Mapper 命令，然后选择 lon_tm.ers 文件和 lon_spot.ers 文件。

2．影像裁剪

影像裁剪通常有三种方法：

（1）在主菜单中选择 Basic Tools→Resize Data 命令，出现 Resize Data Input File 对话框，在对话框中选中要裁剪的图像，单击 Spatial Subset 按钮，出现 Select Spatial Subset 对话框（见图 6-21），通过 Image（见图 6-22）来进行影像裁剪。

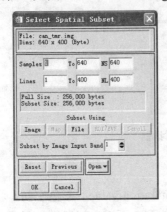

图 6-21 Select Spatial Subset 对话框

图 6-22 Subset by Image 对话框

（2）通过 Map 来进行影像裁剪（见图 6-23）。

图 6-23　Subset by Map 对话框

（3）通过 File 来进行影像裁剪。

3．重采样

由于 TM 和 SPOT 空间分辨率不一样，为了能够使两者进行融合，必须把二者重采样为同样的空间分辨率。首先计算 TM 影像以多少倍率来调整大小，以产生与 SPOT 影像相匹配的 10 m 大小的像元。

在主菜单选择 Basic Tools→Resize Data 命令，出现 Resize Data Input File 对话框，选择裁剪后的图像，直接单击 OK 按钮。在 Resize Data Parameters 对话框（见图 6-24）中，xfac，yfac 右边的文本框内输入重采样前后的因子系数，选择适当的采样方法，选取合适的重采样后的文件名和路径，单击 OK 按钮即可。

图 6-24　Resize Data Parameters 对话框

4．手动融合

TM 的彩色影像转换到色度—饱和度—数值（hue-saturation-value）彩色空间。将高分辨率的 SPOT 影像替换数据（value）波段，并将其拉伸到 0 至 1 之间以满足正确的数据范围。再将从 TM 影像中获取的色度、饱和度以及从 SPOT 影像中获取的数值进行反变换，转回到 RGB 彩色空间。这个过程将产生出一幅输出影像，其包含了从 TM 影像中获取的颜色信息以及从 SPOT 影像中获取的空间分辨率信息。

（1）HSV 正变换。从 ENVI 的主菜单选择 Transform→Color Transform→RGB to HSV（见图 6-25）命令，然后选择重采样过的 TM 数据作为输入的 RGB 影像（见图 6-26）。输入要输出的文件名，单击 OK 按钮执行变换。

（2）拉伸 SPOT 影像并替换 TM 的数值波段。从 ENVI 的主菜单选择 Basic Tools→Stretch Data 命令，单击 lon_spot 文件，然后单击 OK 按钮。

在 Data Stretching 对话框的 Output Data 部分中，在 Min 文本框中输入 0，Max 文本框中输入 1，并输入一个输出文件名。单击 OK 按钮将 SPOT 影像的数据拉伸为浮点型，范围为 0 到 1.0。

（3）HSV 反变换。从 ENVI 主菜单选择 Transform→Color Transforms→HSV to RGB（见图 6-27）命令，选择转换过的 TM 影像的 Hue 和 Saturation 波段作为变换的 H 和 S 波段（见图 6-28）。选择拉伸过的 SPOT 影像作为变换的 V 波段，单击 OK 按钮。在 HSV to RGB Parameters 对话框中输入要输出的文件名，单击 OK 按钮进行反变换。

图 6-25　RGB to HSV Input 对话框

图 6-26　RGB to HSV Parameters 对话框

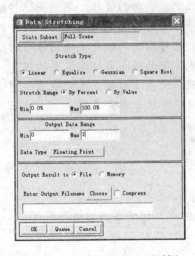

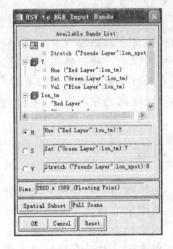

图 6-27　Data Stretching 对话框

图 6-28　HSV to RGB Input Bands 对话框

5. 自动融合

（1）在 ENVI 的主菜单选择 Transform→Image Sharpening→HSV 命令。

（2）如果调整过大小的 TM 彩色影像已在显示窗口中，则可以在 Select Input RGB 对话框（见图 6-29）中直接选择合适的影像显示窗口。否则，就要在 Select Input RGB Input Bands 对话框中，选择 Red Layer、Green Layer 和 Blue Layer 所对应的调整过大小的 TM 影像波段，然后单击 OK 按钮。

（3）从 High Resolution Input File 对话框（见图 6-30）中选择 SPOT 影像，单击 OK 按钮。

（4）输入输出文件名，在 HSV Sharpening Parameters 对话框中单击 OK 按钮。

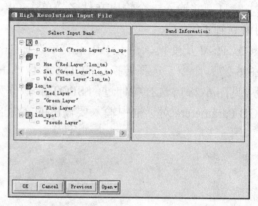

图 6-29　Select Input RGB 对话框　　　　　图 6-30　High Resolution Input File 对话框

 小结

　　图像配准就是将不同时间、不同传感器（成像设备）或不同条件下（天候、照度、摄影位置和角度等）获取的两幅或多幅图像进行匹配、叠加的过程。不同图像传感器获取的图像数据在几何、光谱、时间和空间分辨率等方面存在明显的局限性和差异性。图像融合技术是多源图像综合处理的一项核心技术，它可以将两幅或多幅图像中的信息综合到一幅图像中，使一幅图像能更完整、更精确地体现两幅或多幅图像中的信息，使人们能够更加准确地判断进而改善单一成像系统所形成的图像质量。图像配准与图像融合技术将在物联网的字符识别、物体自动分类等应用中发挥重要的作用。

 习题

1. 图像配准、融合的定义是什么？
2. 图像配准的主要算法有哪些，根据他们的特点，列举各自的适应情况？
3. 图像融合主要分为几类，它们之间的关系是什么？
4. 图像配准与融合的软件有哪些？
5. 图像配准与融合在物联网中有哪些应用？

第7章 生物识别技术

学习重点

　　生物识别技术和物联网在某种程度上说是相辅相成的，彼此的发展都将带动另一方的进步。生物识别技术在物联网中的应用对物联网的发展起到了巨大的推动作用，物联网正是得益于生物识别技术的发展，才使人们的生活水平得到了极大的提高。本章将进行详细讲解。

　　生物识别技术是依靠人的生理特征或行为特征来进行身份验证的一种方案，由于人体特征具有不可复制的特性，这一技术的安全系数较传统意义上的身份验证机制有很大的提高[158]。目前，国外许多高技术公司正在试图用眼睛虹膜、指纹等取代人们手中的信用卡或密码，并且已经开始在机场、银行和各种电子设备上进行实际应用。随着社会的发展，人们生活和物联网的关系越来越密切。物联网正慢慢地成为人们生活中的一部分，物联网正以前所未有的速度发展，而这离不开生物识别技术的支持。生物识别技术和物联网在某种程度上说是相辅相成的，彼此的发展都将带动另一方的进步。生物识别技术在物联网中的应用对物联网的发展起到了巨大的推动作用，物联网正是得益于生物识别技术的发展，才使人们的生活水平得到了极大的提高。

7.1　物联网与生物识别技术的联系

　　随着社会的发展，物联网作为当代信息技术的重要组成部分，与人们的生活日渐密切。同时，物联网离不开生物识别技术的发展，因而生物识别技术也随之走入人们的视野。

　　生物识别技术是利用人的生理特征或行为特征，对其个人身份做出鉴定的技术。与传统的识别技术相比，生物识别技术具有唯一性、不时移性、不易仿造性等特点，因而安全性高。常用的生物识别技术有：指纹识别、掌形识别、虹膜识别、声音识别、视网膜识别、基因识别（DNA 识别）等。

　　生物识别技术具有以下功能：

　　（1）利用生物识别技术可减少人们对于密码和口令的使用，直接使用人体某些生理特征如指纹、虹膜等进行身份验证。

　　（2）利用生物识别技术的唯一性和不变性可将其作为信息安全领域的认证系统平台，加强对重要身份或信息的认证。

　　（3）可为行政部门或其他机构平台提供精确、快捷地确认他人身份的技术手段。

　　（4）可提供精确、快速、安全的人与设备的匹配。

　　由于生物识别技术的上述功能都是和社会信息化的快速发展相结合的，所以该技术的应用对象注定为面向产业类型，其衍生出的各种技术、方案和产品可用"海量"来形容。

　　目前，全球生物识别技术的应用在广度和深度两方面都呈现出了高速增长的态势：广度方面，包括政府、国防、金融、电信、海关，教育等多个行业都开始出现大规模应用生物识别技术的现象，而以 PC 和手机为代表的个人应用前景也很乐观。深度方面，逐渐从以门禁、考勤等为主的低端应用开始向信息安全、金融支付等高端应用演化。金融行业目前已准备在包括柜员机、上岗操作、银行账号等在内的多方面部署生物识别技术[159]。

7.2　生物识别技术的分类

　　目前已出现了指纹识别、掌形识别、虹膜识别、声音识别、视网膜识别、面部识别、签名识别等多种生物识别技术，其中许多还停留在试验阶段，离实际应用还有较大距离。随着科学技术的飞速进步，将会有越来越多的生物识别技术应用到实际生活中。

7.2.1　指纹识别技术

指纹识别是以人的指纹作为识别依据进行身份识别的一种生物识别技术[160]。不同人的指纹一般存在差异。有研究表明，尚未发现指纹完全相同的两个人。自然情况下，在人成长过程中，其指纹的纹样是不会发生改变的。因此，指纹识别具有较强的稳定性、可靠性。同时，指纹识别还具有数据文件较小、识别速率快等优点。虽然指纹识别技术具有诸多优点，但是在一些特殊情况下，又有其局限性。比如，极少数人会出现没有指纹的情况，有些是疾病或意外导致，有些则是先天性的。

随着网络时代的到来，我国在经济、社会等各方面都越来越依赖网络。与传统的企业相比，现代企业对网络的依赖性更加明显。现代企业实行的企业管理电子化如同将金库建在计算机数据库中，资金在计算机网络中流动，计算机金融系统已成为犯罪活动的新目标。为了保障现代企业信息的安全，认证技术极为关键。身份认证用于鉴别用户身份，以保证通信双方身份的确定性和真实性。指纹识别技术是利用人体指纹纹路特征进行身份认证和识别的一种技术，指纹特征是唯一的、稳定的、可以验证的，与传统的身份鉴定手段相比，基于指纹特征识别的身份鉴定技术具有防伪性能好、不易伪造或被盗等优点[161]。因此，近年来指纹识别技术正成为一个重要的应用方向，以满足企业、家庭和社会在信息化、安全化等方面的需要。

下面就以指纹识别技术在智能化楼宇中的应用和实现为例，详细阐述何为指纹识别技术。

智能化楼宇，是信息时代的产物，是传感器技术、计算机技术、通信技术、控制技术及建筑技术密切结合和综合应用的结晶。它将分散的、相互独立的各项资源，在相同的环境和相同的软件界面中进行集中监视、控制和管理。智能化楼宇通过各种信息技术，对整个建筑物内的各项资源进行有效的管理，将整个楼宇内的资源合理地调度、监控和管理，从而提高了整栋建筑的管理效率。智能化的楼宇系统一般包括：办公自动化系统、消防自动化系统、安保系统以及通信系统等诸多子系统[162]。

其中的门禁系统属于安保系统的范畴。该系统的安全性、可靠性是整个楼宇的关键。在现行的许多计算机系统中，用户的身份认证大都使用"用户 ID+密码"的方法。实际上，这种方法隐含着密码易遗忘、可传递、易被别人窃取盗用等安全漏洞。而生物特征是人体上独一无二的特征，是无法直接盗取和传递的。因此使用这些生物特征作为认证方法，具有更高的安全性。基于指纹认证的门禁系统正是这样一个应用生物特征来提高安全性的安保系统。

指纹是具有唯一性的，利用人体指纹的唯一性，可以对不同的个体进行区分。

根据大量指纹图像的分析和归类，我们将指纹分为六大类：（a）拱形（arch）、（b）右旋型（right loop）、（c）尖拱形（tented arch）、（d）左旋型（left loop）、（e）旋涡型（whorl）、（f）双旋型（twin loop）[163]。

针对于以上六种类型，指纹的匹配也分为预分类和精确分类。预分类是将输入的指纹图像分为以上六种之一。预分类完成之后再进行精确分类。精确分类利用指纹图像的细节信息之间的比对，来获取指纹图像的更为精确的相似度。

指纹识别技术首先通过取像设备读取指纹图像，然后利用计算机识别技术提取指纹特征数据，通过匹配识别算法得到最后的识别结果。

指纹特征的提取和匹配是实现整个门禁系统的关键。作为一个门禁系统，其主要任务是保障整个楼宇的安全，也就是说通过对不同用户进行识别以准确地区分出哪些是授权用户而哪些是非法用户，从而阻挡非法用户入内，实现楼宇的人员管理。因而由此可以看出，指纹识别的正确与否是楼宇安全管理的关键所在。我们采用下述的四个步骤去识别不同的指纹图像，通过实验证明该方法具有较好的识别效果：

（1）利用指纹采集器获取用户的指纹：在楼宇的入口处安装指纹采集仪，通过该工具采集用户指纹信息，并将其输入到计算机。

（2）指纹图像的预处理：通过指纹采集仪得到的原始图像会不可避免地掺杂一些噪声，这些噪声会对进一步的识别造成不利影响。预处理过程就是将采集到的图像处理为更为合适的待识别图像，主要的处理手段包括图像的增强、图像去噪、图像的细化、二值化等。

（3）图像的特征提取：对图像进行预处理以后，需要对识别指纹图像进行特征提取。特征是区分不同指纹图片的关键。指纹的识别与匹配直接依赖于特征提取。一个好的特征提取方法在很大程度决定了后期识别的准确率。

利用指纹图像特征点的坐标和方向场作为最终的特征向量，利用该特征对不同的用户进行识别和区分。

（4）图像的模式识别和匹配：根据提取的特征对不同的指纹图像进行匹配识别。为了增强指纹匹配的鲁棒性，将特征点的特征向量依次转化为极径、极角和极坐标系下的方向场。使用可变限界盒的方法对图像采集的过程中产生的非线性形变和位置差异进行校正。

指纹识别认证的目的是对不同的用户授予不同的权限，允许授权用户进入并阻止非法用户进入。它的基本思路就是获取用户指纹，将该指纹与数据库中预先收录的所有授权用户的指纹进行匹配，匹配成功说明是合法用户，并根据数据中权限定义进行授权，若未能匹配成功则为非法用户。

门禁系统通常由控制器、读卡器、电控锁、门锁、开门按钮、扩展模组、系统服务器（计算机）、通信转换器、门禁管理软件、通信管理器、管理主机等基本部分组成。在此基础上，我们可以对基于指纹认证的门禁系统进行设计。整个系统的设计可分为门禁系统的物理网络结构模块和指纹识别认证模块。其中物理网络结构模块包括了门禁系统的物理机构和仪器设备的安装，从而构建整个门禁系统的物理结构，而指纹识别认证模块主要是软件的设计和授权用户指纹数据的建立，通过该软件实现对于用户指纹的认证。

整个门禁系统网络结构包括服务器、交换机、门禁设备和建档设备。其中服务器又包括数据库服务器和网络服务器。数据库服务器中存储着所有合法用户的指纹信息，通过门禁设备获取用户的指纹信息，并通过网络传输至智能楼宇的数据库服务器内将提取出的用户指纹特征与数据库服务器内存储的合法用户的指纹特征进行匹配。如果匹配成功，则门禁系统打开，准许用户入内，否则该用户将会被拒之门外。指纹式门禁单元除了基本的对讲呼叫功能以外，加入了指纹开锁功能，并引入了正常开锁、紧急开锁和胁迫开锁等开锁模式，从而提高了门禁系统的安全性。此外，每一个指纹门禁单元都是网络上的信息结点，将每一个单元的开门、关门和故障信息及时传送到门禁控制器中。终端管理机（PC）上有大容量的硬盘，可将门禁主控制器信息进行长期保存和管理。

整个指纹认证算法系统采用层次化模块设计，共分为三层：底层包含有数据表格模块、分类器模块和模板指纹库；中间层为接口层，包括特征提取接口、特征匹配接口和指纹库操作作接口；上层为应用层，含有指纹注册、指纹验证、指纹鉴别和指纹库管理。

该模块首先提取授权用户数据的指纹图像，再从指纹图像中提取指纹的坐标和方向场。建立指纹图像特征数据库，在数据库中进行注册。门禁系统通过采集仪获取登录用户指纹特征，与数据库中数据匹配，判断是否准入该用户。

指纹识别技术产业应用前景广阔，具有巨大的社会效益和经济效益。

据全球权威市场调研机构对中国市场的预测：中国指纹识别相关技术 2002 年市场收入突破 10 亿元，并保持 50%左右的增长速度；中国正成为继美国、日本之后最具潜力的发展中市场，预计未来 5 年内，生物认证市场收入将达到 300 亿元人民币[164]。

7.2.2　虹膜识别技术

虹膜识别技术是以人眼的虹膜纹理特征作为识别依据进行身份识别的一种生物识别技术。人体虹膜是独一无二，不会改变的，其纹理丰富，具有非侵犯性、防伪性等特点，具有较高的识别率[163]。虹膜识别对图像采集设备要求较高，设备较为昂贵。虹膜识别是利用专门的数字摄像器材与软件相结合的方法获取虹膜数字化编码信息，验证时把采集到的虹膜编码信息与预先存的样板信息进行比对，从而实现自动的身份认证。

1．虹膜识别技术的优势

虹膜识别技术拥有指纹识别等其他生物识别技术所无法比拟的以下优势[165][166]：

（1）精确度高。虹膜图像存在着许多随机分布的细节特征，从而使得虹膜模式具有唯一性。英国剑桥大学 John Daugman 教授采用 34 B 的数据来代表每平方毫米的虹膜信息，一个直径 11mm 的虹膜上就约有 266 个量化特征点，而包括指纹识别在内的一般的生物识别技术仅仅只有 13～60 个特征点。Dr.Daugman 指出，通过他的算法可获得 173 个二进制自由度的独立特征点，在生物识别技术中，其特征点的数量是相当大的。虹膜的唯一性和多特征点为高精度的身份识别奠定了基础，英国国家物理实验室（NPL）的测试结果表明，虹膜识别是各种生物特征识别方法中是准确率最高的。

（2）稳定性好。虹膜从婴儿胚胎期的第 3 个月起开始发育，到第 8 个月虹膜的主要纹理结构已经成形，由于角膜的保护作用，发育完全的虹膜不易受到外界的伤害。除非经历危及眼睛的外科手术，此后几乎终生不变。

而一个人的指纹直到 14 岁左右时才会定型，而且指纹易损伤，会因过干、过湿、脏污等原因而影响识别。人脸除了会随着年龄增长而发生较大改变外，还易受外界光照、个体表情、头部姿态、墨镜及遮盖物等诸多因素影响而产生拒识或误识。虹膜与上述生物识别技术相比，具有更高的稳定性。

（3）最难伪造。虹膜的半径小，在可见光下中国人的虹膜图像呈现深褐色，无法看到纹理信息，要获得具有清晰虹膜纹理的图像获取需要专用的虹膜图像采集装置及用户的配合，在一般情况下很难直接盗取和获得他人的虹膜图像。此外，眼睛具有很多光学和生理特性，也可用于活体虹膜检测。

与虹膜识别相比，指纹容易被窃取从而进行伪造，人脸则可以通过整容、化妆等手段进行伪造。

（4）处理速度快。英国国家物理实验室（NPL）的研究结果显示：在处理速度的测试中，虹膜识别技术每分钟可进行 150 万件匹配操作．这个速度比其他类别的生物识别系统要快 20 倍以上。

2. 我国虹膜识别技术的市场发展现状

虹膜识别是一项融合了多门技术的挑战性极强的生物识别技术，技术门槛很高。我国虹膜识别技术研究起步较晚、发展快，目前已有部分研究成果达到了国际领先水平[168]。

中科院自动化所模式识别国家重点实验室是国内最早从事虹膜识别研究的单位之一，在 2000 年初就开发出了虹膜识别的核心算法。相比国际上其他单位的核心算法，中科院自动化所的核心算法具有速度快、占用内存空间小等诸多优点，整体性能更加优异。同时，该实验室在虹膜检测、活体虹膜判别、图像质量评价、虹膜区域定位、归一化、图像增强、特征表达和抽取、特征匹配与分类器设计等各个环节也都进行了自主创新，突破了许多关键技术，建立了较为系统和完整的虹膜识别理论、技术和方法，在很大程度上提高了虹膜识别系统的易用性、准确性、鲁棒性和实时性。2005 年，该实验室的虹膜识别相关科研成果荣获"国家科学技术发明二等奖"。在 2008 年举行的国际虹膜识别算法公开竞赛上，其算法从来自 35 个国家的 97 个团队提交的参赛算法中脱颖而出，以优异性能夺魁。自动化所的虹膜识别核心算法目前已非排他性地授权给美国 Sarnoff 公司、英国 risGuard 公司以及美国肯塔基大学等机构，标志着我国在虹膜识别领域已经通过自主创新掌握了核心技术，突破了国外早期的技术封锁和产品封锁，从受制于人的被动局面走向了技术出口的主动局面。

国内从事虹膜识别技术研究的机构还有浙江大学、华中科技大学、中国科学技术大学、上海交通大学、沈阳工业大学、哈尔滨工程大学、太原科技大学等，除了中科院自动化所以外，上述机构基本都还停留在理论研究和实验阶段，尚未真正实现产业化。

目前，我国虹膜识别市场仍然处于培育期，市场上竞争者少，产品种类少、价格高、销量较少，市场认知度较低，无法实现大规模生产。在行业发展的过程中不断有企业被淘汰，同时又不断有新的企业加入，市场相当不稳定。中国市场目前主要由韩国 LG、日本松下和 OKI 国外品牌占据，这些企业的产品也都是采用 John Daugman 博士的核心算法，需要支付给该算法所有权拥有者——国际生物特征识别领域的旗舰企业 L-1 IdentitySolutiONS 一定数额的技术使用费，才能开发自己的虹膜图像采集设备。这些企业目前在中国市场上主要是通过代理商来进行销售，具有一定的中间成本，同时由于技术使用费及进口关税等费用，其销售价格相对于国内厂商的同类型产品来说要高得多。此外国外公司不具备本土优势，产品定制和售后服务不如本土企业灵活，因此近年来的销售情况并不乐观。国外品牌在中国市场上的集成商和代理商主要包括西安中虹智能科技有限公司（松下产品集成商）、北京易环球电子有限公司（OKI 产品代理商）和专讯科技（深圳）有限公司（LG 产品代理商）等。

目前，我国推出了具有完全自主知识产权的虹膜识别产品嵌入式虹膜识别仪 IKEMB-100，打破了国外产品垄断我国虹膜识别市场的局面。该系统采用主动视觉反馈方法，在虹膜采集设备上添加显示设备，直接显示出由采集设备获取的用户双眼虹膜图像，实现"所见即所得"的虹膜识别效果，引导用户自行对准，对准速度是国际同类产品的 3 到 5 倍甚至更高。在这几年虹膜识别市场的发展过程中，国内还曾经出现过几家以研究机构为背景并且掌握虹膜识别核心算法的企业，可惜这些企业由于种种原因目前均已退出虹膜识别市场。

虽然随着行业的发展，更多的企业参与到行业竞争中，虹膜识别产品的价格也呈下降趋势，但总体来说价格仍然较高。目前即使是国产的低端产品，价格也仍在万元以上，相对于指纹识别产品百元以下的价格来说显得非常昂贵。此外，由于虹膜识别的市场认知度较低，让许多不了解虹膜识别的人们望而却步，阻碍了虹膜识别产业的整体发展。导致虹膜识别产品价格居高不下的原因主要有以下几点：

（1）由于国内真正掌握虹膜识别产品核心技术的厂商极少，大多数厂商只能购买国外的核心产品进行组装，需要为国外企业支付昂贵的技术使用费，导致了成本的增加。同时掌握核心技术的厂商因为前期研发投入较多，寄希望于通过较高的价格来尽快收回研发成本。

（2）在硬件上，虹膜识别系统需要昂贵的摄像头与一个比较好的光源来采集虹膜图像，从而增加了其自身成本。

（3）由于目前虹膜识别市场较小，难以实现大规模生产是其市场惨淡的主要原因。虹膜识别技术的特点决定了其产品的主要市场为政府级别领域及一些对安全要求较高的单位和个人，因此其技术和市场前景主要取决于政府推动。而目前我国的虹膜识别技术尚未引起政府相关部门重视，缺少必要的政策引导。因此，与国外虹膜识别技术在机场、港口、军队反恐等领域的大规模应用不同，虹膜识别在我国目前还仅仅实现了少数几个领域的小规模应用，其市场规模要小得多。

3．虹膜识别技术的发展趋势

美国著名调研机构 Reportlinker.com 在《2012 全球生物识别技术市场预测报告》中指出，在 2008 年到 2012 年，虹膜识别技术将有望实现 36％的年均增长率，掌形识别、语音识别和人脸识别等生物识别技术将紧随其后。

在我国，虹膜识别在公共安全、信息安全、安防等多个领域蕴藏着巨大的市场潜力。我们相信，随着人们对虹膜识别认知度的逐步提高、产品价格的逐步下降和政府有关部门的重视以及虹膜识别技术的日益成熟，其市场潜力必将迅速释放，虹膜识别市场必将迎来快速发展期。

此外，由于各种生物特征识别方式都有其一定的适用范围和要求，任何单一的生物特征识别系统在实际应用中显现出各自的局限性，因此虹膜识别技术与其他生物识别技术相融合组成多模态的生物识别技术也将是未来的发展趋势。多模态生物特征识别系统的一大好处是：入侵者用人造或模仿品来同时骗过多生物特征基本上是不可能的，而个人在某项特征不便时亦可灵活调换。国际标准化组织（ISO）和国际电工委员会（IEC）

已经联合公布了《信息技术—生物特征—多模态和其他多生物特征融合》，该方案能融合多种生物指令，以保证在一种生物特征失真或无法使用的情况下，仍能准确识别[169]。

7.2.3　基因识别技术

随着人类基因组计划的开展及相关知识的普及，人们对基因的结构和功能的认识不断深入，有研究者正研发将基因技术应用于生物识别领域。目前已有人将其应用到个人身份识别中。在全世界 60 多亿人中，两个同时出生或姓名一致、长相酷似、声音相同的人都可能存在，指纹也有可能消失，但只有基因却是代表你本人遗传特性的、独一无二、永不改变的生物学特征。另据报道，采用智能卡的形式，存储着个人基因信息的基因身份证已经在我国湖北、香港等地出现。

要制作这种基因身份证，首先需要取得有关的基因，并进行化验分析以选取其特征定位点（DNA 指纹），然后载入计算机的存储库中，这样基因身份证就制作出来了。同时，人们还可以加上个人病例并进行基因化验。发出基因认证之后，医生及医疗机构可利用智能卡阅读器，阅读病人病历，从而进行远程诊断[170]。

基因识别是一项高级的生物识别技术，由于技术还不成熟，尚无法做到实时取样和迅速鉴定，这在某种程度上限制了其推广应用。

近年来，安防技术发展速度极快，各种安防新产品层出不穷，安防技术产品在应用层面也有了较大的发展。国际上已经有国家把高端安防技术产品应用到反恐领域中。相信随着数字化的到来，生物特征识别技术也将日臻成熟。尤其是以 DNA、指纹识别为代表的生物特征识别技术已经从神秘的实验室走了出来，开始应用到日常生活的方方面面，并在金融、教育、医疗、社保等领域得到广泛应用。

《DNA 防伪技术产品通用要求》已于 2005 年 6 月 1 日起实施，该标准的发布实施标志着 DNA 标准化在生物防伪领域有了新的突破，填补了我国 DNA 技术产品标准的空白，为规范 DNA 产品的性能指标要求和顺利实施 DNA 产品生产许可证制度，提供了基础技术依据。

生物特征识别对个体具有很好的唯一性和不变性，具有其他识别方法无可比拟的优势，但它有其自身的局限性。尤其在面对一个大范围的群体时候，利用签名进行识别，很难做到精确识别，同时也很难在网络中应用；虹膜和视网膜识别，虽然是一种精确性很高的识别技术，并且也不需接触即可进行识别，但其昂贵的识别设备却不是任何人都能承担的，同时该技术还有可能会对人体造成损伤。由于人类基因组计划等与人类基因相关的研究的深入，人类对自身的了解和认识也越来越深入，基因在个体上显示出丰富的多样性，对单个个体的 DNA 进行鉴定即可实现对个体直接确认。

DNA 包含着一个人所有的遗传信息，这些信息是与生俱来、独一无二且终生不变的。这些丰富的遗传信息蕴含在人体的骨骼、毛发、血液、唾液等所有人体组织、器官及体液中。

近年来，科学家们已开发出多种遗传标记用于个体识别。其中短片段重复序列（Short Tandem Repeat，STR）广泛存在于人类基因组中，具有高度多态性[169]。它们一般由 2～6 个碱基构成一个核心序列，在长度上呈串联重复排列，主要由核心序列复制数目的变化产生长度多态性，且 STR 检测方法简便、快速、准确度高，适合于构建大规模的 DNA—STR 遗传标记数据库，便于检索和查询。对 STR 进行检测已发展为目前最主要的个体识别检测标记。

DNA 个体识别信息作为个体唯一不变并且长期存在的生物学标记，在未来可用于制备公民第三代身份证——DNA 身份证，从而实现个人身份识别。这将有利于政府在行政、社会人口等方面的管理。同时，还可以采用个体遗传信息续写家族图谱，在遭遇意外事故、失散、财产继承、试管婴儿、骨骼移植、克隆器官或者克隆生命等原因引起的需要进行个体识别和亲权鉴定中发挥积极作用。

这些应用将对公安机关寻找失踪人口，快速进行无名尸体的个体识别起到十分重要的作用；同时也便于随时与犯罪人群 DNA 数据库接轨，极大程度降低跨地区暴力犯罪案件的侦破难度；有利于保护大多数流动人群的合法权益不受侵害。此外，在短时间内为警方明确犯罪嫌疑人身份提供侦查方向，提高破案效率，对犯罪分子起到震慑作用，特别是数据库中已存有其相关资料，对破获陈年积案有极大的帮助，并能有效地打击跨国或跨地区的犯罪活动，促进相关实验室及其检测技术的标准化，有利于各实验室之间检测结果的对比和数据库资源的共享。

美国在 1991 年开始运用 STR 来建立国家犯罪人群的 DNA 遗传标记数据库系统，1997 年 11 月美国联邦调查局宣布建立美国国家 DNA 数据库（13 个 STR 位点，United States National Database）[15]。20 世纪英国也启动了国家 DNA 库，要求罪犯和嫌疑人的 DNA 必须入库。英、美等国家建立的犯罪 DNA 数据库，收录了几百万份的犯罪 DNA 资料，至少为 75 000 个罪案调查提供了证据，成为犯罪调查的有力工具。

我国目前仅有不超过 6 万份的犯罪人群 DNA 遗传标记资料，远远无法满足需要。DNA 技术的最初应用是从人体体液或组织中提取 DNA，进行 DNA 技术分析。目前 DNA 技术在英国已成为法庭取证的最重要技术之一，它可以为法庭取证提供足够的个人识别证据。总之，建立一个国家 DNA 数据库是 DNA 技术发展的趋势和必然结果。

无论是与结构基因组学对应的"基因时代"，还是与功能基因组学、蛋白质组学相应的"后基因时代"；无论你称呼 21 世纪是"信息时代"、"后信息时代"，还是"生物时代"，所有这一切都将 BT（生物技术）与 IT（信息技术）紧密结合起来。随着现代科技的发展，生物技术与信息技术的融合成为大势所趋。人类基因组计划及生物信息研究过程中产生海量数据，预测到功能基因的分析，都离不开高性能服务器的支持。

可以预见，超级计算机的高度运算能力将在生命科学、商品开发及企业整合上扮演越来越重要的角色。

7.2.4　人脸识别技术

人类于 20 世纪 60 年代中后期人脸识别的研究，40 多年来得到了长足的发展。尤其是近几年来，人脸识别已成为热门课题，许多国内外知名大学、研究所、IT 公司等都在从事相关研究。当前，社会对于安全的要求越来越高，特别是在身份认证、企事业单位来访监控、小区安防、工业控制等方面。同时，社会各种犯罪事件层出不穷，也从侧面说明了监控系统多少存在着不足。因此，利用高科技手段构筑社会治安防范体系是非常

必要和紧迫的。人脸识别问题之所以得到广泛重视，其重要的研究意义突出表现在两个方面[173]:

（1）人脸识别研究可以极大地促进多门相关学科的发展。人脸识别的研究涉及心理学、生理学、人工智能、模式识别、计算机视觉、图像分析与处理等多个学科领域，有利于构建这些学科领域的基础实验平台用于尝试新方法，验证新理论，解释新现象。对各学科技术综合应用和发展有着不可估量的促进作用。

（2）人脸识别具有十分巨大的潜在应用前景。随着网络与通信技术的快速发展，网络越来越普及，人们对网络的依赖性也越来越高，在虚拟世界日益繁荣的情况下，对真实世界的人进行必要的身份识别显得越来越必要和迫切，传统的基于身份标识物品和身份标识知识的身份识别方法在安全认证等方面也越来越难以满足人们的需要。以自动取款机系统为例，它同时需要用户提供银行卡（身份标识物品）和密码（身份标识知识），虽然把传统的两种方法结合了起来具有较高的安全性，但是身份标识物品仍容易丢失和伪造甚至被盗用，身份标识知识也很容易被窃取。随着社会的进一步发展，它所面临的安全问题、身份验证问题将会更加突出，传统的识别方法面临着严峻的挑战，促进了新的识别方法的产生和发展。

与其他身份识别系统相比，人脸识别系统具有以下优势：

（1）人脸与被识别对象的不可分割性使得人脸识别技术具有快捷方便、不需记忆、不担心遗忘丢失及被人盗取等优点。

（2）人脸识别技术具有非接触、隐蔽及友好的特点；而且不需要特别的专用设备，只需用摄像头与机器交互，相比于其他生物识别技术来说更加易于实施。人脸是人最重要的生物特征之一，具有较多的特征信息，故可提取多重特征进行多重识别，具有稳定的优势。

人脸识别从广义上讲包括两个过程：人脸检测和人脸分类。第一个过程人脸检测是指在所获取的图像上检测有无人脸，如果存在人脸则判别出人脸的位置和大小。这是一种根据人脸样本模式的共性特征进行模式识别的操作过程，把图像内将要检验的任意一个子区域划分为两类模式：人脸和非脸。第二个过程人脸分类，即狭义上的人脸识别。是指对当前人脸模式进行比较和判别区分它们的个体特征，这是一种根据人脸样本模式的个性特征进行模式识别的操作，它将特定人脸上的有关特征或特征一一提取和检测出来，并与已知类别的标准样本特征相匹配从而描述和刻画人脸。人脸检测阶段将从待测图像中提取出包含人脸的区域提供给人脸识别阶段进行类别鉴定。早期的人脸识别算法都是在认为已经得到了一个正面人脸或者人脸很容易获得的前提下进行的。随着人脸应用范围的不断扩大和开发实际系统需求的不断提高，这种假设下的研究不再能满足需求，人脸检测开始作为独立的研究内容发展起来。

1. 人脸的特征及其提取

人脸特征的选取在人脸识别系统中，占据极为重要的地位，不同的特征对应不同的计算模型，特征的选取影响整个识别系统的效率和精确度。通常，人脸具有以下几类特征：

（1）颜色特征，如人的肤色、发色等。肤色是人脸的重要信息，它不依赖于面部的细节特征，对于旋转，表情等变化情况都能适用，具有相对的稳定性并且和大多数背景物体的颜色相区别。而且基于肤色的人脸检测定位算法计算量小，实时性好，因此肤色特征在人脸检测中经常用于提高检测速度，或者直接使用或者是作为系统的预处理部分。

（2）几何特征。如人脸轮廓大致呈现为椭圆形状且结构具有一定的对称性，此外人脸各个器官的形状以及相对位置比较稳定等。

人脸区域的灰度可以作为模板特征，常采用的几何特征有人脸的五官如眼睛、鼻子、嘴巴等的局部形状特征，脸型特征以及五官在脸上分布的几何特征，从而可以排除掉头发、脸颊两侧变化很大的部分。几何特征广泛地用于基于统计学习的人脸检测方法中，提取特征时往往要用到人脸结构的一些先验知识，基于欧氏距离等方法的特征矢量之间的匹配在这种基于几何特征的识别中被广泛应用。该方法具有如下优点：与人类自身人脸识别方法相似，容易被人们理解和接受；只需存储每幅图像的特征向量，无须存储整幅图像，大大减小了存储量；受光照影响较小。该方法也存在以下缺点：很难从图像中抽取到稳定的特征，特别是特征受到遮挡时；对强烈的表情变化和姿态变化的鲁棒性较差；该方法忽略了局部细微特征，造成部分信息丢失，只适合于粗分类。

（3）统计特征。由于人脸的灰度分布稳定，所以可以利用统计的方法，如正交变换、直方图、模板的方法来分析人脸灰度分布的统计特征。

（4）特征域特征。即利用数学的方法，将图像进行空间变换，然后提取特征，如利用离散 DCT 变换得到的频域特征、利用小波变换得到的多尺度特征等。

2．人脸识别的方法

人脸识别经过几十年的发展，各种算法层出不穷，特别是在 20 世纪 90 年代后取得了很大的进展，如 1991 年，Turk 等人提出了基于主成分分析法的 Eigen face 方法。其他有代表性的方法包括：线性判别分析（LDA）、模板匹配、弹性图匹配、嵌入式隐马尔科夫模型（E.HMM）等。人脸识别包括三方面：

（1）辨识：用数据库的图像来寻找相关对象，例如模拟像的人脸识别。

（2）认证：即对所获得的人脸图像进行辨别，与数据库的中的人脸图像进行判定并给出判定结果，例如电子护照的持证人的人证同一认证。

（3）监视识别：主要用于对特殊区域或对象进行监控，例如智能追逃、高危人员的监控。

子空间分析（Subspace Analysis）方法是统计方法中的一种。它的思想就是把高维空间中松散分布的人脸图像，通过线性或非线性变换压缩到一个低维的子空间中去，在低维的子空间中使人脸图像的分布更紧凑，更有利于分类，通过此方法还可将高维的计算变换到低维，大大减小了计算量。

1．主成分分析

主成分分析（PCA）是最早被引入到人脸识别的子空间方法，在它的成功应用之后子空间方法便成为了人脸识别的主流方法之一。主成分分析法是 K-L 变换的别称。该方法将样本图像进行 K-L 变换以消除原来各分量之间的相关性，取变换后所得到的最大的若干个特征向量来表示原来的图像。PCA 是模式识别中一种有效的特征提取方法，其目的是用较少量的特征对样本进行描述，降低特征空间的维数同时又能保留所需要的识别信息。用线性判别分析时，由于人脸样本的维数一般都高于人脸训练样本数，所以进行分判决时，往往会产生所谓的小样本问题。为了解决这个问题，最常用的方法是先使用主成分分析技术消除训练样本的类内散度矩阵和类间散度矩阵的零空间（NullSpace），从而达到对训练样本降维的目的。

2. 局部特征分析

局部特征分析技术（Local FeatureAnalysis，LFA）是由洛克菲勒大学的 Atick 等人提出的[172]。LFA 在本质上是一种基于统计的低维对象描述方法，PCA 方法基于全局特征，难以提取局部特征，同时使强相关的特征彼此加强，弱相关的特征彼此抑制，可以更好地提取特征的"局部"特性，并能够同时保留全局拓扑信息，从而具有更佳的描述和判别能力。

LFA 基于所有的面像（包括各种复杂的式样）都可以从由很多不能再简化的结构单元子集综合而成。这些单元使用复杂的统计技术而形成，它们代表了整个面像，通常跨越多个像素（在局部区域内）并代表了普遍的面部形状，但并不是通常意义上的面部特征。实际上，面部结构单元比面像的部位要多得多。然而，要综合形成一张精确逼真的面像，只需要整个可用集合中很少的单元子集。要确定身份不仅仅取决于特性单元，还决定于它们的几何结构（比如它们的相关位置）。通过这种方式，LFA 将个人的特性对应成一种复杂的数字表达方式，可以进行对比和识别。

3. 线性判别分析

线性判别分析（LDA）的目的是从高维特征空间里提取出最具有判别能力的低维特征，这些特征能帮助将同一个类别的所有样本聚集在一起，不同类别的样本尽量地分开，即选择使得样本类间离散度和样本类内离散度的比值最大的特征。Belhumeur 等提出的 Fisherface 是人脸识别方法的一个重要成果。该方法首先采用主成分分析（PCA）对图像表观特征进行降维，在此基础上，采用线性判别分析（LDA）的方法变换降维后的主成分以期获得"尽量大的类间散度和尽量小的类内散度"，该方法目前仍然是主流的人脸识别方法之一，产生了很多不同的变种，比如零空间法、子空间判别模型、增强判别模型等。

7.2.5　基于耳廓特征的生物识别新技术

基于耳廓的身份识别作为一类新的生物测定学技术，近年来逐渐受到人们的关注。早在 100 多年前，就有人已经开始研究利用耳廓特征进行身份鉴别。耳廓生理结构十分复杂，利用耳廓进行识别是十分可行的，但是要作为生物识别的可靠依据，耳廓还必须要具有独特性和唯一性。生物测定学专家组织 BrombaGmbH（2003）对比不同的生物特征，得出耳廓形状随着时间的推移具有良好的稳定性；另外，Alfred Iannaralli 于 1989 年对大量随机采集的耳廓图像样本进行研究后证明耳廓形状均是独特且唯一的，任何两人之间其耳廓结构之间必然存在差异。上述实验为基于耳廓的生物识别技术提供了有力的生物学证据[175]。耳廓还具有空间分辨率低，不易受表情、年龄影响产生形变等诸多优点。因此，融合面相和耳廓的多模生物识别技术成为当今该领域新的亮点，该方法弥补了单纯依赖面部特征识别的局限性。

　　目前主要有以下三种耳廓生物识别方法：基于耳廓图像的方法、基于耳纹的方法和基于耳廓温谱图的方法。随着研究的不断深入和信息技术的发展，基于计算机视觉的自动耳廓识别方法取得了迅速发展，出现了越来越多的新方法，如利用主成分分析的方法，利用 Voronoi 图的方法和基于神经网络的方法等。其中，Hurley, Nixon 和 Carter（2003）提出的将耳廓图像通过可逆线性变换转换为力场，在场的基础上提取特征点，从而进行识别的方法产生了重要影响。该方法具有较好的鲁棒性和可靠性，市场潜力巨大[174]。基于此思路，有人对其图像力场模型进行了修正与补充，改善了力场连续和数字图像离散的矛盾，结合耳廓检测和定位技术，使得计算机自动耳廓识别真正成为能够被实际应用的身份识别系统。

7.2.6　手形识别

　　手形识别是利用手的外部轮廓所构成的几何图形进行身份识别的方法，高级的产品还可以识别三维图像。手形的几何信息包括手指不同部位的宽度、手掌宽度和厚度、手指的长度等，手形在一段时期内具有稳定性。手形的摆放需要使用者配合，在使用过程中由于使用者必须与设备接触，可能会带来卫生方面的问题。手形识别可以结合掌纹特征进行识别，将手掌纹理的特征引入，可以取得更高的识别率和可靠性。掌纹具有的特征多于手形。此外，也可以将指纹的特征引入该识别系统，构成多信息融合的生物特征识别系统，这样可以获得更为可靠的识别结果。作为一种已经确立的方法，手掌几何学识别不仅性能好，而且使用方便。它适用的场合是用户人数比较多，或者用户虽然不经常使用，但使用时很容易接受的地方。如果需要，这种技术的准确性可以非常高，同时可以灵活地调整。

　　手的几何形状测量是生物识别方法的鼻祖，已有 20 年的实际使用历史。目前最主要的设备叫做 ID-3D Hand Key，是 Recognition System 公司生产的。它使用嵌入式摄像机和概率算法，对手掌进行俯视和侧视的测量。参考模板低于 10 B，是生物特征识别产品中最小的，因此可以节省存储空间，便于促进系统的综合化。

　　ID-3D 手掌识别技术系统，采用固体数字摄像机来获取手掌的视频图像，得到有关手掌长、宽度信息的俯视图，及有关厚度的侧视图。为了提高测试精度，测试台安装有手指定位针，使手可以准确放在台板上的适当位置，保证了手掌的测量具有很高的重复性。定位针的触觉反馈，令使用者稍有体验后就能自动放好。系统将根据一个专有的特殊方程式，对每个手指和手指的指关节的尺寸、形状及整只手的尺寸进行三维测量。录入时，使用者只需将他的手掌放在录入头表面，并将五个手指按槽位来摆放，使用者拇指、中指和食指的位置就被确定下来了，录入设备在录入时必须有三个手指的位置，录入模板能够十分精确地反映出三个手指的位置，结果被转换成 10 个字节左右的数据存入计算机。比对时，当某人把手贴在扫描仪上时，其掌形的图像就与存在数据库中被认可的手形图像相比较。

　　与指纹识别系统相比，ID-3D 掌形识别系统具有价格便宜，污物和伤疤不影响测量，手很容易放入扫描器的正确位置等，使用者很容易接受。其主要缺点是由于手不是太容易区分，掌形识别技术不能像指纹、虹膜扫描技术那样容易获得内容丰富的数据，其可靠性稍差，另外掌形识别系统的使用者必须与识别设备直接接触，可能会带来卫生方面的问题。

7.2.7　声音识别

声音识别也是一种行为识别技术，识别设备不断地测量、记录声音的波形和变化，将现场采集到的声音与登记过的声音模板进行精确的匹配。声音识别系统又称声纹特征识别系统。声纹是一项根据语音波形中反映说话人生理、心理和行为特征的语音参数。人类语言的产生是人体语言中枢与发音器官之间一个复杂的生理物理过程，人在讲话时使用的发声器官——舌、牙齿、喉头、肺、鼻腔在尺寸和形态方面因人而异，所以任何两个人的声纹图谱都有差异。每个人的语音声学特征既有相对稳定性，又有变异性。这种变异可来自生理、病理、心理、模拟、伪装，也与环境干扰有关。尽管如此，由于每个人的发音都不尽相同，因此在一般情况下，人们仍能区别不同的人的声音或判断是否是同一人的声音。

声音识别是一种非接触的识别技术，用户可以很自然地接受。声音识别的优点是使用方便、距离范围大、安装简单，只需要一个话筒接收信号即可；缺点是准确度低、应用范围有限，声音识别容易受到背景噪声、身体状况和情绪等的影响，另外不同人的录音也可能欺骗识别系统。

声音识别是一项很吸引人的出入口控制系统，原因是用户乐于接受。当前从事声音识别系统开发和研究的公司很多，许多发达国家和公司如美国、日本、韩国以及 IBM、Apple、AT&T、NTT 等都为声音识别系统的实用化开发研究投以巨资。不同的声音识别系统，虽然具体实现细节有所不同，但所采用的基本技术相似，声音通过话筒进入计算机，再通过数字信号处理器被数字化和软件压缩，并提取出声音特征信息与识别，就是把不同说话人说话时变化很大而同一说话人说话时变化很小的那些特征提取出来进行分析、对比、识别，以此决定声音的真假。声音识别技术主要包括特征提取技术、模式匹配准则及模型训练技术三个方面。此外，还涉及声音识别单元的选取。声音识别系统的成本非常低廉。现代多媒体计算机系统中，声音采集设备已经逐渐成为标准配置，要在此基础上实现语音识别只需增加软件成本。对使用者来说不需要与硬件直接接触，而且说话是一件很自然的事情，所以声音识别可能是最自然的手段，使用者很容易接受。最适于通过电话来进行身份识别。声音识别系统最大的问题是可能假冒，但这并不严重，因为装置比人们说话会更有目的地集中注意力于说话的不同特征，而假冒身份者，通常只是专心于模仿同一特征上。说话形式是由生理因素和行为因素相结合而构成的。系统能比较容易识别假冒者。另外，目前声音识别准确性还有待进一步提高。同一个人由于音量、语速、语气、音质的变化或其他很多原因容易造成系统的误识。当使用者患感冒或扁桃体发炎时，系统可能无法正确比对，产生错误拒读。

声音识别涉及两个关键问题：一是特征提取，二是模式匹配。特征提取的任务是提取并选择对说话人的声音具有可分性强、稳定性高等特性的声学或语言特征。与语音识别不同，声音识别的特征必须是"个性化"特征。虽然目前大部分声音识别系统用的都是声学层面的特征，但是表征一个人特点的特征应该是多层面的，包括：

（1）与人类发音机制的解剖学结构有关的声学特征（ 如频谱、倒频谱、共振峰、基音、反射系数等）、鼻音、带深呼吸音、沙哑音、笑声等；

（2）受社会经济状况、教育水平、出生地等影响的语义、修辞、发音、言语习惯等；

（3）个人特点或受父母影响的韵律、节奏、速度、语调、音量等特征。

从利用数学方法可以建模的角度出发，目前声纹自动识别模型可以使用的特征包括：

（1）声学特征（频谱）；

（2）词法特征（说话人相关的词，音素）；

（3）韵律特征；

（4）语种、方言和口音信息；

（5）声道信息（使用何种声道）；等等。

根据不同的任务需求，声纹识别还面临特征选用的问题。例如，在刑侦应用上，希望不用声道信息，也就是说希望弱化声道对说话人识别的影响，因为我们希望不管说话人用什么声道系统它都可以辨认出来；而在银行交易上，希望用声道信息，即希望声道对说话人识别有较大影响，从而可以剔除录音、模仿等带来的影响。总之，较好的特征，应该能够有效地区分不同的说话人，但又能在同一说话人语音发生变化时保持相对的稳定；不易被他人模仿或能够较好地解决被他人模仿问题；具有较好的抗噪性能；等等。

对于模式匹配，有以下几大类方法。

（1）模板匹配方法：利用动态时间规整，以对准训练和测试特征序列，主要用于固定词组的应用（通常为文本相关任务）；

（2）最近邻方法：训练时保留所有特征矢量，识别时对每个矢量都找到训练矢量中最近的 K 个，据此进行识别，通常模型存储和相似计算的量都很大；

（3）神经网络方法：有多种形式，如多层感知、径向基函数（/01）等，可以显式训练以区分说话人和其背景说话人，其训练量很大，且模型的可推广性不好；

（4）隐马尔可夫模型方法：通常使用单状态的，或高斯混合模型是比较流行的方法，效果比较好；

（5）聚类方法：效果比较好，算法复杂度也不高，和隐马尔可夫方法配合起来可以收到更好的效果；

（6）多项式分类器方法：有较高的精度，但模型存储和计算量都比较大；等等。

声纹识别需要解决的问题还有很多，诸如：

（1）有限的训练及测试样本问题，即在声音不易获取的应用场合，能否用很短的语音进行模型训练，而且用很短的时间进行识别；

（2）声音模仿（或放录音）问题，即怎样有效地区分模仿声音（录音）和真正的声音；

（3）在有多个说话人说话情况下，怎样有效地提取目标说话人的声纹特征；

（4）怎样减弱或消除声音变化（如不同语言、内容、方式、身体状况、时间、年龄、情绪等）带来的影响；

（5）环境及声道鲁棒性问题，即怎样消除声道差异和背景噪声带来的影响；等等。

7.2.8　视网膜识别

视网膜是一些位于眼球后部十分细小的神经，它是人眼感受光线并将信息通过视神经传给大脑的重要器官，它同胶片的功能有些类似，用于生物识别的血管分布在神经视网膜周围，即视网膜四层细胞的最远处。和指纹一样，每个人的视网膜血管分布都不相同，且具有较好的稳定性。因此，视网膜可以用来可靠地鉴别个人身份。据报道，美国在 1992 年曾首次运用红外成像技术检验眼底血管分布特征并以此确定人的身份。视网膜识别系统类似一台视网膜血管分布扫描器。在采集视网膜的数据时，扫描器发出一束光射入使用者的眼睛，并反射回扫描器，系统会迅速描绘出眼睛的血管图案并录入一个数据库中。眼睛对光的自然反射和吸收被用来描绘一部分特殊的视网膜血管结构。这个描绘的过程是由装有旋转式扫描镜头装置的设备来完成的，镜头的转速为 6 转/秒，每转可收集视网膜上 700 个特征点。数据一旦被收集，就被数字化并存储为一个 96 字节的模板。视网膜识别系统的优点是具有相当高的可靠性。即使是孪生兄弟，这种血管分布也是具有唯一性的，除了患有眼疾或者严重的脑外伤外，视网膜的结构形式在人的一生当中都相当稳定。视网膜识别系统认假率低。录入设备从视网膜上可以获得 700 个特征点，同指纹录入比较，指纹只能提供 30～40 个特征点，这使得视网膜扫描技术的录入设备的认假率低于一百万分之一。视网膜是不可见的，因此也不可能被伪造。视网膜识别系统的缺点主要是：由于视网膜在眼底，需要用户的眼睛很靠近设备，甚至相互接触，并且在录入设备读取图像时，眼睛必须处于静止状态，使用不方便，使用者的接受程度较低；视网膜识别系统的拒真率相对较高（拒真率是指系统不正确地拒绝一个已经获得权限的用户，视网膜识别系统的拒真率通常在 10% 左右）。

7.2.9　签名识别

签名作为身份认证的手段历史悠久，在许多正式的场合和签订正式合同协议时都离不开签名。笔迹是人的一种稳定的行为特征，具有一定的不变性和独特性。每个人的书写特征都不尽相同，因此可以利用人的签名来识别个人身份。

手写签名识别技术，是通过计算机把手写签名的图像、笔顺、速度和压力等信息与真实签名样本进行比对，以实时鉴别手写签名识别笔迹比对图真伪的技术。笔迹特征是个人书写习惯特性表现在笔迹中的各种征象。它主要包括：

（1）笔迹的概貌特征。指纵观笔迹的全貌所发现的特征，包括书法水平、字形、字体、字的大小等四类特征。

（2）笔迹布局特征。即书写文字在纸面上的安排特点。

（3）写法特征。指字的基本构成形式，包括异体、习俗简化、行草、简缩、错别字等。

（4）搭配特征。指笔画之间或偏旁部首之间的交接部位。

（5）比例特征。指笔画或偏旁之间的大小、长短、宽窄的比例关系。

（6）运笔特征。指完成每一个笔画和连笔动作时，从起笔、运行到收笔所表现的形态和力度特点。

（7）笔顺特征。用笔画或偏旁组合成字时的书写顺序。

（8）笔痕特征。指个人书写运动作用于笔尖反映在笔画中的特殊征象。

签字比对技术有两种不同的方法：一是根据书写的物理特征进行比对，通过扫描仪、摄像机等设备将字迹输入到计算机里，然后进行分析与鉴定（因为人的书写物理特征容易被他人模仿，因此这种比对方法可靠性存在一定问题，有可能让假冒者混入，因此此种识别技术基本被淘汰）；二是通过比对签字时的压力曲线变化来进行识别，又称签名力学辨识（Danamic Signature Verification，DSV），它分析的是笔的移动，例如加速度、压力、方向以及笔画的长度，而非签名的图像本身。签名力学的关键在于区分出不同的签名部分，由于假冒者很难做到能与真正签字者一样以完全相同的力量再现签名，因此这种比对方法可靠性比前一种方法高得多。

将签名数字化记录的是这样一些数据：测量图像本身以及整个签名的动作——在每个字母以及字母之间的不同的速度、顺序和压力。一般使用有线笔、灵敏的图形输入板或二者相互结合使用。其过程分为签名采集和签名识别：签名采集提取了签名中的百余种生物特性（如图像、笔顺、速度和压力），对每个人的签名建立一个唯一模板。签名识别系统通过签名识别，完成用户合法身份的确认，它与传统的口令相比，更安全、更有效。口令容易忘记，也容易被盗，但签名极难模仿。用手写签名识别作为确认用户身份的手段极大地增加了系统中信息的安全性。人类在很久以前就开始使用签名来鉴别身份，因此签名识别对于使用者来说有着良好的心理基础，手写签名识别技术是公认的更容易被大众接受的一种身份认证方式，也是目前计算机模式识别领域的前沿课题。该系统主要应用于电子政务、电子商务、金融机构、安全防范等领域。针对不同的用户，提供各类具体解决方案。签名识别技术的主要缺点是识别速度较慢。

签名识别和声音识别一样，是一种行为测定学。签名识别的特点是容易被大众接受，但随着经验的增长、性情的变化与生活方式的改变，签名也会随着改变，在 Internet 上使用不便。同时，用于签名的手写板结构复杂而且价格昂贵，和笔记本式计算机的触摸板在分辨率方面差异很大，在技术上将两者结合起来较难，很难将签名的手写板尺寸小型化。

7.2.10　多特征融合技术

上述生物识别技术各有各的优点，同时又有其自身的局限性。人们一直在寻找一种方法能够同时兼顾到各种算法，从而使生物识别技术更加完善，多特征融合技术应运而生。多特征融合技术是指协同利用同一事物或目标的多个特征信息，获得对同一事物或目标更客观、更本质认识的综合信息处理技术。该方法兼具各个方法的优点，使得生物识别技术更加完善。

多特征融合技术的实现主要有两种方式：一种是并行融合，另一种是串行融合。并行算法是指对各种识别特征赋予不同的权值。该方法对较为显著，稳定性好，识别效果好的特征赋予较大的权值，对易受各类因素干扰、稳定性较差的特征赋予较小的权值，减小这些特征对整体识别的影响。并行融合技术所得到的特征为序列组。串行融合的赋予权值方法与并行融合一致，只是形成的特征序列为各特征序列的加权之和，最后得到的特征为一个序列。

　　利用多特征融合技术进行身份识别能够达到更高的正确识别率，弥补了单个生物特征识别时的不足。同时，由于多特征融合技术需要更多的特征，提取特征的对象相比与单一特征方法要多得多，从而使形成的特征序列占用更多的数据空间，算法复杂度增加，在识别速率上不如单一特征方法。

7.2.11　多生物特征识别技术

　　随着计算机及网络技术的高速发展，人们的生活更多地依赖于网络。网络在给人们生活带来便利的同时，也给人们带来了新的挑战。而网络生活中的信息安全成为了人们需要面对的首要问题，其中身份鉴定显得尤为重要，在金融、国家安全、司法、电子商务、电子政务等应用领域，都需要准确的身份鉴定。身份鉴定一般可分为三类，基于特定物品，基于特定知识，基于生物特征。前两类传统方法存在携带不便、容易遗失、由于使用过多或不当而损坏、不可读和密码易被破解等诸多问题，如身份证、工作证、智能卡、密码、口令等种种缺陷。因此，这些传统方法越来越不适应现代科技的发展和社会的进步。生物特征识别是通过个体特有的生理和行为特征来进行身份识别和个体验证的新方法，该方法具有更好的安全性、可靠性和有效性，正越来越受到人们的重视，并开始应用于社会生活的各个领域。生物特征识别技术又可分为基于生理特征和基于行为特征两种生物识别技术。经过数十年的发展，一些典型的生物识别方法在不同的领域获得了不同程度的成功，如人脸、指纹、虹膜、掌形、声音、签名、步态等。这些方法的唯一性都已经得到了很好的验证，而决定这些方法能否获得实际应用的主要因素则是准确性和适应性。实际上，任何一种生物特征都存在局限性。例如，有些指纹很难提取，人脸识别会遇到化妆、表情、姿势、光照变化等问题而影响识别率，声音在人的声带等健康状况发生变化时会改变。此外，各种生物特征的准确率也是有限的。多生物特征识别技术就是采用多生理或行为特征融合技术进行人的身份识别的技术，该技术通过多生物特征融合的方法，能有效提高生物特征识别系统的准确率。近几年来，多传感器数据融合技术的迅速发展为多生物特征识别提供了理论基础，使得设计高性能实用的身份识别系统成为可能。

　　生物特征识别有其优点，也有其局限性。如在某些应用场合准确性不够，在基于口令的身份识别系统中任何口令总是能准确地接受或拒绝一个被识别的人，而对于一个生物特征身份识别系统，由于传感器的噪声以及特征提取和匹配的缺陷，往往不能保证得出正确的识别结果。因此，基于生物特征识别系统的准确性有待进一步提高。

　　提高系统性能的一种方法就是进行多生物特征信息融合，这就是多生物特征识别技术。多生物特征识别技术就是使用多种生理或行为特征进行人的身份识别的技术，多生物特征识别可减少单生物特征识别带来的一些实际问题。多生物特征识别技术实际上就是多生物特征信息融合。数据融合技术是一种对多源信息进行有效融合处理的新型理论和技术，数据融合又称信息融合，是指对来自多个传感器的数据进行多级别、多方面、多层次的处理，从而得到更加完备、更有意义的新信息。这种新信息是任何单一传感器所无法得到的。数据融合的基本目标，就是通过组合获得比任何单个输入数据更准确的信息。

　　多生物特征识别融合多个生物特征提供的证据以改进总体的决策准确性。可以在下面三个层次中进行[177]：

　　（1）数据层融合：数据层融合是在对原始信号未作众多预处理之前进行的综合分析。然而，对于计算机处理而言，由于数据的大量性、特征的复杂性以及数据之间的强关联性等，使得直接利用原始数据的融合很难。

　　（2）特征层融合：输入数据经过前端处理后，对于每种生物特征分别得到其特征描述向量，然后经过特征融合的处理，将多个低维的特征描述向量融合、合并、形成更高维的联合特征向量参数。

　　（3）决策层融合：决策层融合是在最高层上进行的融合，在各个传感器单独决策后，按一定准则作出全局的最优决策。目前的相关研究主要集中在决策研究方面，相比其他层次来说决策层融合更加简单可行。在该方法中，单个特征可以先分别进行独立的处理后再进行匹配，得到一个匹配分数，最后通过决策融合的过程，将多个匹配结果经过一定的融合算法进行综合，得到最终结果。

　　而融合算法要转化为模式识别的过程，仅仅进行决策阶段的研究是不够的，因为在处理过程中忽略了特征之间的相互关联可能带来的作用和影响。此外，仅仅集中于融合算法的讨论，而忽略了对生物特征的更多考虑。因此，除了进行决策层融合的研究外，数据层和特征层的融合的研究也是必不可少的。

　　随着社会的发展，人们对身份鉴定系统的准确性及安全性要求日益提高，仅靠单一生物特征是无法满足实际需要的。将不同特征、不同鉴别方式结合建立基于多生物特征身份鉴定融合系统，将会是未来的发展趋势。总之，人体生物识别技术不但有极大的学术研究价值，还有极广泛的应用前景。生物特征识别技术将为我们提供一个更加方便、可靠的识别身份途径，而多生物识别技术是提高身份识别系统性能的有效途径。

 小结

　　生物识别技术在物联网中的应用对物联网的发展起到了巨大的推动作用，推动了社会的发展，改善了人们的生活水平，提高了人们的生活质量。

　　生物特征识别技术通过计算机与光学、声学、生物传感器和生物统计学原理等高科技手段密切结合，利用人体固有的生理特性（如指纹、面部、虹膜等）和行为特征（如笔迹、声音、步态等）来进行个人身份的鉴定。

　　目前生物识别技术中的指纹识别技术的应用和发展情况，一方面，国内的技术在不断进步和完善，已经达到了国际领先水平。比如，Aratek（亚略特）已经成为全球领先的生物识别厂商和全球生物识别核心技术方案提供商，在国际同行业中拥有很大的影响力。另一方面，指纹识别技术的应用需求也在不断增多。遗憾的是，很少有人把很多想到的应用推广开来。国内不缺乏典型的应用，但是成功的、规模化的应用还非常少，远没有像发达国家那样广泛应用。欧美一些国家的电子政务、出入境管理都采用了指纹识别技术，还有一些国际知名的银行，每做一笔银行业务，都会采集指纹信息。而国内只是将指纹识别用在公安侦察等领域，电子政务和电子商务的应用还没有全面启动。

　　我国最近这些年的经济发展如此迅速，但相比之下对新技术的应用却显得过于保守和落后。从技术上来说，国内的生物特征识别技术已经能够代表或领先国际水平，既不缺乏人才，也不缺乏好的应用方案，相关公司也成立了不少，但应用太少，让整个生物特征识别技术的发展处于瓶颈。

　　生物特征识别技术的市场前景还是很乐观的，我国人口众多，经济发展迅速，只要突破瓶颈，迎来规模化应用，生物特征识别技术本身的发展和在物联网中的应用效果还将大大提升，为我们的生活带来更多便利。

 习题

1.　总结物联网和生物识别技术的联系。
2.　生物特征的识别与传统的识别技术相比，有什么优点？
3.　当前生物识别技术有哪几种？
4.　什么是指纹识别技术？试做简要说明。
5.　指纹图像的采集有哪几个步骤？
6.　说明指纹识别技术在门禁系统中的应用。
7.　虹膜识别技术的优点有哪些？
8.　当前国内虹膜识别技术的发展现状是什么？
9.　对虹膜技术在未来的发展趋势做适当的总结。
10.　什么是基因识别技术？它有什么优越性？
11.　人脸识别的研究始于20世纪60年代中后期，近40年来得到了长足的发展，试对人脸识别技术做简要介绍。
12.　人脸识别中能够作为特征提取的有哪些特征？并作简要说明。
13.　基于耳廓特征的生物识别技术是什么？
14.　EPC网络系统由哪几部分组成，主要包括哪几部分内容？试举例说明。
15.　试分析智能卡和一卡通技术的联系。
16.　分析生物识别技术在物联网的发展中起到什么样的促进作用。

第8章 嵌入式系统

学习重点

    本章将重点介绍嵌入式系统的定义与特点、嵌入式系统的组成、发展历程及嵌入式系统的应用，特别是在物联网中的应用。

嵌入式系统涵盖了计算机软硬件、传感器技术、集成电路技术、电子应用技术等多项技术的应用。随着集成电路设计和工艺水平的不断提高，嵌入式系统正处于飞速发展时期，嵌入式技术日趋成熟，嵌入式产品网络化需求不断增长，物联网应运而生。若将物联网比喻为人体，传感器相当于人的眼睛、鼻子、皮肤等感官，嵌入式系统则是人的大脑。

8.1　嵌入式系统的定义与特点

嵌入式系统是由硬件和软件相结合组成的具有特定功能、用于特定场合的独立系统。其硬件主要由嵌入式微处理器、外围硬件设备组成；其软件主要包括底层系统软件和用户应用软件。

8.1.1　嵌入式系统的定义

嵌入式系统这个词可能显得比较陌生，其实它与我们的日常生活联系非常紧密。手机、U 盘、PSP、数码照相机等都是典型的嵌入式系统；MP3、MP4、微波炉、有线电视机顶盒也是嵌入式系统；汽车、ATM 自动取款机、电梯等都属于嵌入式系统的应用领域。这些仅仅从应用方面感性的认识嵌入式系统，但它并不是嵌入式系统的真正含义[207]。

经过几十年的发展，嵌入式系统已经广泛地渗透到人们的学习、工作和生活中，我们可以看到，嵌入式系统已经广泛应用在科学研究、工程设计、军事技术、工业生产、文化艺术、娱乐业等人们日常生活的方方面面（表 8-1 列举了嵌入式系统应用的部分领域）。随着数字信息技术和网络技术的飞速发展，计算机、通信、消费电子的一体化趋势日益明显，这必将孕育出一个庞大的嵌入式系统应用市场。因此，嵌入式系统技术成为了当前关注、学习、研究的热点。

表 8-1　嵌入式系统应用的部分领域

领　域	应　用
消费电子	信息家电、智能玩具、通信设备、移动存储、视频监控
工业控制	工控设备、智能仪表、汽车电子、电子农业
网络	网络设备、电子商务、无线传感器
医务医疗	医疗电子
军事国防	军事电子
航空航天	各类飞行设备、卫星等

嵌入式系统本身是一个相对模糊的概念，不同的组织对其定义也略有不同，但大体意思是相同的，下面给出嵌入式系统的相关定义。

国内普遍认同的嵌入式系统定义为：以应用为中心，以计算机技术为基础，软硬件可裁剪，适应应用系统对功能、可靠性、成本、体积、功耗等严格要求的专用计算机系统[208]。

上述定义提到了嵌入式系统是"专用计算机系统"，这个名词与"通用计算机系统"这个名词相对应。表面看来，不管是"专用计算机系统"还是"通用计算机系统"，它们都没有脱离计算机系统这个范畴，就是说它们都归属于计算机系统。既然是计算机系统，那它们的发展起源本质上都是计算机。它们在体系结构、功能特点、知识体系、技术要求上与计算机本该有相同之处。但是，事实上嵌入式系统和计算机系统虽有联系，可在以上提及的几点上并没有多少相同之处，又何谈它是"专用计算机系统"？

按照美国电气和电子工程师协会（IEEE）的定义，嵌入式系统是用来控制、监控、或者辅助操作机器、装置、工厂等大规模系统的设备（devices used to control，monitor，or assist the operation of equipment，machinery or plants）。这个定义主要是从嵌入式系统的用途方面来进行定义的。

嵌入式系统是面向用户、面向产品、面向应用的，它必须与具体应用相结合才会具有生命力，才更具有优势。因此可以这样理解上述三个面向的含义，即嵌入式系统是与应用紧密结合的，它具有很强的专用性，必须结合实际系统需求进行合理的裁减利用。

实际上，嵌入式系统本身是一个外延极广的名词，凡是与产品结合在一起的具有嵌入式特点的控制系统都可以叫嵌入式系统，而且有时很难给它下一个准确的定义。现在人们讲嵌入式系统时，某种程度上是指近些年比较热门的具有操作系统的嵌入式系统，本文在进行分析和展望时，也沿用这一观点。

嵌入式系统是一种应用范围非常广泛的系统，除了桌面计算机和服务器外所有专用计算设备都属于嵌入式计算机系统。人类历史上第一个应用的嵌入式系统是阿波罗导航计算机 AGC 系统。

从上面的分析可以看出，嵌入式系统是将先进的计算机技术、半导体技术和电子技术和各个行业的具体应用相结合的产物，这一点就决定了它必然是一个技术密集、资金密集、高度分散、不断创新的知识集成系统。所以，要想介入嵌入式系统行业，必须有一个正确的定位。例如 Palm 之所以在 PDA 领域占有 70%以上的市场，就是因为其立足于个人电子消费品，着重发展图形界面和多任务管理；而风河的 Vxworks 之所以在火星车上得以应用，则是因为其具有高实时性和高可靠性。

嵌入式系统必须根据应用需求对软硬件进行裁剪，以满足应用系统的功能、可靠性、成本、体积等要求。所以，建立相对通用的软硬件基础，然后在其上开发出适应各种需要的系统，是一个比较好的发展模式。目前的嵌入式系统的核心往往是一个只有几 K 到几十 K 字节代码的微内核，需要根据实际的使用进行功能扩展或者裁减，但是由于微内核的存在，使得这种扩展能够非常顺利的进行。

一般而言，嵌入式系统的构架可以分成四个部分：处理器、存储器、输入输出（I/O）和软件。嵌入式系统中有许多非常重要的概念[209]。

（1）嵌入式处理器。嵌入式处理器嵌入是式系统的核心，是控制、辅助系统运行的硬件核心单元。范围极其广阔，从最初的 4 位处理器到最新的受到广泛青睐的 32 位，64 位嵌入式 CPU，都属于嵌入微处理器的范畴，目前仍大规模应用的 8 位单片机。

（2）实时操作系统。实时操作系统是嵌入式系统目前最主要的组成部分。从操作系统的工作特性上讲，实时是指物理进程的真实时间。实时操作系统是具有实时性，能从硬件方面支持实时控制系统工作的操作系统。其中实时是第一要求，需要调度一切可利用的资源完成实时控制任务，其次才着眼于提高嵌入式系统的使用效率，重要特点是要满足对时间的限制和要求。

（3）分时操作系统。对于分时操作系统，软件的执行在时间上没有严格的要求，时间上的错误，一般不会造成灾难性的后果。与实时操作系统不同，分时系统的强项体现于多任务的管理，而实时操作系统的重要特点是具有系统的可确定性，即系统能对运行情况的最好和最坏等情况能做出精确的估计。

（4）多任务操作系统。系统支持多任务管理和任务间的同步通信，传统的单片机系统和 DOS 系统等对多任务支持的功能很弱，目前的 Windows 是典型的多任务操作系统。在嵌入式应用领域中，多任务是一个普遍的要求。

（5）实时操作系统中的重要概念：

系统响应时间（System Response Time）：从系统发出处理要求到系统给出应答信号的时间。

任务换道时间（Context-switching Time）：任务之间切换而使用的时间。

中断延迟（Interrupt Latency）：计算机从接收到中断信号到操作系统作出响应，并完成换道转入中断服务程序的时间。

（6）实时操作系统的工作状态。实时系统中的任务有四种状态：运行（Executing），就绪（Ready），挂起（Suspended），冬眠（Dormant）。

运行：获得 CPU 控制权。

就绪：进入任务等待队列，通过调度进入运行状态。

挂起：任务发生阻塞，移出任务等待队列，等待系统实时事件的发生而唤醒，从而转为就绪或运行。

冬眠：任务完成或因错误等原因需要被清除的任务，也可以认为是系统中不存在的任务。

在任何时刻系统中只能有一个任务在运行状态，各任务按级别通过时间片分别获得对 CPU 的访问权。

一个嵌入式系统装置一般由嵌入式计算机系统和执行装置组成，嵌入式计算机系统是整个嵌入式系统的核心，由硬件层、中间层、系统软件层和应用软件层组成。执行装置又称被控对象，它可以接受嵌入式计算机系统发出的控制命令，执行所规定的操作或任务。执行装置可以很简单，如手机上的一个微小型的电机，当手机处于震动接收状态时打开；也可以很复杂，如 SONY 智能机器狗，上面集成了多个微小型控制电机的多自由度臂和多种传感器，从而可以执行各种复杂的动作和感受各种状态信息。

8.1.2　嵌入式系统的特点

与嵌入式系统的定义不同，嵌入式系统的特点由定义中的三个基本要素衍生出来，不同的嵌入式系统其特点会有所差异[210]。

（1）与"嵌入性"相关的特点：由于嵌入式系统是嵌入到对象系统中，所以必须满足对象系统的环境要求，如小型物理环境、可靠的电气/气氛环境、成本低廉等要求。

（2）与"专用性"相关的特点：软、硬件的裁剪性；满足对象要求的最小软、硬件配置等。

（3）与"计算机系统"相关的特点：嵌入式系统必须是能满足对象系统控制要求的计算机系统。结合（1）、（2）两个特点，这样的计算机必须配置有与对象系统相适应的接口电路。

总体而言，嵌入式系统的特点包括：

（1）专用、软硬件可剪裁可配置。从嵌入式系统定义可以看出，嵌入式系统是面向应用的，功能专一是与通用系统最大的区别。根据这一特性，嵌入式系统的软、硬件可以根据需要进行精心设计、量体裁衣、去除冗余，以实现小体积、低成本以及高性能。也正因如此，嵌入式系统可以采用的微处理器和外围设备种类繁多，不具有通用性。

（2）低功耗、高可靠性、高稳定性。嵌入式系统大多用在特定场合，环境条件恶劣，或要求其长时间连续运转的情况，因此嵌入式系统应具有高可靠性、高稳定性、低功耗等特点。

（3）软件代码短小精悍。由于成本和应用场合的特殊性，通常嵌入式系统的硬件资源（如内存等）比较少，因此对嵌入式系统设计也提出了较高的要求。尤其是嵌入式系统的软件设计，需要在有限资源上实现既具有高可靠性又具有高性能的系统。虽然随着硬件技术的发展和成本的降低，在高端嵌入式产品上也开始采用嵌入式操作系统，但和普通 PC 的资源比起来还是捉襟见肘，所以嵌入式系统的软件代码仍然要在保证其性能的情况下，占用尽量少的资源，保证产品的高性价比，使其具有更强的竞争力。

（4）代码可固化。为了提高执行速度和系统可靠性，嵌入式系统中的软件一般都固化于存储器芯片或单片机中，而不是存储于磁盘中。

（5）实时性。很多采用嵌入式系统的应用具有实时性要求，所以大多嵌入式系统采用实时性系统。但需要注意的是嵌入式系统不等于实时系统。

（6）弱交互性。嵌入式系统不仅功能强大，而且要求使用灵活方便，一般不需要类似键盘、鼠标等设备。人机交互以简单方便为主。

（7）嵌入式系统软件开发通常需要专门的开发工具和开发环境。

（8）要求开发、设计人员有较高的技能。

8.2 嵌入式系统的组成

由于嵌入式系统由硬件和软件两大部分组成，所以其分类也可以从硬件和软件进行划分，一个嵌入式系统装置一般都由嵌入式计算机系统和执行装置组成，嵌入式计算机系统是整个嵌入式系统的核心，由硬件层、中间层、系统软件层和应用软件层组成。执行装置又称被控对象，它可以接受嵌入式计算机系统发出的控制命令，执行所规定的操作或任务。

8.2.1 嵌入式系统的硬件组成

从硬件方面来讲，各式各样的嵌入式处理器是嵌入式系统硬件中的最核心的部分，而目前世界上具有嵌入式功能特点的处理器已经超过 1 000 种,流行体系结构包括MCU,

MPU 等 30 多个系列。鉴于嵌入式系统广阔的发展前景，很多半导体制造商都大规模生产嵌入式处理器，并且公司自主设计处理器也已经成为了未来嵌入式领域的一大趋势，其中从单片机、DSP 到 FPGA 品种各异，速度越来越快，性能越来越强，价格也越来越低。目前嵌入式处理器的寻址空间从 64KB 发展到 16MB，处理速度最快可以达到 2 000 MIPS，封装从 8 个引脚到 144 个引脚不等[211]。

其中硬件层包含嵌入式微处理器、存储器（SDRAM、ROM、Flash 等）、通用设备接口和 I/O 接口（A/D、D/A、I/O 等）。在一片嵌入式处理器基础上添加电源电路、时钟电路和存储器电路，就构成了一个嵌入式核心控制模块。操作系统和应用程序可以固化在 ROM 中。

（1）嵌入式微处理器。嵌入式微处理器是嵌入式系统硬件层的核心，嵌入式微处理器与通用 CPU 最大的不同在于嵌入式微处理器大多工作在为特定用户群所专用设计的系统中，它将通用 CPU 中许多由板卡来完成的任务集成在芯片内部，从而有利于嵌入式系统在设计时趋于小型化，同时还具有很高的效率和可靠性。

嵌入式微处理器的体系结构可以采用冯·诺依曼体系或哈佛体系结构；指令系统可以选用精简指令系统（Reduced Instruction Set Computer，RISC）和复杂指令系统（Complex Instruction Set Computer，CISC）。RISC 计算机在通道中只包含最有用的指令，确保数据通道快速执行每一条指令，从而提高了执行效率并使 CPU 硬件结构设计变得更为简单。

造成嵌入式微处理器种类繁多的原因是由于嵌入式微处理器有各种不同的体系，即使在同一体系中也可能具有不同的时钟频率和数据总线宽度，或集成了不同的外设和接口。据不完全统计，目前全世界嵌入式微处理器已经超过 1 000 种，有 30 多个系列的体系结构，其中主流的体系有 ARM、MIPS、PowerPC、X86 和 SH。但与全球 PC 市场不同的是，没有一种嵌入式微处理器可以主导市场，仅以 32 位的产品而言，就有 100 种以上的嵌入式微处理器。嵌入式微处理器的选择是根据具体的应用而决定的。

（2）存储器。嵌入式系统需要存储器来存放和执行代码。嵌入式系统的存储器包含 Cache、主存和辅助存储器。

① Cache 是位于主存和嵌入式微处理器内核之间的一种容量小、速度快的存储器阵列，存放的是最近一段时间微处理器使用最多的程序代码和数据。在系统需要进行数据读取操作时，微处理器会优先从 Cache 中读取数据，而不是从主存中读取，这样就大大提高了代码的执行速率，提高了微处理器和主存之间的数据传输速率，从而改善了系统的性能。Cache 的主要目标就是：减小存储器（如主存和辅助存储器）给微处理器内核造成的存储器访问瓶颈，使处理速度更快，实时性更强。

在嵌入式系统中 Cache 全部集成在嵌入式微处理器内，可分为数据 Cache、指令 Cache 或混合 Cache，Cache 的大小依处理器的不同而定。一般中高档的嵌入式微处理器才会集成 Cache。

② 主存是用来存放系统和用户的程序及数据的一种嵌入式微处理器能直接访问的寄存器。它可以位于微处理器的内部或外部，其容量为 256KB～1GB，根据具体的应用选择容量大小，一般片内存储器容量小，速度快，片外存储器容量大。

常用作主存的存储器有：

ROM 类 NOR Flash、EPROM 和 PROM 等。

RAM 类 SRAM、DRAM 和 SDRAM 等。

其中 NOR Flash 凭借其可擦写次数多、存储速度快、存储容量大、价格便宜等优点，在嵌入式领域内得到了广泛应用。

③ 辅助存储器用来存放大数据量的程序代码或信息，它的容量大，但读取速度比主存慢，可用来长期保存用户的信息。

嵌入式系统中常用的外存有：硬盘、NAND Flash、CF 卡、MMC 和 SD 卡等。

（3）通用设备接口和 I/O 接口。嵌入式系统需要一定形式的通用设备接口和外界交互，如 A/D、D/A、I/O 等，外设通过与片外其他设备或传感器的连接来实现微处理器的输入/输出功能。每个外设通常都只有单一的功能，它可以在芯片外也可以内置于芯片中，如 TMS320F2812 内置有 AD，但其精度不高，在高精度的场合需要外接 AD 芯片。外设的种类很多，可从一个简单的串行通信设备到复杂的 802.11 无线设备。

目前嵌入式系统中常用的通用设备接口有 A/D（模/数转换接口）、D/A（数/模转换接口）、I/O 接口，其中 I/O 接口又包含 RS-232 接口（串行通信接口）、Ethernet（以太网接口）、USB（通用串行总线接口）、音频接口、VGA 视频输出接口、I2C（现场总线）、SPI（串行外围设备接口）和 IrDA（红外线接口）等。

8.2.2　嵌入式系统的软件编程

系统软件层由实时多任务操作系统（Real-time Operation System，RTOS）、文件系统、图形用户接口（Graphic User Interface，GUI）、网络系统及通用组件模块组成。其中 RTOS 是嵌入式应用软件的基础和开发平台。

嵌入式操作系统（Embedded Operation System，EOS）是一种用途广泛的系统软件，过去主要应用于工业控制和国防系统领域。EOS 负责嵌入系统的全部软、硬件资源的分配、任务调度、控制、协调并发活动。它必须能够通过装卸某些模块来达到系统所要求的功能，体现其所在系统的特征。目前，已经推出一些可以成功应用的 EOS 产品系列。随着 Internet 技术的发展、信息家电的普及以及 EOS 的微型化和专业化，EOS 开始从功能单一化向高专业化方向发展。嵌入式操作系统在系统实时高效性、硬件的相关依赖性、软件固化以及应用的专用性等方面具有较为突出的特点。由于 EOS 是相对于一般操作系统而言的，它除了具有一般操作系统最基本的功能（任务调度、同步机制、中断处理、文件处理等）外，还有以下特点[212]：

（1）可裁剪性。支持开放性和可伸缩性的体系结构。

（2）强实时性。EOS 一般具有较强的实时性，可用于各种设备控制中。

（3）统一的接口。为设备提供统一的驱动接口。

（4）操作简单、方便，提供友好的图形 GUI 和图形界面，易学易用。具有强大的网络功能，支持 TCP/IP 协议及其他协议，提供 TCP/UDP/IP/PPP 协议支持及统一的 MAC 访问层接口，为各种移动计算设备提供预留接口。

（5）强稳定性，弱交互性。嵌入式系统一旦开始运行就不需要用户过多的干预，这就要求负责系统管理的 EOS 具有较强的稳定性。嵌入式操作系统的用户接口一般不提供操作命令，只是通过系统的调用命令向用户程序提供服务。

（6）固化代码。在嵌入式系统中，嵌入式操作系统和应用软件被固化在嵌入式系统计算机的 ROM 中。

（7）更好的硬件适应性，也就是良好的移植性。

8.3　嵌入式系统的发展

物联网就是基于互联网的嵌入式系统。嵌入式系统无疑是当今 IT 领域最有应用前景的研究领域之一。随着信息化、网络化、智能化的发展，嵌入式系统将更加广泛地应用到人类生活的方方面面。

8.3.1　嵌入式系统的历史

嵌入式系统起源于半导体集成电路，该电路分为晶体管和集成电路两部分。20 世纪 70 年代，集成电路中开始运用微处理器。微处理器是一种智能内核，它有两个功能：一是运算处理功能，即高速海量的运算能力，它促使计算机飞速地独立发展至今；其二是控制功能，嵌入式系统属于具有控制功能的系统，在此基础上产生了微控制器，俗称单片机，它促使了嵌入式系统的独立发展至今。

20 世纪 70 年代，控制专业人士对微处理器的控制功能产生了浓厚的研究兴趣，他们将微机嵌入到对象体系内，经过电气、机械加固，并配置各种外围接口，从而实现了对对象体系的智能化控制。这样此微机便失去了原有的形态和微型计算机功能，从而重新命名为嵌入式计算机系统（简称嵌入式系统）。由于嵌入式系统要求嵌入到对象器件内，要求体积小、功能可靠、成本低廉，而计算机无法实现对对象系统的智能化控制任务，所以促进了嵌入式系统走上独立发展的单芯片化的道路。

微控制器也就是传统意义上的单片机，是目前嵌入式系统的前身。其特点是体积小、结构简单、便于开发以及价格经济实惠。单片机就是将对象所需的主要功能集成到了一个芯片上，通常一个单片机芯片包含了运算处理单元、ARM、Flash 存储器以及一些外部接口等。通过外部接口可以输出或输入信号，控制相应的设备，用户可以把编写好的代码烧写到单片机芯片内部来控制外部设备。单片机常被用于智能仪器、工业测量、办公自动化方面，如数字电表、公交 IC 卡系统、打印机等。由于嵌入式系统是起源于半导体集成电路，并不是起源于计算机，所以它不是"专用计算机系统"，是专用的智能化的控制系统。因此不能将嵌入式系统定义为"专用计算机系统"，这将混淆了二者的本质区别[207]。

嵌入式系统的发展可分为以下四个阶段：

第一阶段是以单芯片为核心的可编程控制器系统。这类系统大部分应用于一些专业性较强的工业控制系统中，一般不需要操作系统的支持，通过汇编语言编写软件部分。这一阶段系统的主要特点是：系统结构和功能相对单一，处理效率低，存储容量小，无用户接口。由于这种嵌入式系统使用简单、价格低廉，因此以前普遍用于国内工业领域，但是现在已经远不能满足高效的、需要大容量存储的现代工业控制和新兴信息家电等领域的需求。

　　第二阶段是以嵌入式 CPU 为基础，以简单操作系统为核心的嵌入式系统。该系统的主要特点是：CPU 种类繁多，通用性比较弱；系统开销小，效率高；操作系统具有一定的兼容性和扩展性；应用软件较为专业化，用户界面不够友好。

　　第三阶段是以嵌入式操作系统为标志的嵌入式系统。其主要特点是：能在各种不同类型的微处理器上运行，兼容性好；操作系统内核小、效率高，并且高度的模块化和扩展性；具备文件和目录管理功能、支持多任务及网络应用；包含大量的应用程序接口 AP、图形窗口和用户界面，应用程序开发较简单；嵌入式应用软件丰富。

　　第四阶段是以 Internet 为标志的嵌入式系统。现阶段正在迅速发展。目前大多数嵌入式系统还孤立于 Internet 之外，但随着 Internet 的发展以及 Internet 技术与信息家电、工业控制技术日益密切结合，嵌入式设备与 Internet 的结合将成为嵌入式系统的未来。

　　嵌入式计算机的形成。

　　（1）始于微型机时代的嵌入式应用。电子数字计算机诞生于 1946 年，在其后漫长的历史进程中，计算机始终是处于特殊的机房中，是实现数值计算的大型昂贵设备。直到 20 世纪 70 年代，微处理器的出现，计算机才出现了历史性的变化。以微处理器为核心的微型计算机以其小型、价廉、高可靠性特点，迅速走出机房；控制专业人士对基于高速数值解算能力的微型机表现出的智能化水平产生了浓厚的兴趣，要求将微型机嵌入到一个对象体系中，实现对象体系的智能化控制。例如，将微型计算机经电气加固、机械加固，并配置各种外围接口电路，安装到大型舰船中构成自动驾驶仪或轮机状态监测系统，计算机便失去了原来的形态与通用的计算机功能。为了区别于原有的通用计算机系统，把微处理器嵌入到对象体系中，实现对象体系智能化控制的计算机，称作嵌入式计算机系统。因此，嵌入式系统诞生于微型机时代，嵌入式系统的嵌入性本质是将一个计算机嵌入到一个对象体系中去。

　　（2）现代计算机技术的两大分支。由于嵌入式计算机系统要嵌入到对象体系中，实现对对象的智能化控制，因此，它有着与通用计算机系统完全不同的技术要求与技术发展方向。

　　通用计算机系统的技术要求是高速、海量的数值计算，其技术发展方向是总线速度的无限提升，存储容量的无限扩大。而嵌入式计算机系统的技术要求则是提升对象的智能化控制能力，技术发展方向是提高与对象系统密切相关的嵌入性能、控制能力与控制的可靠性。

　　早期，人们只是将通用计算机系统进行改装，嵌入到大型设备中实现嵌入式应用。然而，对于众多的小型对象系统（如家用电器、仪器仪表、工控单元）而言，无法嵌入通用计算机系统，况且嵌入式系统与通用计算机系统的技术发展方向完全不同，因此，独立地发展通用计算机系统与嵌入式计算机系统成为必然，这就形成了现代计算机技术发展的两大分支。

　　如果说微型机的出现，使计算机进入现代计算机发展阶段，那么嵌入式计算机系统的诞生，则标志了计算机进入了通用计算机系统与嵌入式计算机系统两大分支并行高速发展时代。

　　（3）两大分支发展的里程碑事件。通用计算机系统与嵌入式计算机系统的专业化分工发展，使得 20 世纪末 21 世纪初计算机技术得以飞速发展。计算机专业领域由于不必兼顾嵌入式应用要求而集中精力发展通用计算机系统的软、硬件技术，通用微处理器迅速从286、386、486发展到奔腾系列；操作系统则迅速扩张计算机对于高速海量的数据文件处理能力，使通用计算机系统进入到尽善尽美阶段。

嵌入式计算机系统则走上了一条完全不同的道路，即独立发展的单芯片化道路。它动员了原有的传统电子系统领域的专业人士与厂商，接手起源于计算机领域的嵌入式系统，承担起发展与普及嵌入式系统的历史任务，迅速地将传统的电子系统发展到智能化的现代电子系统。

因此，现代计算机技术两大分支并行发展的里程碑意义在于：它不仅形成了计算机发展的专业化分工，而且将发展计算机技术的任务扩展到传统的电子系统领域，使计算机成为进入人类社会全面智能化时代的有力工具。

嵌入式系统按形态可分为设备级（工控机）、板级（单板、模块）、芯片级（MCU、SoC）。

嵌入式系统与对象系统密切相关，其主要技术发展方向是满足嵌入式应用要求，不断扩展对象系统要求的外围电路（如 ADC、DAC、PWM、日历时钟、电源监测、程序运行监测电路等），形成满足对象系统要求的应用系统。所以，嵌入式系统作为一个专用计算机系统，要不断向计算机应用系统发展。因此，可以把定义中的专用计算机系统引申成满足对象系统要求的计算机应用系统。

嵌入式系统也有其独立发展道路：

（1）单片机开创了嵌入式系统独立发展道路。嵌入式系统虽然起源于微型计算机时代，然而，微型计算机的体积、价位、可靠性都无法满足广大对象系统的嵌入式应用要求，因此，嵌入式系统必须走独立发展道路。这条道路就是单芯片化道路。将计算机做在一个芯片上，从而开创了嵌入式系统独立发展的单片机时代。

单片机的发展经历过两种模式，即"Σ 模式"与"创新模式"。"Σ 模式"本质上是通用计算机直接芯片化的模式，它将通用计算机系统中的基本单元进行裁剪后，集成在一个芯片上，构成单片微型计算机；"创新模式"则完全按嵌入式应用要求设计全新的、满足嵌入式应用要求的体系结构、指令系统、总线方式、微处理器、管理模式等。Intel公司的 MCS-48、MCS-51 就是按照创新模式发展起来的单芯片形态的嵌入式系统（单片微型计算机）。MCS-51 是在 MCS-48 基础上发展的全面完善的嵌入式系统。历史证明，"创新模式"是嵌入式系统独立发展的正确道路，MCS-51 的体系结构也成为了单片嵌入式系统的典型结构体系。

（2）单片机的技术发展史。单片机诞生于 20 世纪 70 年代末，经历了 SCM、MCU、SoC 三大阶段。

SCM 即单片微型计算机（Single Chip Microcomputer）阶段，主要是探索最佳的单片形态嵌入式系统的最佳体系结构。"创新模式"获得的成功，奠定了单片微型计算机与通用计算机完全不同的发展道路。由此看出，在开创嵌入式系统独立发展道路上，Intel公司功不可没。

MCU 即微控制器（Micro Controller Unit）阶段，主要的技术发展方向是：不断扩展满足嵌入式应用的同时，满足对象系统要求的各种外围电路与接口电路，突显其对象的智能化控制能力。它所涉及的领域都与对象系统相关，因此，发展 MCU 的重任不可避免地落在电气、电子技术厂家。从这一角度来看，Intel 逐渐淡出 MCU 的发展也有其客观因素。在发展 MCU 方面，最著名的厂家当数 Philips 公司。

Philips 公司以其在嵌入式应用方面的巨大优势，将 MCS-51 从单片微型计算机迅速发展到微控制器。因此，当我们回顾嵌入式系统发展道路时，都必须提到 Intel 与 Philips 公司的成果。

单片机是嵌入式系统的独立发展向 MCU 阶段发展的重要因素，即寻求应用系统在芯片上的最大化解决。因此，专用单片机的发展自然形成了 SoC（系统级芯片）化趋势。随着微电子技术、IC 设计、EDA 工具的发展，基于 SoC 的单片机应用系统设计将取得较大的发展。因此，对单片机的理解可以从单片微型计算机、单片微控制器延伸到单片应用系统。

8.3.2　嵌入式系统的发展趋势

嵌入式发展的整体趋势如下：

（1）小型化、智能化、网络化、可视化。随着技术水平的提高和人们生活的需要，嵌入式设备（尤其是消费类产品）正朝着小型化便携式和智能化的方向发展。如果你携带笔记本电脑外出办事，你肯定希望它轻薄小巧易携带，甚至你可能希望有一种更便携的设备来替代它，目前的上网本、MID（移动互联网设备）、便携投影仪等都是因类似的需求而出现的。对嵌入式而言，可以说是已经进入了嵌入式互联网时代（有线网、无线网、广域网、局域网的组合），嵌入式设备和互联网的紧密结合，更为我们的日常生活带来了极大的方便和无限的想象空间。嵌入式设备的功能也越来越强大，未来我们的冰箱、洗衣机等家用电器都可以实现网上控制；异地通信、协同工作、无人操控场所、安全监控场所等的可视化也已经成为了现实，随着网络运载能力的提升，可视化将得到进一步完善。人工智能、模式识别技术也将在嵌入式系统中得到应用，使得嵌入式系统更具人性化和智能化。

（2）多核技术的应用。人们需要处理的信息的增多就要求嵌入式设备具有更强的运算能力，因此需要设计出更强大的嵌入式处理器，这就使得多核技术处理器在嵌入式中的应用将更为普遍。

（3）低功耗（节能）、绿色环保。在嵌入式系统的硬件和软件设计中低功耗的设计，会使得嵌入式系统能获得更长的可靠工作时间，如延长手机的通话和待机时间，MP3 听音乐的时间等等。同时，绿色环保型嵌入式产品将更受人们青睐，在嵌入式系统设计中也会更多的考虑辐射和静电等给人体带来的不安全因素。

（4）云计算、可重构、虚拟化等技术被进一步应用到嵌入式系统中。简单地讲，云计算是将计算分布于大量的分布式计算机上，因此我们只需要一个终端，就可以通过网络服务来实现我们需要的甚至是超级的计算任务。云计算（Cloud Computing）是分布式处理（Distributed Computing）、并行处理（Parallel Computing）和网格计算（Grid Computing）的发展，或者说是这些计算机科学概念的商业实现。在未来几年里，云计算将得到进一步发展与应用。

可重构性是指在一个系统中，其硬件模块或软件模块均能根据变化的数据流或控制流对系统结构和算法进行重新配置（或重新设置）。可重构系统最突出的优点就是能够根据不同的应用需求，改变自身的体系结构，以便与具体的应用需求相匹配。

虚拟化是指计算机软件在一个虚拟的平台上运行而不是在真实的硬件上运行。虚拟化技术可以简化软件的重新配置过程，易于实现软件的标准化。其中 CPU 的虚拟化可以用单 CPU 模拟多 CPU 并行运行，允许一个平台同时运行多个操作系统，并且都可以在相互独立的空间内运行且互不影响，从而提高工作效率和安全性。虚拟化技术是降低多内核处理器系统开发成本的关键，因此虚拟化技术是未来几年最值得期待和关注的关键技术之一。

随着各种技术的成熟与其在嵌入式系统中的应用，嵌入式系统将增添新的魅力和发展空间。

（5）嵌入式软件开发平台化、标准化、系统可升级，代码可复用将更受重视。嵌入式操作系统将进一步走向开放、开源、标准化、组件化。嵌入式软件开发平台化也将是未来的发展趋势，越来越多的嵌入式软硬件行业标准将出现，最终的目标是使嵌入式软件开发简单化。同时随着系统复杂度的提高，系统可升级和代码复用技术在嵌入式系统中会得到更多的应用。另外，因为目前嵌入式系统采用的微处理器种类多，不够标准，所以在嵌入式软件开发中将更多的使用跨平台的软件开发语言和工具，目前，Java 语言正在被越来越多的使用到嵌入式软件开发中。

（6）嵌入式系统软件将逐渐 PC 化。需求的提高和网络技术的发展是嵌入式系统发展的源动力。移动互联网的发展将进一步促进嵌入式系统软件 PC 化。如前所述，结合跨平台开发语言的广泛应用，未来嵌入式软件开发的概念将被逐渐淡化，也就是将逐渐缩小嵌入式软件开发和非嵌入式软件开发的区别。

（7）融合趋势。嵌入式系统软硬件融合、产品功能融合、嵌入式设备和互联网的融合趋势逐渐加剧。嵌入式系统设计中以软件为核心的软硬件结合将更加紧密。消费类产品将在运算能力和便携方面进一步提高。传感器网络的迅速发展将极大地促进嵌入式技术和互联网技术的融合。

（8）安全性。随着嵌入式技术和互联网技术的结合发展，嵌入式系统的信息安全问题日益突显，保证信息安全已成为嵌入式系统开发的重点和难点。

近年来，随着计算机技术及集成电路技术的发展，嵌入式技术日渐普及，在通信、网络、工控、医疗、电子等领域发挥着越来越重要的作用。嵌入式系统无疑成为当前最热门最有发展前途的 IT 应用领域之一。伴随着巨大的产业需求，我国也需要越来越多的嵌入式系统产业的人才投入，嵌入式开发将成为未来几年最热门、最受欢迎的职业之一。

虽然目前职场上比较走热的仍然是软件人才。不过，嵌入式系统领域门槛较高，不仅需要嵌入式开发人员懂较低层软件，而且要有较高的软件专业水平，市场上需要的嵌入式人才必须具备 C 语言编程经验、嵌入式操作系统（嵌入式 Linux 或 WinCE）经验、内核裁剪经验、操作系统移植经验、驱动程序开发经验等。比如高级嵌入式软件开发工程师相关职位要求是：有丰富的嵌入式多任务软件系统分析能力和设计能力，能独立完成项目系统方案，解决系统故障和问题；精通 C 语言应用开发，有良好的编程习惯和风格，程序稳定可靠；有良好的文档编写能力和习惯，能够编写规范的概要和详细的设计文档；熟悉项目管理流程。

"三网融合"不断提速，3G 网络全面铺开，将带来更大的人才需求。在未来相当长的时间内，具备高素质的嵌入式软件人才都将是企业争夺的目标。

8.4　嵌入式系统的应用

嵌入式系统是将先进的计算机技术、半导体技术、电子技术和各个行业的具体应用的相结合的产物，因此它是一个技术密集、资金密集、高度分散、不断创新的知识集成系统。

嵌入式系统是面向用户、面向产品、面向应用的。

8.4.1　嵌入式系统应用的现状

嵌入式处理器的功耗、体积、成本、可靠性、速度、处理能力、电磁兼容性等方面均受到应用要求的制约。嵌入式系统和具体应用有机地结合在一起，它的升级换代也是和具体产品同步进行的，因此嵌入式系统产品一旦进入市场，具有较长的生命周期。嵌入式系统中的软件，一般都固化在只读存储器中，而不是以磁盘为载体，可以随意更换，所以嵌入式系统的应用软件生命周期也和嵌入式产品一样长。同时，各个行业的应用系统和产品，与通用计算机软件不同，很少发生突然性的跳跃，嵌入式系统中的软件也因此更强调可继承性和技术衔接性，发展比较稳定。嵌入式处理器的发展也体现出稳定性，一个体系一般要存在 8～10 年的时间[215]。一个体系结构及其相关的片上外设、开发工具、库函数、嵌入式应用产品是一套复杂的知识系统，用户和半导体厂商都不会轻易地放弃一种处理器。

嵌入式系统是信息产业走向 21 世纪知识经济时代的最重要的经济增长点之一，也是一个不可垄断的工业，对我国信息产业来说，充满了机遇和挑战。通用计算机行业的技术是垄断的[216]，嵌入式系统则不同，它面向的是一个分散的工业，充满了竞争、机遇与创新，没有哪一个系列的处理器和操作系统能够垄断全部市场。即便在体系结构上存在着主流，但各不相同的应用领域决定了不可能有少数公司、少数产品垄断全部市场。因此嵌入式系统领域的产品和技术，必然是高度分散的，留给各个行业的中小规模高技术公司的创新余地很大。另外，各个应用领域是在不断向前发展的，要求其中的嵌入式处理器核心也同步发展，这也构成了推动嵌入式工业发展的强大动力。

嵌入式计算机系统作为计算机应用的一个重要领域，已深入到社会的各个方面。常说的嵌入式应用就是将这类系统嵌入各种设备及应用产品内部的计算机应用，相应的设备（产品）称之为嵌入式设备（产品）。嵌入式计算机在应用数量上远远超过了各种通用计算机，一台通用计算机的外部设备中就包含了 5～10 个嵌入式微处理器，键盘、鼠标、软驱、硬盘、显示卡、显示器、Modem、网卡、打印机、扫描仪、USB 集成器等均是由嵌入式处理器控制的。在制造工业、过程控制、通信、仪器、仪表、汽车、船舶、航空、航天、军事装备、消费类产品等方面均是嵌入式计算机的应用领域。最具有产品效益和时代特征的嵌入式产品应属 Internet 上的信息家电，如 Web 可视电话、Web 游戏机、Web

PDA、WAP 电话手机以及多媒体产品，如 STB（电视机顶盒）、DVD 播放机、电子阅读机[11]。

8.4.2　应用领域及前景

嵌入式操作系统应用场合主要可以分为通信、医疗等领域的实时操作系统及面向消费电子产品的非实时系统和面向控制；等前者如 WindRiver 公司的 VxWorks，QNX 系统公司的 QNX 等[217]，后者主要集中于个人掌上电脑（PDA）、移动电话、机顶盒（STB）。

而随着科技发展、工艺水平的进步以及嵌入式系统的应用普及推广、深入，对嵌入式系统的要求越来越高，如对其在核心处理器的处理要求功能更加强大、嵌入式应用软件的开发需要强大的开发工具和操作系统的支持、与互联网相连已成为必然趋势、支持小型电子设备实现小尺寸微功耗和低成本及提供精巧的多媒体人机界面等等。

目前，嵌入式系统已经广泛应用到工业、交通、能源、通信、科研、医疗卫生、国防以及日常生活等领域，并不断朝着体积小、功能强的方向发展，嵌入式系统与互联网的结合将代表嵌入式技术发展的未来[218]。

（1）工业控制。基于嵌入式芯片的工业自动化设备将获得长足的发展，目前已经有大量的 8、16、32 位嵌入式微控制器正被应用，网络化是提高生产效率和产品质量、合理分配人力资源的主要途径，如工业过程控制、数字机床、电力系统、电网安全、电网设备监测、石油化工系统。就传统的工业控制产品而言，低端型采用的往往是 8 位单片机。但是随着技术的发展，32 位、64 位的处理器逐渐成为工业控制设备的核心，在未来几年内必将获得长足的发展。

图 8-1 与图 8-2 所示为 PAC（可编程计算机）系统的控制组成图与线程框架。针对特种水冷系统阐述了在 Embedded Visual C++4.0 开发工具下设计控制软件框架的方法。提出了压缩机冷凝压力的模糊控制[218]。

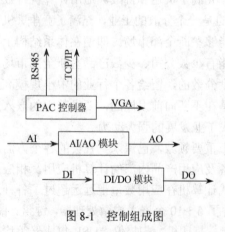

图 8-1　控制组成图

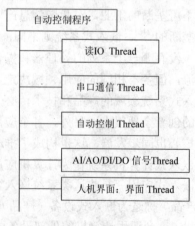

图 8-2　线程框架

（2）交通管理。在车辆导航、流量控制、信息监测与汽车服务方面，嵌入式系统技术也获得了广泛的应用，内嵌 GPS 模块，GSM 模块的移动定位终端已经在各种运输行业获得了成功的使用。目前 GPS 设备已经从尖端产品进入了普通百姓的家庭，只需几千块钱，就可以随时随地找到你的位置。

（3）信息家电。在信息家电方面的应用已被称作嵌入式系统最大的应用领域，冰箱、空调等的网络化、智能化将引领人们的生活步入一个崭新的空间。即使你不在家里，也可以通过电话线、网络进行远程控制。在这些设备中，嵌入式系统将大有用武之地。

（4）家庭智能管理系统。举个例子，水、电、煤气表的远程自动抄表，安全防火、防盗系统，其中嵌有的专用控制芯片将代替传统的人工检查，并实现更高、更准确和更安全的功能。目前在服务领域，如远程点菜器等已经体现了嵌入式系统的优势。

（5）POS 网络及电子商务。公共交通无接触智能卡（Contactless Smartcard，CSC）发行系统，公共电话卡发行系统，自动售货机，各种智能 ATM 终端将全面走入人们的生活，到时手持一卡就可以行遍天下。

（6）环境工程与自然。水文资料实时监测，防洪体系及水土质量监测、堤坝安全，地震监测网，实时气象信息网，水源和空气污染监测。在环境恶劣，地况复杂的地区，嵌入式系统将实现无人监测。

（7）机器人。嵌入式芯片的发展将使机器人在微型化、高智能方面优势更加明显，同时会大幅度降低机器人的价格，使其在工业领域和服务领域获得更广泛的应用。

（8）机电产品。相对于其他的领域，机电产品可以说是嵌入式系统应用最典型最广泛的领域之一。从最初的单片机到现在的工控机，SoC（系统级芯片）在各种机电产品中均有着巨大的市场[220]。

（9）无损检测。杨晓健研究了 AMR9 嵌入式系统在无损检测中的应用，设计了 AMR 嵌入式无损检测软件，并优化了算法，编写了图像采集程序[221]。

8.4.3　应用形式举例

1）机电监控嵌入式系统

现代监控系统的结构大都以网络化和分布式为主，要求每个节点设备具备通信、互操作和自主管理能力，即智能设备。现代监控系统的组成需要智能设备的支撑，也是设备具有智能性化促成了现代监控系统形成和发展，设备的智能化程度影响整个监控系统的功能和性能，可见智能设备在现代监控系统中的地位和作用[222]。

智能设备可能是传感器、变送器、开关阀门等执行器、加工设备、显示设备、控制器等，是监控系统中的节点或子系统。实现智能设备的关键之一是与智能设备自身配套的控制系统。控制系统可以是由 PLC 等通用控制器、工控机、专用电子电路、嵌入式系统等组成，但随着对智能设备在功能、体积、外形、成本等严格要求和嵌入式系统本身功能不断完善、技术不断成熟条件下，嵌入式系统逐渐成为实现智能设备的最主要和最有发展前途的技术[223]。

机电监控型嵌入式系统具备为应用"定制"、"嵌入"到应用系统内和"计算机"等普通嵌入式系统所具备的基本特点，可以使设备与其控制集成一体，改善和提高设备智能化程度，降低智能化设备成本，促进现代监控技术发展。

2）机电监控型嵌入式系统结构

机电监控型嵌入式系统是应用在机电监控领域的一类特殊嵌入式系统，所以，从计算机原理角度看，机电监控型嵌入式系统结构与通用计算机系统在基本结构上有一致性。

但由于机电监控型嵌入式系统独特的应用范围，使得它的结构又不同于一般嵌入式系统和普通计算机系统。机电监控型嵌入式系统在结上具有如下主要特点：

（1）可灵活裁减、可变化。用在一些传感器/变送器的嵌入式系统只包含基本计算机核心系统和几个专用 IO 等，整个系统封装在 8 脚或更少的芯片上；而复杂数控设备上的嵌入系统则可能包含多个 CPU，结构比个人计算机复杂。

（2）输入输出接口种类多。连接和驱动外围设备能力强，丰富的输入输出接口是机电监控型嵌入式系统的主要特点。

（3）通信能力好。现代机电监控设备需要与外界交换信息、接收或发送控制命令。

尽管嵌入式系统可裁减，但其基本结构是基本不变的。图 8-3 所示是机电监控型嵌入式系统的基本组成结构，它包含嵌入式系统的基本部分：中央处理单元、存储器和输入输出。这三个部分是构成嵌入式系统所需要的硬件支持，而虚线包围的适配单元和执行单元则是可选的。这些可选单元可是简单的单元电路组成，如功率驱动、AD、DA 等；也可能是由另一个嵌入基本系统组成的复杂模块。

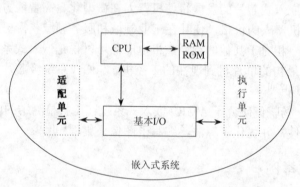

图 8-3　机电监控型嵌入式系统的基本组成结构

3）可重构计算的嵌入式监控系统

当前广泛使用的嵌入式系统体系结构主要采用通用计算机结构，近年来发展起来的可重构计算技术与方法，对新型嵌入式系统结构的提出开辟了一个新的领域[224]。

计算目标的实现目前主要有两种方法：完全硬件逻辑电路方法和现代通用处理器方法。完全硬件逻辑电路方法为计算任务定制硬件，因而能做到设计精确、运算速度和效率高，但这种方法的最大缺陷是没有"柔性"，不可编程，任务稍有变化，必须修改硬件电路。现代通用处理器方法将处理器功能抽象为一个指令集，选择其中的指令依某种算法构成的指令序列，就成了完成特定计算任务的软件。在完成计算任务时，按编写好的软件按"读取指令、译码、执行、存储、回写"等步骤依次执行，就可完成预期的计算任务。修改软件而不改变任何硬件即可改变系统的功能。这种方法可编程、"柔性"好，但这种可编程性是以牺牲性能和速度为代价换取的，即在相同物理条件下，处理器的计算性能要低于硬件逻辑电路的计算性能。

综合比较以上两种方法，为了设计理想，计算系统既具有硬件逻辑电路的高性能，又有处理器"柔性"好的特点。可重构计算性质刚好具有双重优点，它既具有硬件逻辑电路的性能，又可具有处理器的可编程性。

FPGA/CPLD 是现场可编程门阵列/复杂可编程逻辑器件[225]，是一类新型逻辑器件，用户通过其编程，可构成不同逻辑功能的硬件逻辑电路。可重构计算正是利用 FPGA/CPLD 的这一性质，根据任务重构逻辑电路，实现既具可编程性，又具专用硬件逻辑电路的高性能特点。

如果将计算过程看成是时间和空间构成的二维结构，则通用处理器计算过程在空间维上是固定不变，而在时间维上是可变的，换一种说法就是可编程的，处理器功能可以发生改变是在于其时间维上的可变性。固定硬件逻辑电路在时间维和空间维上都固定，因而，它的功能固定不变。基于 FPGA/CPLD 的可重构计算，综合了处理器和硬件逻辑电路优点，实现在空间维上和时间维上均可改变。

可重构计算主要通过 FPGA/CPLD 组成的可重构处理单元 RPU 实现，并可以分成静态可重构和动态可重构。静态可重构是在系统开始计算之前就配置 RPU，计算过程中不再改变 RPU 功能和结构；而动态可重构是在主系统工作过程中，根据计算任务需要，才重新配置 RPU 的功能和结构，以适应不同时刻系统计算需要。

4）嵌入式智能控制系统

智能控制系统是在控制论、信息论、人工智能、仿生学、神经生理学及计算机科学发展的基础上逐渐形成的一类高级信息与控制系统。IEEE 控制系统学会和计算机学会于 1987 年 1 月召开了智能控制国际学术讨论会，从而为智能控制作为一个独立的新学科在国际学术界的崛起奠定了基础。20 世纪 80 年代以来，微型计算机技术的高速发展为实用的智能控制器的研制及智能控制系统的开发奠定了技术基础。

在当前的数字信息技术和网络技术高速发展的后 PC（Post-PC）时代，嵌入式系统已经广泛地渗透到科学研究领域、工程设计、制造业、军事技术以及人们的日常生活等方方面面中。嵌入式系统被定义为：以应用为中心、以计算机技术为基础、软件硬件可裁剪、适应应用系统对功能、可靠性、成本、体积、功耗严格要求的专用计算机系统[226]。

在目前的工业控制设备中，工控机的使用非常广泛，这些工控机一般采用的是工业级的处理器和各种设备，其中以 X86 的 MPU 最多。工控的要求往往较高，需要各种各样的设备接口，除了进行实时控制，还须将设备状态，传感器的信息等在显示屏上实时显示。目前工控机多采用 32 位、64 位的处理器，系统性能远远高于原来的 8 位和 16 位处理器。采用 PC 104 总线的系统，体积小，稳定可靠，受到了很多用户的青睐。不过这些工控机采用的往往是 DOS 或者 Windows 系统，虽然具有嵌入式的特点，却不能称作纯粹的嵌入式系统。另外在工业控制器和设备控制器方面，则是各种嵌入式处理器的天下。这些控制器往往采用 16 位以上的处理器，各种 MCU，ARM，68K 系列的处理器在控制器中占据核心地位。这些处理器上提供了丰富的接口总线资源，可以通过它们实现数据采集，数据处理，通信以及显示（显示一般是连接 LED 或者 LCD）。如飞利浦和 ARM 共同推出 32 位 RISC 嵌入式控制器，适用于工业控制，采用最先进的 0.18μm CMOS 嵌入式闪存处理技术，操作电压可以低至 1.2 V。美国 TERN 工业控制器基于 Am188/186ES，i386EX，NEC V25，Am586（ELANSC520），采用了 SUPERTASK 实时多任务内核，可应用于便携设备、无线控制设备、数据采集设备、工业控制与工业自动化设备以及其他需要控制处理的设备。

5）嵌入式操作系统的应用

Windows CE 是 Microsoft 公司专门针对嵌入式产品领域开发的嵌入式操作系统，该系统是一种紧凑、高效、可伸缩的 32 位的操作系统，主要面向各种嵌入式系统和产品。它所具有的多线程、多任务、完全抢占式的特点，是专为各种有很严格资源限制的硬件系统所设计的。它的模块化设计使嵌入式系统和应用程序开发者能够方便地加以定制以适应一系列产品，例如消费类电子设备、专用工业控制器和嵌入式通信设备等的需要[227]。图 8-4 所示为系统定制流程。

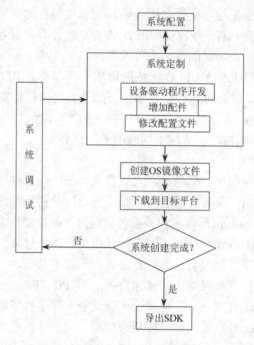

图 8-4　系统定制流程

张雷等设计了以 S3C2440A 为微处理器、Windows CE 为嵌入式操作系统的横机控制系统，并通过扩展 Wi-Fi 无线模块，建立了横机控制系统和上位机之间的无线网络，提出了面向横机的 Socket 编程协议；进行了横机参数、花型等信息传递试验。试验结果表明，通过 Wi-Fi 无线网络，能够实现上位机对嵌入式横机控制系统的集中监视、操作和管理[228]。

6）机器翻译（人工智能）

机器翻译技术是一种基于对自然语言理解和处理的人工智能技术，它包括了计算语言学、信息论和人工智能等多种学科的众多内容。计算机翻译语言的过程就是将源语言翻译成为目标语言。近年来，由于因特网的迅速普及，网上可获取的各种语言文字材料急速膨胀，全球经济的一体化又使得世界各地人们之间的交流日益增多，因此，人们对机器翻译的需求也空前高涨，尤其对于手机等移动终端的机器翻译需求更为迫切。

要推动机器翻译技术在移动终端的应用，必须推动软、硬件等厂商的沟通与合作，将众多技术结合在一起，将集成的软件产品提供给最终用户。这样不仅可以为用户提供更多的应用，而且降低了用户的整体拥有成本。基于此种考虑，嵌入式就是一种有效的解决问题的办法。嵌入式产品需要将原有的翻译引擎优化压缩，使其可以嵌入到移动终端设备中；经过核心算法的优化，系统可以实现基于多种操作系统和多款芯片的移植工作，构架适合于嵌入式应用的翻译系统，使翻译系统能广泛地应用于学习机、手机、GPS等终端设备[229]。机器翻译也是嵌入式系统在物联网方面应用一例。

8.5　嵌入式系统在物联网中应用实例

嵌入式网络应用意义深远，尤其体现在离人们最近的家居网络。目前，关于联网的称谓不少，如 Home.net、信息家电、家居网络系统（HNS）和 E-home 等，尽管名称不同，但它们的含义和所要完成的功能大体是相同的。

典型的家庭网络结构如图 8-5 所示。

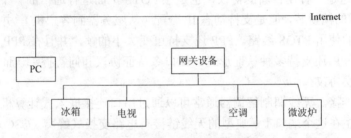

图 8-5　典型的家庭网络结构

目前，嵌入式系统和网络已是一种不可分割的结合体。家电上网和实现远程操作，其意义不仅在于这种网络的出现所产生的经济价值，更在于把家电从个体进入网络，实现了嵌入式系统网络化。嵌入式系统和网络连接关键之处在于协议转换。现在市场上已经有很多种能实现这种协议转换的核心模块。

8.5.1　嵌入式系统应用下物联网的通信方式

人类发展嵌入式系统的动机在于透过嵌入式系统访问对象的行为，利用嵌入式系统放大人类的感知，借助嵌入式系统拓展自身的操作空间。这些离不开嵌入式系统间的通信、嵌入式系统与上级网络的通信以及嵌入式系统与人的通信。因此，通信对嵌入式系统来说是普遍性要求。

有人预言，PC 很快将不再是主要的互联网接入设备，互联网设备正在引领家用电器和工业设备的下一波冲击，从 PDA 到水泵，从冰箱到电源控板，从汽车到自动售货机，从仪表到医疗器械，这所有的一切都需要某种形式的在线互联，否则将很快被淘汰。所以说嵌入式系统联网是一种必然[230]。

嵌入式系统通信链接大体上包括串行链接、无线链接、以太网和现场总线等四大类[231]。

（1）串行链接，即串口。目前嵌入式设备上最常见的通信链接是通过串口（如 RS-232）实现的。串口的优点是不需要重新配置，用户只需要简单配置对等设备的通道参数（如速度、奇偶校验、数据位、停止位），通信就可以进行。在大多数情况下，低带宽链接设置参数是 9600 波特、无奇偶校验、8 数据位和 1 停止位。串口要求的驱动程序也非常简单，容易开发和理解。一般包括路由进入和发出字符使用的输入输出缓存。UART 芯片

（通用异步收发器）通常可以提供中断，通知处理器输入字符的存在，或者什么时候新字符可以进行传输。串行链接遵循的传输协议主要有 SLIP 和 PPP 两种。

① SLIP。这是一种比较旧的点对点协议，主要用于专用的或拨号的 POTS（Plain Old Telephone Service：普通老式电话系统）线路。为了向对等的设备进行传输，SLIP 在 SLIP 帧中封装了 IP 数据报。SLIP 的主要问题是不能支持任何种类的错误检查、纠正或压缩，也不支持为客户动态分配 IP 地址，这样客户必须在会话开始进行静态配置。压缩 SLIP（或 CSLIP）提供对 IP 报头的压缩，可以更好的使用低带宽链路。SLIP 和 CSLIP 都不允许一个以上的上层协议共享链路。

② PPP。这是一种比较新的协议，也是在 POTS 上面进行通信的一个标准。PPP 使用与 SLIP 相同的帧封装，但是支持动态 IP 分配（从服务器到客户机），并且包括支持压缩，以便更好的使用 PTOS 线路。PPP 还支持可变大小的帧，并且在 PPP 会话协商时包括协商功能。PPP 还支持多种认证形式，如口令认证协议和问答握手认证协议，支持同时执行多个上层协议。

（2）无线链接。无线调制解调器通常可以通过串口连接嵌入式计算机，并且所有配置和通信都发生在这个端口上。典型的无线链接有电路交换式蜂窝（CSC），蜂窝数据包交换（CDPD）及全球移动通信系统（GSM）等。

CSC 调制解调器提供基于连接方式的连接。嵌入式应用程序使用 PPP 通过调制解调器"拨号"到网关。这样要求应用程序可以编程使用预设的用户名和口令。CDPD 模式提供不同方式的连接，采用与以太网相同的形式进行操作。一旦调制解调器通过 SLIP 实现了连接，就已经在网络中，并且可以发送和接收数据包。不需要调制解调器断开连接，因此 CDPD 调制解调器可以简化嵌入式应用程序。

对比而言，CSC 和 CDPD 数据速率较慢，不适合大规模数据传输，且技术的覆盖范围依赖于电信运营商，在运营商网络没有覆盖的地方无法使用。提供高速数据通信的本地无线链接涉及使用扩频技术。通过使用合适的天线，传输距离可达到 35km 的视距。通过建立专门的基础设施，无需运营费用。在传输速度和距离不敏感的情况下，可以使用廉价的无线芯片开发无线传输模块进行通信，成本低廉。

卫星掌上设备可以提供全球通信，但数据速率较低，并且由于卫星高度高，要求嵌入式设备具备大的发射功率。

（3）以太网。以太网是高速本地接口，要求远程目标和对等者之间的直接连接实现通信。虽然以太网不是真正的远程环境（如移动嵌入式系统），但是它已经在多种环境下的非移动嵌入式系统中占有一席之地。例如在工厂控制中，以太网可以容易的使用某种拓扑结构进行分布达到嵌入式通信。

以太网是基于 CSMA/CD（Carrier Sense Multiple Access/Collision Derect：具有冲突检测的载波侦听多路存取）运行的，以太网是在很多用户（多路存取）中间的一个共享总线。在数据包被写到线路上之前，主机必须监听当前正在发送数据包的任何其他主机（载波侦听）。如果主机侦听到载波（没有主机在写）消失，就发送数据包。在数据包发送时，主机需要监听其他主机的写（冲突检测）。

以太网分为有线以太网和无线以太网。有线以太网基于 802.3 规范系列，无线以太网基于 802.11 规范系列。无线以太网部署方便，应用越来越广泛，控制环境中也有应用。

随着编码、纠错、抗干扰技术的提高，无线局域网应用将更为广泛。

　　（4）现场总线。随着计算机技术、通信技术、集成电路技术及智能传感技术的发展，20 世纪 80 年代中后期，在工业控制领域形成了一种新兴的控制技术，即现场总线。现场总线是用于智能化现场设备和基于微处理器的控制室自动化系统间的全数字化、多站总线式的双向多信息数字通信的规程是互操作和数据共享的公共协议。可以认为，现场总线是通信总线在现场设备中的延伸允许将各种现场设备，如变送器、调节阀、基地式控制器、记录仪、显示器、PLC 及手持终端和控制系统之间，通过同一总线进行双向多变量数字通信。

　　总线技术有很多种，标准也不统一，各自适用于不同场合。根据具体情况，选择适合的总线作为嵌入式系统组网的通信方式是合适的，但是问题在于各总线间互换性能差。

　　除现场总线外，还有多种可用于嵌入式系统链接的总线技术，如 USB 总线，IEEE1394（火线）的应用越来越广泛特别是在高端嵌入式设备中应用日趋广泛。

　　嵌入式网络就覆盖范围而言属于局域网。按照 ISO/OSI 的观点 TCP/IP 簇位于网络层以上[232]。

　　嵌入式网络包括 ISO/OSI 链路层。数据链路层在具体实现上可划分成两个子层七层模型中的物理层和数据：介质访问控制子层。

　　蔽享层包括物理层接口硬件和实现介质访问协议的通信控制器，LLC 实现用户自主开发。因此，嵌入式系统设计中网络通信协议选择的核心是介质访问协议的选择。

　　（1）面向链接的协议。面向链接协议主要用在网络发展初期的主机—终端式网络中，如 X.25 和 IBM 的 SNA（Systems Network Architecture）网络。其主要缺点是：① 节点之间采用串行连接方式，每个物理连接只支持两个节点，速度较低；② 物理上没有连接的节点之间的通信需要经过多个中间节点的多次传输；③ 直接相连的节点间的通信是可确定的，而间接相连的节点间的通信则无法确定延时。因此，在局域网技术已非常成熟的今天，这类协议已很少应用。

　　（2）轮询法。轮询法因其简单和实时性能可确定等特点而成为嵌入式网络常用协议之一。采用轮询法协议，需指定一个主节点作为中央主机来定期轮询各个从节点，以便显式分配从节点访问共享介质的权力。这类协议的缺点是：① 轮询过程会占用网络带宽，增加网络负担；② 风险完全集中在主节点上，为避免因主节点失效而导致整个网络瘫痪，有时需设置多个主节点来提高系统的鲁棒性（如 Profibus）。

　　（3）OCSMA/CD（带冲突检测的载波监听多路访问）。CSMA/CD 有许多不同的实现版本，其核心思想是：一个节点只有确认网络空闲之后才能发送信息。如果多个节点几乎同时检测到网络空闲并发送信息，则产生冲突。检测到冲突的发送信息的节点必须采用某种算法（如回溯算法）来确定延时长短，延时结束后重复上述过程再试图发送。CSMA/CD 的优点是理论上能支持任意多的节点，且不需要预先分配节点位置，因此在办公环境中几乎占有绝对优势。但在 CSMA/CD 中冲突产生具有很大的随机性，在最坏情况下的响应延时不可确定，无法满足嵌入式网络最基本的实时性要求。

　　（4）TDMA（Time Division Multiple Access）已大量应用于移动通信领域（如 GSM，DAMPS 等），但也可用于局域网。

　　TDMA 的特点是：每轮信息传输前，网络中的主节点先广播一个帧同步信号以同步各节点的时钟，在帧同步信号之后，每个从节点在各自所分配的时间片内发送数据。

TDMA 的缺点是：① 每个从节点必须有一个稳定的基准时间以确定时间片，因此从节点比较复杂，造价较高；② TDMA 的主流应用领域依然是无线移动通信领域，用于嵌入式网络的 TDMA 无论在相关软硬件技术支持和市场认同方面都非常欠缺。

（5）令牌环。在令牌环网中，节点之间使用端到端的连接，所有节点在物理上组成一个环型结构。一组特殊的脉冲编码序列，即令牌，沿着环从一个节点向其物理邻居节点传递。一个节点获得令牌后，如无信息要发送，则将令牌继续传递给下一个邻居，否则首先停止令牌循环，然后沿着环发送它的信息，最后继续令牌传递。

令牌环网的优点是：① 在实时性方面是可确定的，因为容易计算出最坏情况下节点等待令牌时间；② 令牌传递占用的网络带宽极小，带宽利用率高，吞吐能力强。

但这种协议在具体实现时为确保可靠性必须付出较大的代价：① 为了避免因电缆断裂和节点失效导致整个网络瘫痪，常采用双环结构（如 FDDI）和失效节点自动旁路措施，导致实施成本增加；② 为了能立即检测到令牌是否意外丢失，会增加协议实施的复杂性。

（6）令牌总线。令牌总线的基本原理与令牌环网相似。但在令牌总线中，网络上所有节点组成一个虚拟环，而非物理环。令牌在虚拟环中从一个节点传向其逻辑邻居节点。只有持有令牌的节点才能访问网络。如同令牌环一样，令牌总线具有很高的带宽利用率、吞吐能力和可确定性。另外令牌总线中各节点有相同的优先级；令牌总线中的电缆断裂并不一定导致整个网络瘫痪；网络运行过程中可动态增加或关闭节点，因而节点失误一般不会导致整个网络瘫痪（当然在网络启动、增加/删除节点时会导致逻辑环重构，以便每个节点确定自己的逻辑邻居，这会有点费时）；总线拓扑结构非常适合于制造设备。因此，令牌总线协议被 MAP（Manufacturing Automation Protocol）、ARCnet（Attached Resource Computer Network）采用，在过程自动化控制等嵌入式场合广泛应用。

（7）OCSMA/CA（带冲突避免的载波监听多路访问）。CSMA/CD 在节点数量不多、传输信息量较少时效率很高；基于令牌的协议具有良好的实时性和吞吐能力，CSMA/CA 综合了两者的优点。CSMA/CA 的本质是利用竞争时间片来避免冲突。其基本原理是：如同 CSMA/CD 一样，节点必须检测到网络空闲之后才能发送信息；如果有两个或更多的节点发生冲突，便在网络上启动一个阻塞信号通知所有冲突节点，同步节点时钟，启动竞争时间片（竞争时间片跟随在阻塞信号之后，其长度比沿网络环路传输时延稍长）。通常每一个竞争时间片均指定给特定的节点，每个节点在其对应的时间片内如有信息发送则可以启动传输；其他的节点检测到信息传输后，停止时间片的推进，直到传输结束所有节点才恢复推进时间片；当所有时间片都失去作用时，网络进入空闲状态。为确保公平性和可确定性，在每次传输之后，时间片要循环。此外，优先时间片（Priority Slots）优先于普通时间片的推进，能支持高优先级的信息全局优先传输。

8.5.2　嵌入式物联网的特性

由于嵌入式系统工作在控制现场，工作环境恶劣，直接与被控对象连接，所以，嵌入式控制网络通信呈现一定的特殊性。

（1）实时性。任何一个电子系统都可看成是一个激励响应系统[233]。每个特定的电子系统都有一个从激励输入到响应输出的时间，即激励响应周期 T，它表现为系统的响应能力。如果系统的响应能力 T 能满足嵌入对象所规定的响应时间 ta 要求，即 $T \leqslant ta$，这个系统便是实时的电子系统。系统的实时性，就是根据系统的现实要求出发，以满足系统需要为目的，即能否满足 $T \leqslant ta$ 的要求。生产设备内部多个分布式子系统的信息耦合通常比较紧密，对实时性要求很高，这就要求所采用的网络协议具有可确定的实时性能，即极坏情况下的响应时间是可确定的；同时在网络节点数比较多，或者某些节点对实时响应要求特别高时，网络协议还应支持优先级调度，以提高时间紧迫型任务的信息传输可确定性[234]。

嵌入式系统的实时性不是一个快速性概念，而是一个等式概念。因而，快速系统不一定能满足系统的实时性要求，而某些情况下满足实时性要求时，系统的运行速度并不高。例如，满足温度采集实时性要求的嵌入式系统，运行速度并不高；而许多高速运行的系统，未必能满足冲击振动的信号采集的实时性要求。快速性只反映了系统的实时能力[235]。

（2）可靠性。嵌入式控制网络本身的可靠性直接影响生产设备的有效作业率、成品率和生产效率，往往要求网络能动态增加/删除节点；生产现场比较恶劣的电磁环境要求嵌入式网络本身具有很强的抗干扰能力、检错和纠错能力以及快速恢复能力。

（3）通信效率。嵌入式控制网络通信的特点之一是子系统之间通信非常频繁，但每次通信的信息长度很短，因此要求嵌入式网络协议尽量采用短帧结构，且帧头和帧尾尽可能的短，从而提高通信的效率和带宽的利用率。

（4）双重混合支持。不同工作环境的巨大差异决定了嵌入式网络应具有灵活的介质访问协议，不但支持多种介质（包括双绞线、同轴电缆、光缆等），而且支持混合拓扑结构（包括星型、环型、总线型等），有时甚至要求同一个嵌入式网络能同时使用多种介质和多种网络拓扑。如在噪声环境中，系统中一部分连接需要使用光缆，其他部分则使用双绞线或同轴电缆。同轴电缆适于采用总线拓扑，而光纤则更适于环型或星型拓扑，这就要求网络协议具有双重混合支持。

（5）实现难度和造价。嵌入式系统通常需要针对实际需求进行专门的设计与制造，这就要求其中的网络系统软硬件容易实现，并与部分控制子系统集成，有关元器件商品化程度高，造价较低。

随着芯片制造技术的发展，嵌入式系统通信的使用日益广泛，相关器件日益成熟，价格日益低廉，嵌入式系统通信实现成本下降，难度和造价日益降低。

（6）开放性。嵌入式网络必须具有良好的开放性，一方面能通过企业局域网连接到Internet 中，实现企业生产管理的管控一体化；另一方面应具有公开透明的开发界面，资料完备，便于实现系统硬件、软件的自主开发和集成。

（7）可恢复性。可恢复性是指当网络系统中任意设备或网段发生故障而不能正常工作时，系统能依靠事先设计的自动恢复程序将断开的网络连接重点链接起来，并将故障进行隔离，以使任一局部故障不会影响整个系统的正常运行，也不会影响生产装置的正常生产。同时，系统能自动定位故障，以使故障能够得到及时修复。网络系统的可恢复性取决于网络装置和基础组件的组合情况，它不仅仅是网络节点和通信道具有的功能，通过网络界面和软件驱动程序，网络可恢复性要以各种方式扩展到其子系统中。

此外，嵌入式网络系统必须配置灵活、维护简便。

8.5.3 嵌入式物联网应用实例

控制网通信有其固有的特殊性，最为突出的是实时性、灵活性以及两者之间的矛盾。单纯用事件触发通信技术或者单纯用时间触发通信技术存在都存在不足。嵌入式技术的发展为在单个节点实现相对复杂的通信协议提供了软硬件条件，以面向应用为中心，从实际出发，提出事件触发和时间触发相结合的思想力图在保证系统实时性的同时，给系统的通信提供灵活性，并力图使之与已有系统兼容，成为对已有通信系统的改造、优化方案。文中给出了这种思想的两种实现方法，即动态结合法和静态结合法。动态结合法把事件触发看成时间触发的补充，何时使用时间触发通信是不确定的，根据系统的实际需要在系统重负荷时采用时间触发通信，保证系统的实时性。静态结合法在同一物理通道上适时使用事件触发或时间触发通信技术，它们的结合是静态的，事件触发使用信道和时间触发使用信道是严格周期的，一旦系统建立好，系统按固有节拍运行，并且能严格保证系统通信的实时性。为验证提出的理论，对动态结合法进行了实验，对静态结合法进行了仿真实验。实验的结果与预期的理论结果一致，验证了方法的可行性，体现了方法的优越性，同时指明了方法对于现有系统进行优化改造的可行途径[236]。

郑鹏等设计了一种基于 IPv6 的嵌入式互联网视频应用技术架构，利用该架构可以快速开发机顶盒等家用娱乐设施播放互联网视频应用软件。设计并初步实现了 IPv6 环境下嵌入式互联网视频点播应用架构。在有限资源系统开发中，使用软件系统工程的思想，用分层结构假设开发架构，在实验环境中测试播放较为顺畅。生产环境中，采用具备更好 DSP 性能的辅助 CPU，配合本文的 ARM 芯片实现本架构，可以更为顺畅地播放网络视频，进一步提高系统的性能[237]。图 8-6 所示是视频服务的嵌入式应用架构。

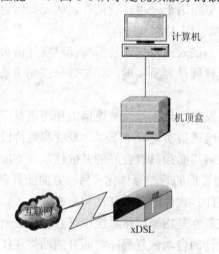

图 8-6　视频服务的嵌入式应用架构

小结

　　随着计算机技术、微电子技术和网络技术的不断发展，人类社会正逐步进入后 PC 时代。嵌入式系统在不断解决现有问题的同时，也在向更深的方向发展，而且，以其越来越先进的技术和越来越广阔的应用领域，必将成为后 PC 时代的主要应用技术之一。

 习题

　　1. 简述嵌入式系统的定义。
　　2. 嵌入式系统有何特点？
　　3. 简述嵌入式系统的硬件组成。
　　4. 简述嵌入式系统的发展历程。
　　5. 举例说明嵌入式系统的在物联网中的应用。

后　记

　　此部分是作者对现阶段物联网智能技术的发展所作的简要介绍，以作为对正文的补充。

本教材首先介绍了物联网的定义与基本概念，其目的在于为不了解和熟悉物联网的读者提供一个基本的框架与轮廓，从事便于后续概念的讲述和理解。其次，对于识别技术在物联网中所处的地位与作用进行了论述，并给出了目前应用较为广泛的识别技术，包括传统的识别技术，无线识别技术等。在第4章到第8章中，分别对于互联网识别技术所涉及的重要技术，包括确定物品位置所需要的全球定位系统（包括美国的GPS，俄罗斯的GLONASS，我国的北斗卫星导航系统）、图像自动识别技术、图像配准与融合技术、生物识别技术以及实现上述技术所需要的硬件系统——嵌入式系统等进行了详细介绍，为从事物联网相关专业本科生以及从事物联网研究的科技工作者与工程技术人员了解和掌握物联网识别技术提供了一本可供参考的教材和自学资料。

我国2010年发布的中国物联网产业发展研究报告指出，从物联网的定义及各类技术所起的作用来看，物联网的关键核心技术应该是无线传感器网络（WSN）技术，主要原因是：WSN技术贯穿物联网的全部三个层次，是其他层面技术的整合应用，对物联网的发展有提纲挈领的作用。WSN技术的发展，能为其他层面的技术提供更明确的发展方向。WSN技术的应用将极大地带动其他各层技术的发展。在现实应用中，WSN往往成为系统的核心，物联网技术中其他层面的技术，如MEMS、RFID等，都在WSN技术中有所应用，WSN技术和市场的不断发展将给这些技术带来不断扩大的市场。经过普遍调查发现，在WSN的组网方面每进行一元钱的投资，将拉动RFID、传感器、集成电路、软件、系统集成等相关产业10～15元的投资。

WSN是物联网中最新鲜，最具增长性的技术，与RFID、MEMS等发展周期较长的技术不同，WSN能产生更新的应用，使产业产生更大的增量。因此，推动WSN的发展对促进整个物联网产业的发展具有显著作用。

按照维基百科中关于物联网的定义[239]，以无线识别技术（RFID）等为代表的识别技术是发展物联网技术的前提和预先要求（Prerequisite for the Internet of Things）。如果我们日常生活中的所有物体都装备了无线标签，它们就可以被计算机发现和识别[240-241]。

总之，物联网是一场代表未来计算和交流的技术革命，它的发展取决于一系列重要领域中从无线传感器到纳米技术的不断革新，而识别技术作为物联网所涉及的重要支撑技术对于物联网的发展起着十分重要的作用。然而，物品的唯一性则可以通过其他方法，如条形码或二维条形码来实现。

参 考 文 献

[1] 周洪波. 物联网：技术、应用、标准和商业模式[M]. 北京：电子工业出版社，2010.

[2] 宁焕生，徐群玉. 全球物联网发展及中国物联网建设若干思考[J]. 电子学报，2010(11)：2590-2599.

[3] 张成海. 物联网与自动识别技术[EB/OL]. http://guba.eastmoney.com/look, 000997, 4007303277.html. 2010.

[4] 百度百科. 商品标签[EB/OL]. http://baike.baidu.com/view/2375414.html.

[5] 国家食品药品监督管理局. 药品说明书和标签管理规定[S], 2006.

[6] 百度百科. 中国图书馆图书分类法[S]. http://baike.baidu.com/view/106383.html.

[7] 李金哲，朱俊英. 条形码技术应用[M]. 沈阳：辽宁科学技术出版社，1991.

[8] 日本合作·流通系统开发中心. 条形码应用入门[M]. 北京：电子工业出版社，1991(3):7-10.

[9] 李金哲. 条形码自动识别技术[M]. 北京：国防工业出版社，1991(12):8-15.

[10] 黄志建. 条形码技术及应用[M]. 北京：机械工业出版社，1992(12):10-12.

[11] 刘志海，万丽荣，宋作玲. 条码技术及程序设计案例[M]. 北京：电子工业出版社，2009:22-25.

[12] 蒋蕊聪. 自动分拣系统[J]. 中国储运，China storage & transport magazine, 2007(11):77.

[13] 黄启明. 自动分拣系统及其应用前景分析[J]. 价值工程，2007: 77.

[14] 李勇，伍先达，等. 基于机器视觉的零件表面瑕疵自动分拣系统设计[J]. 自动化与仪器仪表，2010 (5):40.

[15] 郭晓峰，刘文田. 基于图像处理的羽毛自动分拣系统[J]. 现代电子技术，2004(3):30.

[16] 宋鹏，吴科斌，等. 基于计算机视觉的玉米单倍体自动分选系统[J]. 农业机械学报，2010(41):249.

[17] 王珊. 数据库系统原理教程[M]. 北京：清华大学出版社，1998.

[18] KANTARCIOGLU M, CLIFTON C. Privacy-Preserving distributed mining of association rules on horizontally partitioned data[J]. IEEE Trans. On Knowledge and Data Engineering, 2004.

[19] 展巍. 基于物联网的分布式实时数据库研究[J]. 电子元器件应用，2011.

[20] 黄娟，段新颖. 射频识别（RFID）标准化发展思路研究[J]. 中国标准化，2011(3): 6-8.

[21] 王国武. 射频识别（RFID）及其典型应用[J]. 安徽电子信息职业技术学院学报，2005(5): 90-90, 97.

[22] 甄岩，李祥珍. RFID 技术的研究与应用[J]. 数字通信，2011(01): 32-35.

[23] 张有光，杜万，张秀春，等. 全球三大 RFID 标准体系比较分析[J]. 中国标准化，2006(03):

61-63.

[24] 何源，宋乐永. 五大 RFID 标准势力进军中国[J]. 金卡工程，2005(08)：64-68.

[25] 施建忠. 不要片面分析 RFID 成本[J]. 信息系统工程，2006(05)：29.

[26] 张超钦，王华东，曹松. RFID 安全风险及其对策研究[J]. 制造业自动化，2010(04)：195-199.

[27] 落红卫，程伟. RFID 安全威胁和防护措施[J]. 电信网技术，2010(03)：38-40.

[28] 游战清，刘克胜，张义强，等. 无线射频识别技术（RFID）规划与实施[M]. 北京：电子工业出版社，2005.

[29] 王强. 基于 EPC Class-1 Generation-2 标准的 UHF RFID 标签芯片数字电路设计[D]. 天津大学硕士学位论文，2009.

[30] 郁鸣钢. 射频识别（RFID）技术在防伪领域中的应用[J]. 大众标准化，2009(S2)：95-97.

[31] 徐丹，何治国. 基于射频识别技术的固定资产管理系统[J]. 计算机与数字工程，2010(12)：81-84.

[32] 滕鹏岐. RFID 技术及在图书管理中的应用[J]. 继续教育研究，2008(09)：126-127.

[33] 胡蓉，雷媛媛，王慧. 无线射频识别技术（RFID）及其在物联网中的应用[J]. 科技广场，2010(9)：82-84.

[34] 吴晓东. 无线射频技术在高速公路不停车收费系统中的应用[J]. 公路交通科技(应用技术版)，2010(01)：163-165.

[35] 凌云，林华治. RFID 在仓库管理系统中的应用[J]. 中国管理信息化，2009(03)：43-45.

[36] 吴艳红，师东菊，高晨光. RFID 技术在医疗设备管理系统中的应用[J]. 物流技术，2010(08)：158-159.

[37] 王琦. 全球定位系统（GPS）的原理与应用[J]. 卫星与网络，2010(04)：26-30.

[38] 刘基余. GPS 卫星导航定位原理与方法[M]. 北京：科学出版社，2008.

[39] 丁翔宇，赵玉生. GNSS 现代化及研究的热点问题[J]. 物探装备，2010，20(01):57-60.

[40] 郭际明. GPS 与 GLONASS 最新发展[J]. 测绘科技情报，2002，27(2):28-30.

[41] 中国第二代卫星导航系统专项管理办公室[EB/OL]. http://www.beidou.gov.cn.

[42] 王晶. GPS 在现代物流中的应用及问题分析[J]. 商场现代化，2009(01):146.

[43] 汤淑明，陈涛，隽鹏利. GPS 定位系统在交通运输业中的应用[J]. 中国新技术新产品，2009(23):70.

[44] 董耀华. 基于无线接入技术的现代物流监控实验系统数据终端研究[D]. 上海海事大学，2007.

[45] 张尔严，汪洋. 车载 GPS 车辆管理信息系统的研究与开发[J]. 科技资讯，2006(16):1-2.

[46] 谈慧. GPS 车辆监控调度系统在物流业应用研究[J]. 物流技术，2007, 26(11):185-187.

[47] 李宁，许兆新. GPRS 技术在车辆监控系统中的应用[J]. 应用科技，2005, 32(6):34-36.

[48] COYLE E J, GABBOU J M, LIN J H. From Median Filters to Optimal Stack Filtering [J]. IEEE Internat. Symp. Circuits Systems, 1991, 1:9-12.

[49] Ko S J, Lee Y H. Center Weighted Median Filter and their Application to Image Enhancement [J]. IEEE

Trans. circ. Syst, 1991, 38: 984-933.

[50] MALLAT S, HWANG W L. Singularity Detection and Processing with Wavelets [J] . IEEE Trans on IT, 1992, 38(2): 612-643.

[51] Xu Y. Wavelet Transform Domain Filters: a Spatially Selective Noise Filtration Technique[J]. IEEE Trans on IP, 1994, 3(6) : 217-237.

[52] MALLAT S G, ZHONG S. Characterization of signals from multiscale edges[J]. IEEE Transactions on Pattern Analysis and Machine Intelligence, 1992,14(7):710-732.

[53] PAN Q, ZHANG P, DAI G Z. Two denoising methods by wavelet transform[J]. IEEE Transactions on Signal Processing,1999, 47: 3401-3406.

[54] DONOHO D L, JOHNSTONE L M. Ideal spatial adaptation via wavelet shrinkage[J]. Biometrika,1994, 8l(3): 425-455.

[55] DAUBECHIES I. 小波十讲[M]. 李建平，杨万年，译. 北京：国防工业出版社，2004.

[56] ZHANG L, PAUL B. Denoising by spatial correlation thresholding[J]. IEEE Transactions on Circuits and System for Video Technology，2003，13：535-538.

[57] ASTOLA J, HAAVISTO P,NEUVO Y. Vector median filter[J] .Processings of the IEEE,1990,78: 678-689.

[58] TRAHANIAS P E, VENETSANOPOULOS A N. Vector directional filters-a new class of multichannel image processing filters. IEEE Trans Image Processing,1993,2:528-534.

[59] TRAHANIAS P E, PITAS I,VENETSANOPOULOS A N. Directional processing of color image: theory and experimental results[J]. IEEE Trans Image Processing,1996,5:868-880.

[60] LINDA G SHAPIRO,GEORGE C. Stockman, Computer Vision[M]. New Jersey, Prentice-Hall, 2001:279-325.

[61] ChEN L, Cheng H D, ZHANG J, Fuzzy subfiber and its application to seismic lithology classification, Information Sciences: Applications, 1994, 1(2), 77-95.

[62] CHEN L, The lambda-connected segmentation and the optimal algorithm for split-and-merge segmentation[J]. Chinese J. Computers, 1991,14:321-331.

[63] LINDEBERG T. Encyclopedia of Mathematics[M]. Kluwer/Springer, 2001.

[64] KASS M, WITKIN A Terzopoulos D. Snakes: Active Contour Models[J], IJCV, 1987, 1(4): 321-331.

[65] X U C Y and PRINCE J L. Snakes, Shapes and Gradient Vector Flow[J]. IEEE Transactions on Image Processing, 1998, 7(3): 359-369.

[66] SERRA J. Mathematical Morphology[M]. London, UK: Academic Press, 1982.

[67] SERRA J. Image Analysis and Mathematical Morphology[M]. London, UK: Academic Press, 1982.

[68] RUIZ V O, LIORENTE J I, LECHON N S,et al. An improved watershed algorithm based on

efficient computation of shortest paths[J]. Pattern Recognition, 2007, 40(3):1078-1090.

[69] PARVATI K,RAO B S and MMIYA D M. Image Segmentation Using Gray-Scale Morphology and Marker-Controlled Watershed Transformation[M]. Discrete Dynamics in Nature and Society, 2008:1-8.

[70] ASIR O B, Zhu H , ICMRAY F, retal. Based Image Segmentation[M]. Berlin：Springer-Veltag, 2003.

[71] BEZDEK J C，KELLER J，KRISNAPURAM R, et al. Fuzzy Models and Algorithm for Pattern Recognition and Iraage Processing[M]. Boston：Khwef Academic Publishers, 1999.

[72] MASOOLEH MG and MOOSAVI. An Improved Fuzzy Algorithm for Image Processing, Proceedings of World Acadmic of Science[J]. Engineering and Technology, 2008, 28(4): 400-404.

[73] 王彦春，梁德群，王演. 基于图像模糊熵邻域非一致性的过渡区提取与分割[J]. 电子学报，2008, 36(12)：2245-2249.

[74] BERGH, OLSSONR, LINDBLAD T , et al. Automatic design of Pulse coupled neurons for image segmentation[J]. Neuro-computing, 2008, 71(6): 1980-1993.

[75] VAPNIK VN, The Nature of Statistical Learning Theory[M]. New York：Springer-Verlag, 2000.

[76] 魏鸿磊，欧宗瑛，张建新. 采用支持向量机的指纹图像分割[J]. 系统仿真学报，2007,19(5)：2362-2365.

[77] LJU T，WEN X，QUAN J, et al. Multiscale SAR image segmentation using support vector machines[J]. Proceedings of the 2008 Congress on Image and Signal Processing, USA：IEEE, 2008: 706-709.

[78] AVAN M and PELILLO M, A New graph-theoretic approach to chstering and segmentation[J]. Proc IEEE Conf Computer Vision and Pattern Recognition, USA:IEEE, 145-152, 2003.

[79] BILODEAU G A, et al. Computerized medical imaging and graphics[J]. 2006, 30(7)：437-446.

[80] 刘丙涛，田铮，李小斌，等. 基于图论 Gomav-Hu 算法的 SAR 图像多尺度分割[J]. 宇航学报，2008，29(3)：1002-1007.

[81] 冯林，孙焘，吴振宇，等. 基于分水岭变换和图论的图像分割方法[J]. 仪器仪表学报，2008，29(3)：649-653.

[82] ZADEH L A.. A Fuzzy logic=computing with words[J]. IEEE Transactions on Fhzzy Systems, 1996, 4(2): 103-111.

[83] PAWLAK. Rough Sets[J]. Computer and Information Science, 1982, 11:341-356.

[84] 张铃，张钹. 模糊商空间理论：模糊粒度计算方法[J]. 软件学报，2003,14(4):770-776.

[85] CASTLEMAN K R. 数字图像处理[M]. 朱志刚，林学闾，石定机，译. 北京：电子工业出版社，1998.

[86] 陈书海，傅录祥. 实用数字图像处理[M]. 北京：科学出版社，2005.

[87] 章霄，董艳雪，赵文娟，等. 数字图像处理技术[M]. 北京：冶金工业出版社，2005.

[88] 李弼程，彭天强，彭波. 智能图像处理技术[M]. 北京：电子工业出版社，2004.

[89]　LIN CH, CHEN R T, CHAN Y K. A smart content-based image retrieval system based on color and texture feature[J]. Image and Vision Computing,2009, 27(6):658-665.

[90]　RUI Y, HUANG T S. Image retrieval: current techniques, promising directions and open issues[J]. Journal of Visual Communication and Image Representation, 1999, 39-62.

[91]　CHANG C C, CHAN Y K. A fast filter for image retrieval based on color features[J]. SEMS 2000, Baden-Baden, 2000: 47-51.

[92]　HUPKENS T M, DE C J. Noise and intensity invariant moments[J]. Pattern Recognition Letters, 1995, 371-376.

[93]　HARALICK R M, SHANMUGAM B, DINSTEIN I.Texture features for image classification[J]. IEEE Transactions on Systems, 1973, 610-621.

[94]　WANG L W, WANG X, ZHANG X R, et al. The equivalence of two-dimensional PCA to line-based PCA [J].Pattern Recognition Letters, 2005,26(1):57-60.

[95]　蔡晓曦. 人脸图像的特征提取与识别[D]. 武汉理工大学硕士学位论文，2007.

[96]　DUCHENE J, LECLERCQ S. An optimal Transformation for discriminant and principal component analysis[J]. IEEE Transactions on Pattern Analysis and Machine Intelligence, 1988, 10(6):978-983.

[97]　BELHUMEUR P N. Eigenfaces vs Fisherfaces: Recognition using class specific linear projection[J]. IEEE Transactions on Pattern Analysis and Machine Intelligence, 1997, 19(7):711-720.

[98]　杨淑莹. 模式识别与智能计算：Matlab 技术实现[M]. 北京：电子工业出版社，2008.

[99]　MILLER T，MCBURNEY P Using constraints and process algebra for specification of first-class agent interaction protocols[C]. Hare G，Ricci A，O'Grady M，et al.Engineering Societies in the Agents World VII，2007,4457：245-264.

[100]　毕福昆，边明明. 多分类器融合在语音情感识别中的应用[J]. 计算机工程与应用，2010，46(28).

[101]　BENGTSSON J, LARSEN K G, LARSSON F, et al.UPPAAL: a tool suite for automatic verification of real-time systems[J].Hybrid Systems，1995：232-243.

[102]　樊海泉，董德存，朱建. 基于地磁传感器的车型识别方法研究[J]. 城市交通, 技术研究,2001,4.

[103]　牛晨，魏雏，李峻金，等. 一种分类器选择方法. 计算机工程，2010,37(14):7.

[104]　侯风雷，王炳锡. 基于支持向量机的说话人辨认研究[J]. 通信学报，2002，23(6)：61-67.

[105]　周峰，沈月静. RFID 技术在危险品物流管理中的应用[J]. 物流科技，物流管理，2007，11.

[106]　李苏剑，游战清，郑利强. 物流管理信息系统理论与案例[M]. 北京：电子工业出版社，2003：94-95.

[107]　朱杰斌，刘青，廖高华. 智能网络图像监测系统的研究[J]. 电子技术应用，2005(8).

[108]　郝迎吉，刘青. 基于 EPP 和 FPGA 技术的 CMOS 图像传感器的数据采集[J]. 电子设计与应

用，2002(12).

[109] 鲁宏伟. 基于 UDP 传输协议包丢失和失序处理[J]. 计算机工程与应用，2001(2).

[110] 尹绍宏. 用单片机作以太网适配器控制器的研究[J]. 河北工业大学成人教育学院学报，1999(9).

[111] 华夏物联网编辑. 智能网络图像监测系统的研究[EB/OL].http://www.chniot.cn/news/ RDJS/ 2010/926/109268363353_3.html，2010.

[112] 王晶. 把握物联网机遇迎接自动识别产业的春天 [EB/OL].http://www.ancc.org.cn/ news/article.aspx?id=5485, 2010.

[113] 王晶. 把握物联网机遇迎接自动识别产业的春天 [EB/OL].http://www.ancc.org.cn/ news/article.aspx?id=5485, 2010.

[114] 陈显毅，周开利. 医学图像配准常用方法与分类[J]. 信息技术，2008, 32(7):17-19.

[115] 陈显毅. 图像配准技术及其 MATLAB 编程实现[M]. 北京:电子工业出版社，2009.

[116] 于颖，聂生东. 医学图像配准技术及其研究进展[J].中国医学物理学杂志，2009，26(6): 1485-1489.

[117] 钱宗才，吴锋，石明国，等.医学图像配准方法分类[J].医学信息，2000，13(11): 598-599.

[118] 隋美蓉，胡俊峰，时梅林，等. MATLAB 在医学图像配准中的应用[J]. 生物医学工程与临床，2009,13(6):562-565.

[119] 李雄飞，张存利，李鸿鹏，等. 医学图像配准技术进展[J]. 计算机科学，2010，37(7):27-33.

[120] 刘士宽，郭增长，李海启，王志龙，赵盼盼. 基于 Matlab 的点特征提取方法[J]. 黑龙江科技信息，2009(03):38.

[121] LOWE D. Distinctive image features from scale-invariant keypoints[J]. International Journal of Computer Vision, 2004,60(2):91-110.

[122] LOWE D. Object recognition from local scale-invariant features[C]. International Conference on Computer Vision, 1999:1150-1157.

[123] 王崴，唐一平，任娟莉，等. 一种改进的 Harris 角点提取算法[J]. 光学精密工程，2008,16(10):1995-2001.

[124] 张春美,龚志辉,黄艳.几种特征点提取算法的性能评估及改进[J].测绘科学技术学报,2008, 25(3):231-234.

[125] 张小琳. 图像边缘检测技术综述[J]. 高能量密度物理，2007, (1)，37-40.

[126] 王苑楠. 图像边缘检测方法的比较和研究[J]. 计算机与数字工程，2009, 37(1):121-127.

[127] 徐昌荣，左娟. 基于小波变换和数学形态学的遥感图像边缘检测方法研究[J]. 测绘标准化，2010,26(2):7-9.

[128] 王畅. 基于小波变换与模糊方法的图像边缘检测[D]. 长沙理工大学，2007.

[129] 张翼，王满宁，宋志坚. 脊柱手术导航中分步式 ZD/3D 图像配准方法[J]. 计算机辅助设计与图形学学报. 2007, 19(9): 1154-1158.

[130] 张薇，黄毓瑜，奕胜，等．基于灰度的二维/三维图像配准方法及其在骨科导航手术中的实现[J]．中国医学影像技术，2007，23(7):1080-1054．

[131] 穆晓兰．手术导航系统中医学图像配准技术的研究[D]，上海复旦大学，2005．

[132] 马文娟．红外手术导航仪关键技术研究[D]．上海交通大学，2010．

[133] 强赞霞．遥感图像融合及应用[D]．华中科技大学，2005．

[134] 郭雷，李晖晖，鲍永生．图像融合[M]．北京：电子工业出版社．2008．

[135] 敬忠良，肖刚，李振华．图像融合：理论与应用[M]，北京：高等教育出版社，2007．

[136] 王耀南，李树涛．多传感器信息融合及其应用综述控制[J]．控制与决策，2001，16(5): 518-522．

[137] 何国金．从柏林多卫星遥感数据的信息融合：理论、方法和实践[J]．中国图像图形学报，1999，4(9): 744-749．

[138] 贾征，鲍复民，等．数字图像融合[M]．西安交通大学出版社，2004．

[139] F.E. White. A Model for Data Fusion [J], Proc. 1stNational Symposium on Sensor Fusion, 1988. Intell. Syst. Lab., Univ. Carlos III de Madrid, Leganes, Spain .

[140] 郁文贤，雍少为，郭桂蓉．多传感器信息融合技术述评[J]．国防科技大学学报，1994，16(3): 1-11．

[141] 胡江华，柏连发，张保民．像素级多传感器图像融合技术[J]．南京理工大学学报，1996，20(5):453-456．

[142] 周前祥，敬忠良，姜世忠．多源遥感影像信息融合研究现状与展望[J]．宇航学报，2002，23(5):89-94．

[143] 夏明革，何友，唐小明，等．多传感器融合综述[J]．电光与控制，2002，9 (4) :1-7．

[144] 周前祥，敬忠良，姜世忠．不同光谱和空间分辨率遥感图像融合方法的理论研究[J]．遥感技术与应用，2003，18(1) :41-46．

[145] 金红，刘榴娣．彩色空间变换法在图像融合中的应用[J]．光学技术，1997 (4) : 44-48．

[146] Núnez J , Otazu X, Fors O , et al . Multiresolution2based image fusion with additive wavelet decomposition[J] . IEEE Transaction on Geoscience and Remote Sensing, 1999, 37(3) : 1204-1211．

[147] 蒋晓瑜．基于小波变换和伪彩色方法的多重图像融合算法研究[D]．北京理工大学，1997．

[148] POHL C,GENDEREN J L. Multisensor image fusin in remote sensing:concepts,methods and application[J]. International Journal of Remote Sensing,1998,19(5):823-854．

[149] SIMONE G MORABITO F C , FARINA A. Radar image fusion by multi2scale Kalman filtering[C] .Proc of the 3rd International Conference on Information Fusion, 2000(7)10-13．

[150] SIMONE G MORABITO F C , FARINA A. Multifrequency and multiresolution fusion of SAR images for remote sensing applications [C] . Proc of the 4th International Conference on Information Fusion , 2001．

[151] TOET A , WALRAVEN J . Newfalse color mapping for image fusion[J] .Optical engineering , 1996 ,35(3) : 650-658．

[152] FAY D A , WAXMAN A M, VERLY J G, et al . Fusion of visible , infrared and 3D LADAR imagery[C] . Proc of the 4th International Conference on Information Fusion, 2001.

[153] WAXMAN A M, LAZOTT C , Fay D A , et al . Neural processing of SAR imagery for enhanced target detection[C] . Proc of SPIE on Algorithms for Synthetic Aperture Radar Imagery Ⅱ, 1995 .

[154] AGUILAR M, FAY D A , IRELAND D B , et al . Field evaluations of du2al2band fusion for color night vision[C] . Pro of SPIE Conf on Enhanced and Synthetic Vision,1999.

[155] ROSS W D , WAXMAN A M, STREILEIN W, et al . Multi-sensor 3D image fusion and interactive search[C] .Proceedings of the Third International Conference on Information Fusion, 2000.

[156] Erdas Cooperation[EB/OL]. http://www.erdas.com/Homepage.aspx.

[157] 适普技术有限公司[EB/OL]. http://www.supresoft.com.

[158] 青松沃德 . 生物识别技术为信息安全保驾护航,2008[EB/OL].http://www.jxqs-tech.com/ zsjl-sw.asp.

[159] 今日电子 . 生物识别，迎面而来，2008 [EB/OL] . http://www.epc.com.cn/magzine/20080430/ 10853.asp.

[160] 吕立波 . 生物识别技术在金融、电子商务中的应用研究[J] . 商场现代化，2009,2：138-138.

[161] 中国一卡通网.当前六种生物识别技术对比分析，2010 [EB/OL] . http://www.sunnysc.cn/ news -42.html.

[162] 于进才 . 智能楼宇中安全防范技术的现状及发展[J] . 金卡工程，2005,9:65-67.

[163] 赵永江 . 楼宇的门禁、监控及车库管理系统[M] . 北京：中国电力出版社，2005 .

[164] 杨伟均 . 基于 DSP 的指纹锁的设计与实现[D] . 广州：广东工业大学，2008 .

[165] 赵丽红 . 虹膜纹理特征分析及其识别算法评价[D]无锡：江南大学，2009 .

[166] 浦东兵 . 生物识别技术及其嵌入式应用研究[D] . 长春：吉林大学，2009 .

[167] 刘畅，刘方 . 最新的计算机身份识别技术：虹膜识别[J] . 现代情报，2002,(3):108-109 .

[168] 浦昭邦，杨帆，陈炳义，等 . 虹膜识别技术的发展与应用 [J] . 光学精密工程， 2004,12(3):316-322.

[169] 2012 全球生物识别技术市场预测报告. 国际新闻网[EB/OL] . http://Reportlinker.com.

[170] 吴竹君 . 谈 DNA 生物识别技术及其应用[J] . 中国安防 2010（8）. 57-58

[171] 梦回唐朝 . 基于个体 DNA 的直接身份确认，2011[EB/OL].http://www.etiri.com.cn/ publish/article_ show.php?id=~85186827530.

[172] 于瑞华，洪卫军 . 生物识别技术及其应用[J] . 智能建筑与城市信息，2004(8).

[173] 潘清 . 面向嵌入式系统的人脸识别方法优化研究[D] . 北京：中国石油大学. 2009.

[174] 张晓华，山世光，高文，等. 若干自动人脸识别技术评测与分析[J]. 计算机应用研究，2005(6).

[175] 李雅娟 . 基于耳廓特征的生物识别新技术[J] . 计算机应用于软件 2007(7):56-57.

[176] 李雅娟 . 基于图像力场转换原理的耳廓特征提取技术研究，生物医学工程[D] . 复旦大学硕士学位论文，2005 .

[177] 黄增喜. 基于人脸与人耳的多生物特征识别系统设计[J]. 沈阳：沈阳航空工业学院，2010.

[178] 张玢，孟开元，田泽. 嵌入式系统定义探讨[J]. 单片机与嵌入式系统应用，2011(01)：6-8.

[179] 何立民. 嵌入式系统的定义与发展历史[J]. 单片机与嵌入式系统应用，2004(01)：6-8.

[180] 石凤，刘成，保石. 嵌入式系统设计与应用[J]. 光电技术应用，2005,20(5): 44-47.

[181] 吕京建，肖海桥. 面向 21 世纪的嵌入式系统[J]. 半导体技术，2001,26(1): 1-3.

[182] 马程. 浅析嵌入式 Linux[J]. 科技资讯导报，2007,13: 3-4.

[183] 李方军，徐永红. 嵌入式系统的发展与应用[J]. 教学与科技，2002,3(2): 9-13.

[184] 魏庆，郑文波. 嵌入式系统的技术发展和我们的机遇[J]. 自动化博览，2002(4): 5-9.

[185] 王智，王天然，YE Q S，等. 工业实时通讯网络（现场总线）的基础理论研究与现状(上)[J]. 信息与控制，2002(02)：146-152.

[186] 胡浩. 嵌入式 Linux 内核配置与文件系统的优化方法研究[D]. 中南大学硕士学位论文，2005.

[187] LABROSSE J. Inside Real-Time Kernels[J]. Proceedings of Embedded Systems Conference East, 1997: 1-39.

[188] 赵永彬. 嵌入式系统与应用[J]. WORLD，2006：17-17.

[189] KOPETZ H.Real-time systems: design principles for distributed embedded applications[J]. Real-Time Systems Series, 1997.

[190] JERRAYA A A.Long term trends for embedded system design[J]. Euromicro Symposium on Digital System Design, 2004: 20-26.

[191] 江用胜，郑荣波，崔哲，等. 基于 WinCE.net 和嵌入式 PAC 的控制及应用[J]. 工业控制计算机，2010(12): 5-6.

[192] 李柳. 基于嵌入式系统的 3p6ss 并联机构控制技术[D]. 北京邮电大学硕士学位论文，2007.

[193] 杨晓健. ARM9 嵌入式系统在无损检测中的应用[J]. 电脑知识与技术，2011(02): 458-459,461.

[194] 吕京建，肖海桥. 面向二十一世纪的嵌入式系统综述[J]. 电子质量，2001(08):10-13.

[195] LEE E A. Computing for embedded systems[J]. IEEE Instrumentation and Measurement Technology Conference,2001, 6-29

[196] GOKHALE M. and GRAHAM P S.Reconfigurable computing: Accelerating computation with field-programmable gate arrays[J]. Springer Verlag,2005:12-35.

[197] 赵雅兴. FPGA 原理、设计及应用[M]. 天津：天津大学出版社，2004.

[198] Ducène J.Certificats de Transmission,de Lecture et d'audition: Exemples Tirés d'un ms[J]. du K. Arabica, 2006(2):281-290.

[199] 许雪梅，郭远威，吴爱军，等. 基于嵌入式 Windows CE 5.0 的无线监控系统研究[J]. 现代电子技术，2009(2): 25-29.

[200] 张雷，胡旭东. Wifi 技术在嵌入式横机控制系统中的应用[J]. 浙江理工大学学报，2011(02)：196-200.

[201] 谭啸. 机器翻译应用平民化[J]. 计算机世界，2007(1).

[202] TANENBAUM A S. 计算机网络[M]. 3 版. 熊桂喜，王小虎,等译. 北京：清华大学出版社，1999.

[203] 陈劲林，胡东成. 基于消息服务器的嵌入式实时系统进程管理研究[J]. 计算机工程与科学，2000，22(06): 52-55.

[204] COMER D E.用 TCP/IP 进行网际互联[M]. 北京：电子工业出版社，2001.

[205] WOLF W. 嵌入式计算系统设计原理[M]. 北京：机械工业出版社，2002.

[206] Deng Z., Liu J.W.S.. Scheduling real-time applications in an open environment[J]. Real- Time Systems Symposium，1997:308-319.

[207] 陈磊，冯冬芹，金建祥，等. 以太网在工业应用中的实时特性研究[J]. 浙江大学学报（工学版），2004,(06): 670-675.

[208] 邓龚. 基于嵌入式控制系统的通信技术应用研究[J]. 重庆大学，2007.

[209] 郑鹏，张小平，王俊. 基于 IPv6 的嵌入式互联网视频应用开发[J]. 电子产品世界，2011(Z1): 26-27.

[210] 维基百科在线词典[EB/OL].http://en.wikipedia.org/wiki/Internet_of_Things.

[211] Kevin Ashton. That 'Internet of Things' Thing[J]. RFID Journal, 2009(22).

[212] MAGRASSI P, PANARELLA A, Deighton N, et al、Computers to Acquire Control of the Physical World[J], Gartner research report T-14-0301, 28 September 2001.